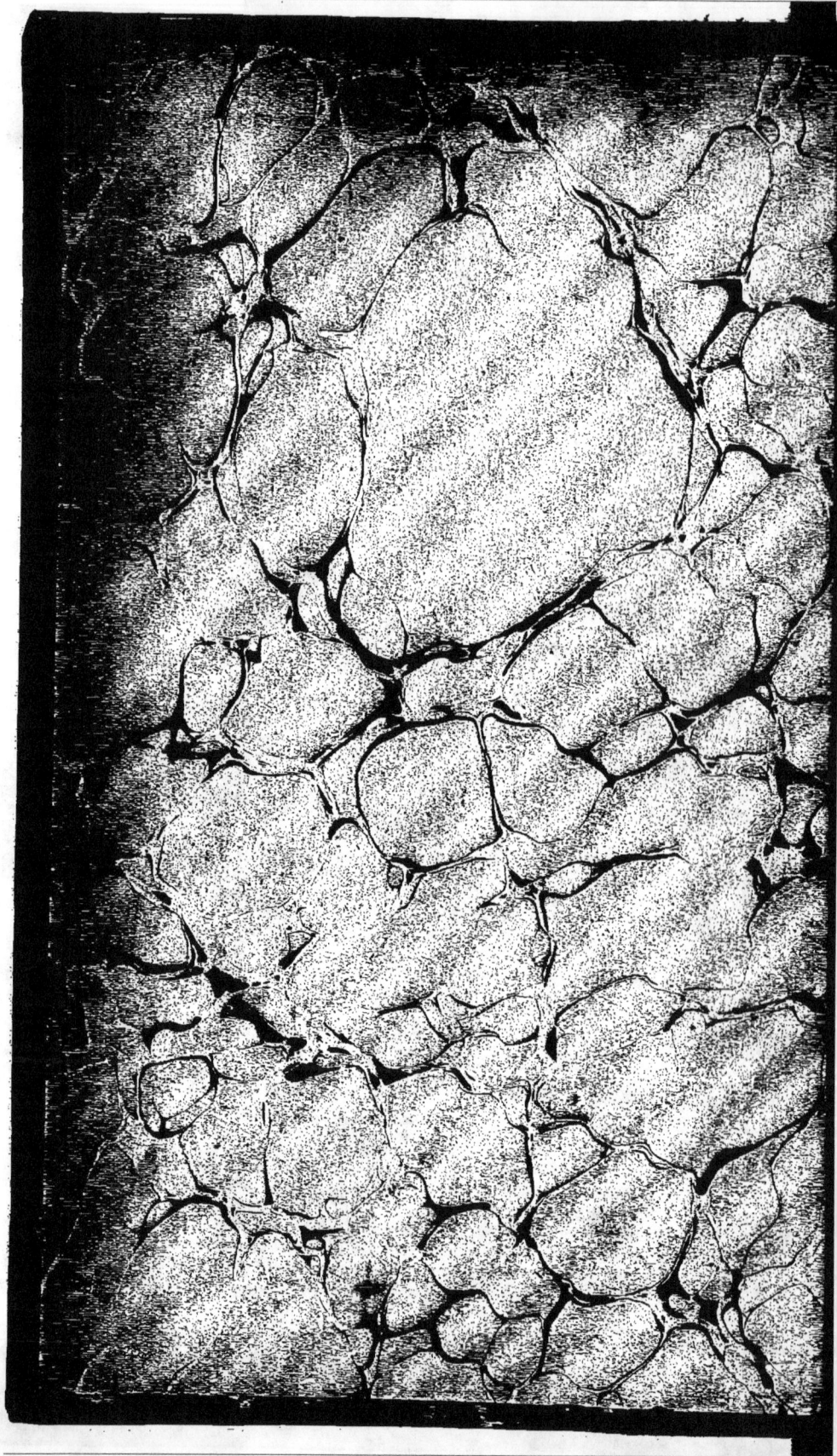

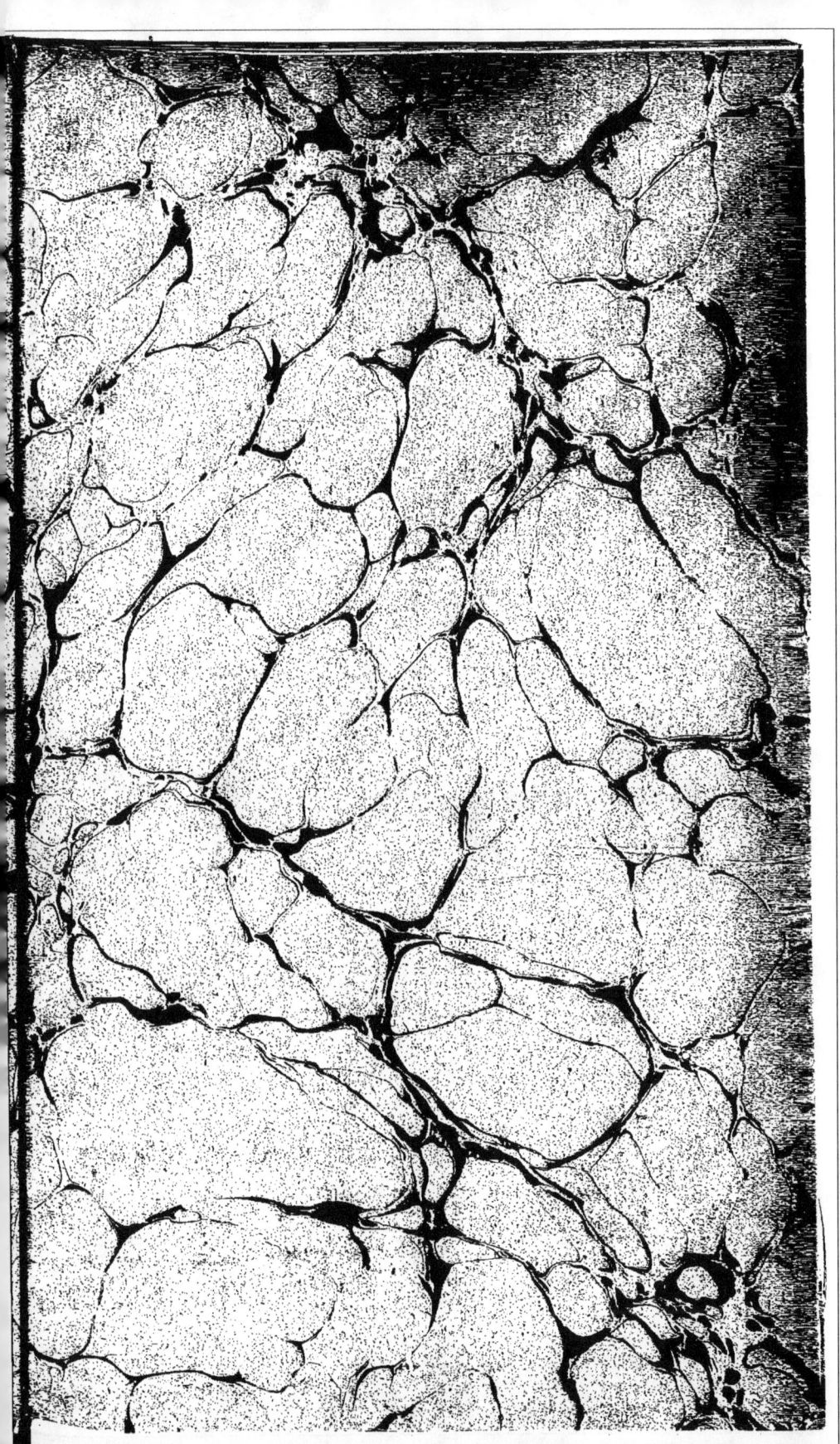

COURS
DE MÉCANIQUE

A L'USAGE

DES ÉCOLES D'ARTS ET MÉTIERS

ET DE L'ENSEIGNEMENT SPÉCIAL DES LYCÉES;

PAR

M. Pascal DULOS,

Professeur de Mécanique à l'École d'Arts et Métiers et à l'École des Sciences
et des Lettres d'Angers.

PREMIÈRE PARTIE.

PARIS,

GAUTHIER-VILLARS, IMPRIMEUR-LIBRAIRE

DE L'ÉCOLE POLYTECHNIQUE, DU BUREAU DES LONGITUDES,

SUCCESSEUR DE MALLET-BACHELIER,

Quai des Augustins, 55.

1875

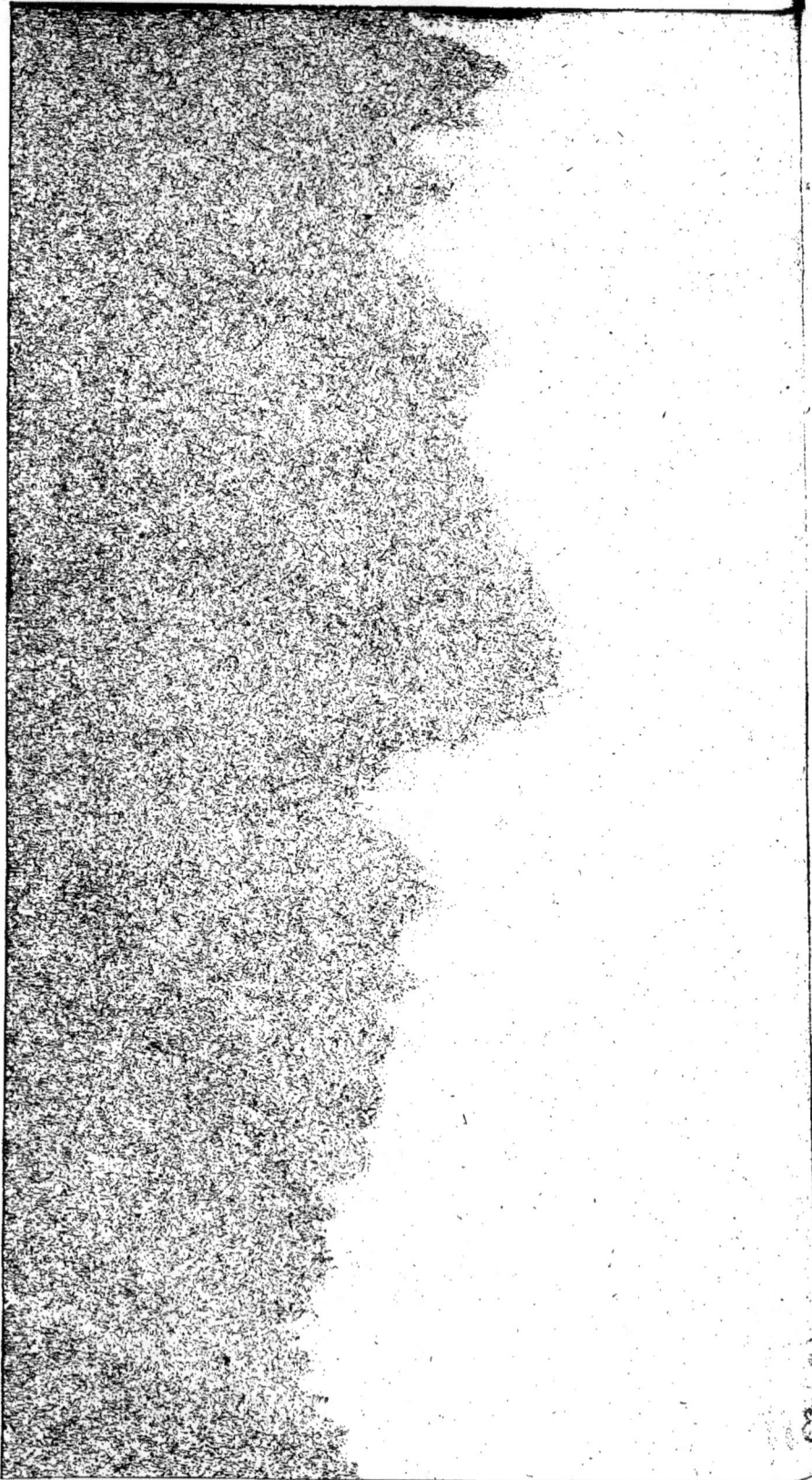

COURS

DE MÉCANIQUE.

PARIS. — IMPRIMERIE DE GAUTHIER-VILLARS,

Quai des Augustins, 55.

COURS

DE MÉCANIQUE

A L'USAGE

DES ÉCOLES D'ARTS ET MÉTIERS

ET DE L'ENSEIGNEMENT SPÉCIAL DES LYCÉES;

PAR

M. Pascal DULOS,

Professeur de Mécanique à l'École d'Arts et Métiers et à l'École des Sciences
et des Lettres d'Angers.

PREMIÈRE PARTIE.

PARIS,

GAUTHIER-VILLARS, IMPRIMEUR-LIBRAIRE

DE L'ÉCOLE POLYTECHNIQUE, DU BUREAU DES LONGITUDES,

SUCCESSEUR DE MALLET-BACHELIER,

Quai des Augustins, 55.

1875

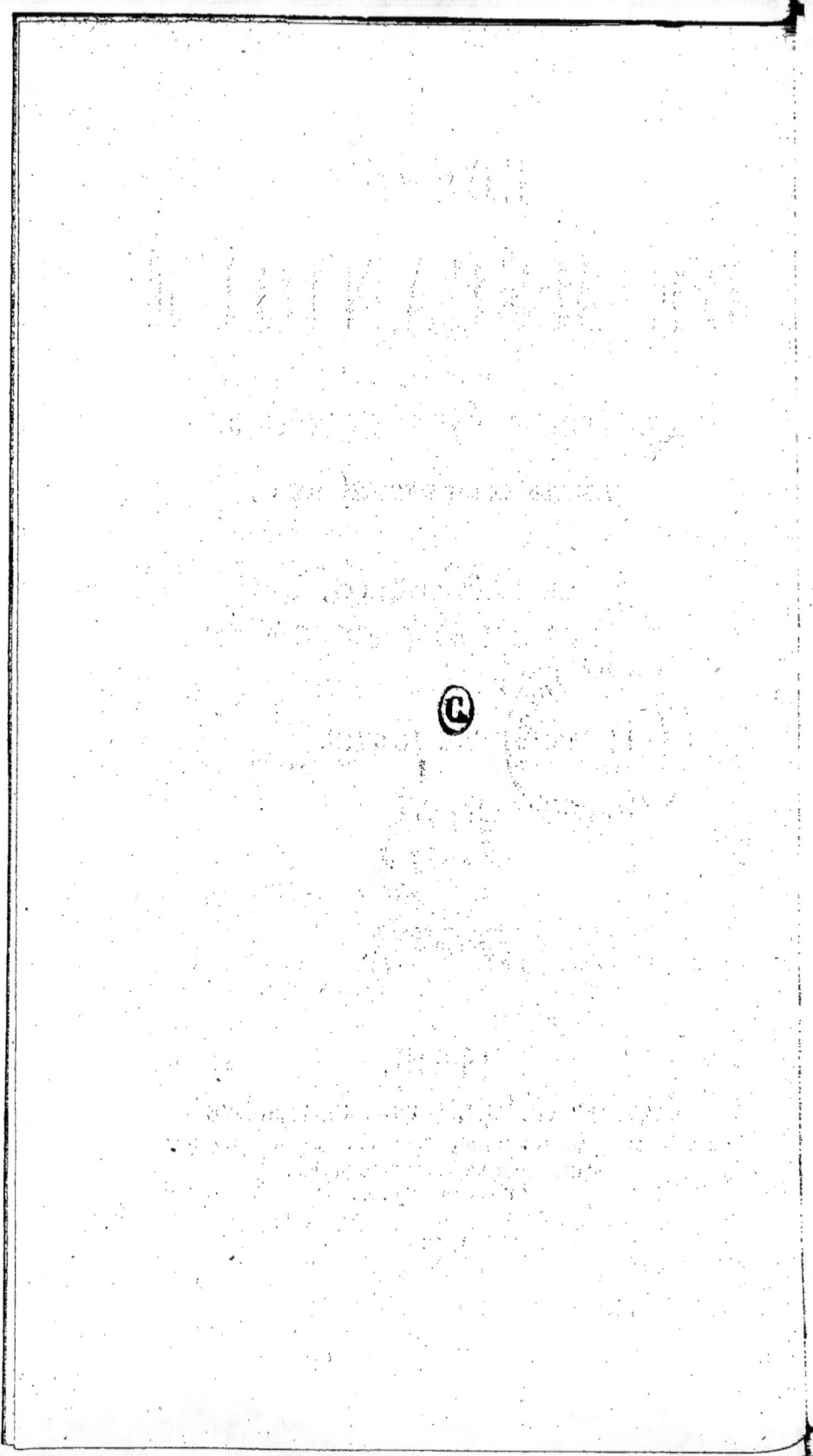

AVERTISSEMENT.

Ainsi que l'indique son titre, cet Ouvrage reproduit avec quelques développements les cours que je professe, depuis vingt ans, à l'École nationale d'Arts et Métiers et à l'École des Sciences d'Angers. Pendant cette période déjà longue, je me suis constamment attaché à donner à la jeunesse studieuse de nos Écoles, sous une forme rigoureuse et très-simple, l'instruction scientifique qui, de nos jours, doit forcer la porte de l'atelier, et dont Poncelet, le Newton de la Mécanique terrestre, a été l'infatigable promoteur.

L'enseignement de la Mécanique a été longtemps le privilége exclusif des Écoles d'un ordre supérieur, et les applications n'y apparaissaient guère qu'à la suite de savantes déductions exigeant l'emploi du calcul transcendant. Cette voie, ouverte par l'invention du Calcul différentiel, fut suivie par Lagrange et d'Alembert. Bien que ces puissants génies aient donné aux théorèmes généraux toute la clarté, la concision désirables, l'étude de la Mécanique, devenue une question de haute Analyse, restait forcément inaccessible au plus grand nombre. La méthode géométrique semblait donc complétement délaissée lorsque les travaux, aussi brillants que solides, de Carnot et Monge marquèrent pour elle l'époque de la renaissance. Cette révolution scientifique, entreprise au commencement de ce siècle, victorieusement continuée par M. Chasles, a porté ses fruits; et l'on est obligé de reconnaître aujourd'hui qu'elle a fait preuve, entre les mains de Poncelet, d'une fécon-

dité, d'une puissance qu'on lui avait contestées. Dépouillée
de tout caractère métaphysique, la méthode géométrique,
frappant à la fois l'esprit et les sens, a permis de développer
le *sentiment* des vérités de la Mécanique et de ramener la
science à un nombre limité de principes sûrs.

Rappeler les phases de l'étude de la Mécanique et la réaction qui s'est produite contre des tendances trop abstraites,
c'est prévenir le lecteur que j'ai pris pour guide, dans mon
enseignement, l'illustre Poncelet, le fondateur de la *Mécanique
appliquée*. Si cette œuvre, que je soumets au bienveillant con-
trôle de mes collègues, leur paraît devoir être de quelque utilité, il faut en reporter le mérite au savant géomètre qui fut
aussi l'un des plus grands vulgarisateurs contemporains.

L'Ouvrage, divisé en trois Volumes, ne suppose chez le lecteur que les connaissances acquises dans les classes de Mathématiques élémentaires des lycées. Il me paraît donc pouvoir
servir à l'enseignement spécial, dont le Programme, à quelques
coupures près, est le même que celui des Écoles d'Arts et
Métiers. Voici, du reste, le sommaire des matières contenues
dans chaque Volume :

Indépendamment de la composition des forces, de leur effet dynamique
et des lois générales de l'équilibre, le *premier Volume* contient le principe
des forces vives, le plus important, sans contredit, de la Mécanique appliquée. La question des ponts suspendus, comme application du polygone
funiculaire, a été traitée par la méthode géométrique de Poncelet, que j'ai
fait suivre de celle de Navier. J'ai cru devoir m'étendre sur la recherche
des moments d'inertie, dont la nécessité se manifeste dans presque tous
les problèmes relatifs à la résistance des matériaux. L'application de la
force centrifuge au régulateur de Watt m'a conduit à étudier les divers
dispositifs de l'appareil que l'on doit adopter de préférence, suivant les
circonstances locales ou la constitution organique de la machine. En
dehors du Programme officiel, j'ai introduit l'étude du mouvement des
projectiles, la théorie du choc des corps dans le mouvement de rotation et
son application directe au pendule balistique. Au moment où, conformément à la nouvelle loi sur l'armée, les élèves de nos Écoles sont, dès
leur sortie, incorporés dans les armes savantes du Génie et de l'Artillerie,

il me semble utile de les initier aux premiers principes de cette partie de la science militaire.

Le *deuxième Volume* est, en grande partie, consacré aux résistances nuisibles ou passives. Les expériences mémorables de Metz, exécutées par M. Morin, ont été décrites, et les lois qui en découlent ont reçu leur application aux machines simples ainsi qu'à divers organes de machines composées. Dans les questions qui se rapportent à la roideur des cordes, j'ai fait usage des formules de M. Morin, après avoir mis en évidence, d'après les observations judicieuses de ce savant, l'incertitude que présente la formule de Navier. Par déduction, le théorème des forces vives, appliqué aux machines en mouvement, a montré l'influence des masses additionnelles sur la régularité d'un mouvement périodique, ce qui conduit à la théorie générale du volant. Ce volume a pour complément la résistance des matériaux. Ébauchée par Galilée, élucidée aujourd'hui sous la double impulsion d'analystes célèbres et d'expérimentateurs habiles, cette branche de la Mécanique appliquée comporte des développements que j'ai dû, à mon grand regret, limiter aux cas généraux de la construction. Toutefois je n'ai pas négligé les formules qui ont reçu la consécration de la pratique, notamment celles de MM. Hodgkinson et Love.

L'étude des récepteurs hydrauliques et des machines à vapeur est contenue dans le *troisième Volume*. Elle a pour introduction les lois du mouvement des liquides avec leur application au jaugeage des cours d'eau et à l'établissement des canaux à régime constant. A côté des formules de Prony, d'un caractère trop général, j'ai placé celles, plus récentes et mieux appropriées aux circonstances, que le savant ingénieur M. Darcy a déduites de ses expériences sur le canal de Bourgogne. Éclairé par les conseils de M. Resal à qui la Mécanique moderne doit de si remarquables travaux, j'ai consacré un Chapitre à l'étude de la Théorie mécanique de la chaleur. Les élèves d'une École industrielle ne sauraient rester dans l'ignorance d'une transformation radicale de la science, qui, à un moment donné, est appelée à modifier profondément l'économie de la machine à vapeur. Certainement, par les recherches de Mayer en Allemagne, de Joule en Angleterre, de Clapeyron en France, *la Thermodynamique,* dont l'idée première appartient à Sadi Carnot, est aujourd'hui définitivement fondée ; mais, dans l'application immédiate au travail utile de la machine à vapeur, elle rencontre quelques difficultés de détail, inhérentes sans doute à l'agencement ou à la structure des organes principaux. Aussi, bien que les derniers travaux de M. Zeuner, l'éminent professeur de Zurich, aient avancé l'état de la question, je me suis décidé à conserver l'ancienne théorie de la machine à vapeur, qui d'ailleurs, dans les limites ordinaires de la pratique, fournit des résultats suffisamment approximatifs.

J'ai insisté sur la distribution de la vapeur dans les cylindres et sur les moyens employés pour obtenir la détente à partir d'un point donné de la

course du piston. Cette partie de la Mécanique appliquée méritait d'être
traitée avec d'autant plus de soin que, grâce aux travaux de MM. Reech,
Fauveau, Moll et Phillips, elle a singulièrement contribué au perfection-
nement des machines françaises. Quatre épures accompagnent le texte : les
deux premières, par le tracé des courbes de réglementation, permettent
de se rendre compte de toutes les circonstances de l'introduction de la
vapeur et montrent l'influence des recouvrements du tiroir sur une détente fixe ; les deux autres résolvent le problème d'une détente variable
au moyen des mécanismes imaginés par MM. Farcot et Meyer. La fin du
troisième Volume a été réservée à la détermination du poids des volants,
soit par le calcul, soit à l'aide d'une épure. Par la première méthode, en
admettant, avec les géomètres qui ont traité la question, l'hypothèse peu
exacte de la bielle indéfinie, on parvient à une formule d'une grande simplicité et d'une application facile aux cas usuels de la machine à vapeur.
Quand, au contraire, la bielle est très-courte ou que la valeur analytique
de la puissance se présente sous une forme complexe, il est plus commode,
ainsi que je l'ai fait pour une machine à détente, de construire l'épure du
travail moteur et du travail résistant.

J'ai apporté tous mes soins à la rédaction de cet Ouvrage ;
mais, si quelques fautes m'ont échappé, je serai reconnaissant
à mes lecteurs de vouloir bien me les signaler.

Pascal DULOS.

Angers, le 20 mars 1875.

COURS
DE MÉCANIQUE.

CHAPITRE PREMIER.

1. *Considérations générales.* — Il y a quelques années à peine, la Mécanique générale comprenait deux branches distinctes : la Statique, qui traite de l'équilibre des forces, et la Dynamique, qui s'occupe du mouvement. Cette méthode, qui fort longtemps a prévalu dans l'enseignement public, est aujourd'hui remplacée par une autre, qui consiste à considérer *a priori* le mouvement d'une manière absolue, indépendamment des causes qui peuvent le produire ou le modifier. Suivant le néologisme créé par Ampère, on donne le nom de *Cinématique* (de κίνημα, mouvement) à la partie de la Mécanique générale *où les mouvements sont considérés en eux-mêmes, tels que nous les observons dans les corps qui nous environnent, et spécialement dans les appareils nommés* machines. (AMPÈRE, *Essai sur la Philosophie des Sciences.*)

La Mécanique proprement dite est la science du mouvement et de l'équilibre des corps, en tenant compte des causes qui interviennent. Dans l'état actuel de la Science, la Statique est en quelque sorte confondue dans l'étude du mouvement, comme étant un simple cas particulier. Tel est l'ordre que nous suivrons dans le Cours que nous livrons à la publicité.

La Cinématique elle-même est subdivisée en deux Parties : la Cinématique pure et la Cinématique appliquée. La première comprend quelques principes fort simples, se réduisant au développement des définitions de la trajectoire, de la vitesse, du mouvement uniforme, du mouvement varié, du mouvement uniformément varié, ainsi qu'à la représentation de ces mouvements, soit par une équation, soit par une courbe auxiliaire. L'élégant théorème de MM. Chasles et Bobillier rentre encore dans le domaine de la Cinématique pure.

La Cinématique appliquée renferme le classement et le tracé des organes destinés à communiquer le mouvement. Le parallélogramme articulé de Watt, le joint universel, la théorie des engrenages, le tracé des cames et des excentriques, les rouages différentiels font partie de la Cinématique appliquée.

Cette Science nouvelle, qui sert d'introduction à la Mécanique proprement dite, est traitée dans le *Cours de deuxième année.* Aussi nous bornerons-nous, dans nos Leçons, aux préceptes généraux de la Dynamique, sauf à présenter, sous forme de rappel, les principes de la Cinématique, qui pourront servir à l'intelligence des différentes théories que nous exposerons.

2. *Forces.* — On donne le nom de *forces* aux causes étrangères qui produisent ou tendent à produire, modifient ou tendent à modifier le mouvement. L'observation nous apprend qu'une force appliquée à un corps ne produit pas toujours le mouvement. Si un obstacle s'y oppose, la force opère une pression ou une tension. De même, si un corps en mouvement ne continue pas à se mouvoir de la même manière, il faut également qu'il intervienne une cause modifiant les circonstances du mouvement primitif.

3. *Éléments à considérer dans une force.* — Dans une force il faut considérer : 1° le point d'application, 2° l'intensité, 3° la direction.

Le point d'application est le point matériel où cette force est immédiatement appliquée.

L'intensité d'une force est son rapport avec une autre force prise pour terme de comparaison. Il est facile de comprendre, en effet, qu'une force est plus ou moins considérable, et partant qu'elle constitue une grandeur mathématique susceptible d'être mesurée. Elle peut donc être exprimée par un nombre ou par une ligne.

La direction est la ligne droite suivant laquelle la force tend à entraîner le point matériel qu'elle sollicite. On doit aussi considérer le sens suivant lequel le point d'application se déplacera sur la droite représentant la direction.

4. *Point matériel.* — En Mécanique, quand on considère le mouvement d'un corps soumis à l'action d'une force, on néglige les dimensions de ce corps, en l'assimilant à un point où toute la matière serait concentrée. Ainsi, lorsqu'on dit qu'un projectile lancé dans l'espace par une bouche à feu décrit une parabole, abstraction faite de la résistance de l'air, cette assertion comporte implicitement que le boulet est réduit au centre. Il en est de même de l'orbite de la Terre autour du Soleil. Un tel point où, par la pensée, on a transporté toute la matière, se nomme *point matériel.* Ce point diffère essentiellement du point mathématique en ce que sa grandeur, au lieu d'être rigoureusement nulle, peut devenir aussi petite qu'on voudra, tout en conservant les propriétés inhérentes à la matière qu'on néglige en Géométrie.

5. *Inertie de la matière.* — Ce n'est qu'en partant d'un certain nombre de vérités primordiales ou principes fondamentaux qu'on a pu réunir en un corps de doctrine les lois de la Dynamique. Ces principes, que nous ferons successivement connaître quand il sera utile, ne sont pas d'une évidence absolue, et il a fallu toute la puissance du génie de Newton pour les découvrir par l'observation des grands phénomènes de la Nature; mais leur exactitude n'est devenue manifeste que par les conséquences qu'on en a déduites au moyen d'une série de raisonnements rigoureux.

La première vérité dont nous parlerons porte le nom de *principe de l'inertie de la matière.* On l'énonce ainsi : *Tout corps persévère dans l'état de repos ou de mouvement uniforme en ligne droite, à moins qu'une cause étrangère n'agisse sur lui et ne le contraigne à changer d'état* (NEWTON). L'inertie est donc une propriété de la matière de ne pouvoir changer par elle-même son état de mouvement ou de repos. Il suit de là que, si un corps est animé d'un mouvement varié, dès que la cause de la variation cessera, le mouvement deviendra uniforme. De même encore, un corps étant animé d'un mouvement circulaire autour d'un axe, si la cause qui le maintient

1.

toujours à la même distance de cet axe est suspendue, le mouvement aura lieu dans la direction du dernier élément, c'est-à-dire que le corps s'échappera suivant la tangente.

6. *Forces égales.* — Deux forces sont égales lorsque, successivement appliquées dans les mêmes circonstances à un corps ou système matériel, elles produisent exactement le même effet, quelle que soit d'ailleurs leur nature. On peut encore dire que deux forces sont égales lorsqu'elles en détruisent une troisième qui leur est directement opposée.

7. *Les forces sont comparables à des poids.* — D'après ce que nous venons de dire sur les forces égales, appliquons successivement à un ressort des forces quelconques et des poids connus produisant la même flexion ou le même écart. Dans ce cas, si l'élasticité du ressort n'a pas été altérée, les forces sont égales aux poids, puisqu'elles ont identiquement produit le même effet, vaincu la même résistance à la flexion : donc les poids pourront servir à mesurer les forces, et l'unité de poids sera l'unité de force. On a adopté le kilogramme.

Les instruments servant à la mesure des forces se nomment *dynamomètres.* Les plus simples sont le peson et le dynamomètre de Régnier. Les dynamomètres de M. Morin servent en outre à faire connaître les effets dynamiques des forces.

Le peson (*fig.* 1) est formé d'un ressort à deux branches

Fig. 1.

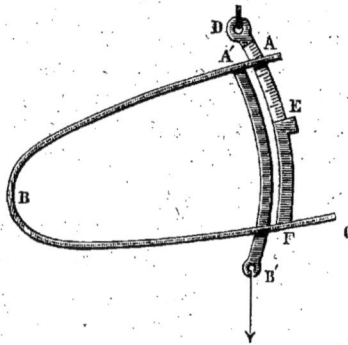

ABC. A la branche supérieure AB est adapté, par l'extrémité supérieure A', un arc de cercle A'B' traversant la branche

inférieure BC, et portant à son autre extrémité B′ un anneau
destiné à y appliquer un poids ou une force quelconque.
A la branche BC est fixé, par l'extrémité C, un second arc de
cercle FD susceptible de glisser sur le premier et traversant
la branche AB du ressort. A l'extrémité D est un anneau servant à rendre fixe l'appareil ou à le tenir en suspension. Le
second arc de cercle est gradué depuis l'extrémité D jusqu'à
un point E où se trouve un talon ou arrêt destiné à prévenir
la rupture de l'appareil, si l'effort appliqué au point B′ était
capable de faire fléchir le ressort au delà de sa limite d'élasticité. L'instrument étant suspendu au moyen de l'anneau D, si
l'on applique à l'anneau B′ un poids de 1 kilogramme, par
exemple, les deux branches AB et BC du ressort formant le
corps de l'instrument se rapprocheront, l'arc FD dépassera la
branche AB, et l'on pourra marquer sur l'arc DF le point où
s'arrêtera la branche AB du ressort. En réitérant la même opération avec des poids de 2, 3, 4,... kilogrammes, on indiquera
les flexions du ressort correspondant à ces poids. Cet instrument ne donne la valeur des forces qu'avec peu d'exactitude,
et, quoique fort commode, on ne saurait l'employer pour des
efforts supérieurs à 100 kilogrammes.

Le dynamomètre de Régnier donne des indications beaucoup plus précises. Cet instrument (*fig.* 2) se compose d'un

Fig. 2.

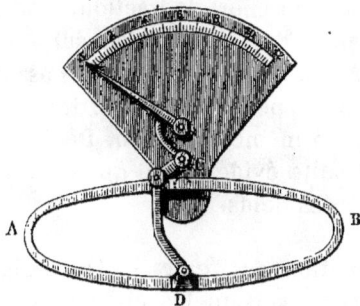

ressort AB à deux branches, réunies par leurs extrémités. On
donne à ce ressort des dimensions dépendant de l'effort maximum qu'on veut mesurer. On peut opérer la tension du res-

sort, soit en le tirant suivant l'axe longitudinal, soit en le
pressant perpendiculairement à cet axe, c'est-à-dire suivant
la droite qui unit les milieux des deux branches. Les forces,
suivant leur mode d'action, ont leurs valeurs respectives indiquées par deux échelles tracées sur un même limbe. La première porte le nom d'*échelle de tirage* ou *de traction ;* la seconde, celui d'*échelle de pression.* Le limbe en cuivre, qui a la
forme d'un. secteur, est solidaire de l'une des branches du
ressort, tandis que la branche opposée est munie d'un re-
poussoir agissant sur une aiguille assujettie à tourner autour
du centre du limbe. Cette aiguille est munie de deux index
pour marquer, l'un les tractions, et l'autre les pressions.
Pour obtenir l'échelle de tirage, on suspend le dynamomètre
par l'une des extrémités du grand axe, tandis qu'à l'autre on
applique successivement des poids de 1, 2, 3, 4, . . . kilogrammes. Les positions correspondantes du premier index
fourniront les valeurs des efforts de traction ou de tirage. La
graduation de l'échelle de pression s'obtient en plaçant le dynamomètre de manière que le petit axe soit vertical. Des
poids étalonnés, placés sur l'appareil suivant cette ligne, indiquent les positions du second index pour des pressions équi-
valant aux poids qui ont servi à la graduation.

Pour faire usage de cet instrument, on applique les forces
dont on cherche la valeur aux mêmes points où l'on a appliqué
les poids qui ont servi à le graduer, c'est-à-dire que, lorsqu'il
s'agit de mesurer un effort de traction, l'axe longitudinal étant
horizontal, l'effort doit. être dirigé suivant cette ligne. Les
efforts de pression se mesurent en disposant le dynamomètre
de manière que le petit axe soit vertical et en appliquant ces
efforts suivant la même direction. De la description de ces
appareils il résulte évidemment que les forces sont toujours
comparables à des poids.

8. *Dénomination des forces.* — On désigne les forces par
des noms divers, suivant les circonstances dans lesquelles
elles exercent leur action. Ainsi, les *forces motrices* ou *mou-
vantes* sont celles qui produisent, favorisent ou entretiennent
le mouvement. Les forces *résistantes* s'opposent au mouvement, tendent à le détruire. Les forces *accélératrices* ou *re-*

tardatrices l'accélèrent ou le retardent. Les forces *attractives* ou *répulsives* produisent des attractions ou des répulsions. En général, dans l'industrie, on donne le nom de *puissances* aux forces dont l'action produit ou favorise le mouvement. Les *résistances* sont celles qui tendent à le détruire. Ces dénominations, fort utiles en Mécanique appliquée, n'ont pas la même importance en Mécanique rationnelle.

9. *Égalité de l'action et de la réaction.* — Ce principe, posé par Newton, s'énonce ainsi : *L'action est égale et contraire à la réaction,* c'est-à-dire que les actions réciproques de deux corps l'un sur l'autre sont égales et de sens contraires. Ainsi (*fig.* 3) une force appliquée à un point matériel A émane

Fig. 3.

d'un point matériel B, situé à une distance quelconque; le point B est en même temps soumis à l'action d'une force égale émanant du point A. Ces deux forces (action et réaction) sont dirigées suivant la droite AB et en sens contraires. L'opposition de sens des deux forces auxquelles les points A et B sont soumis est tout à fait indépendante du sens de chacune d'elles considérée séparément. Il peut arriver que la force agissant en A tende à rapprocher ce point du point B, et alors celle qui agit en B tend à rapprocher ce point de A. Dans ce cas, les forces sont dites *attractives*. Si, au contraire, les deux forces tendent à éloigner les deux points A et B, elles sont dites *répulsives*. Ainsi, qu'entre deux corps il y ait traction ou pression, les ressorts moléculaires tendus, fléchis ou comprimés réagissent toujours avec un effort égal et contraire à celui qui produit la tension, la flexion ou la compression. Ce principe fondamental de Mécanique se retrouve dans un grand nombre de phénomènes : par exemple, en pressant un corps avec la main, en le tirant au moyen d'une corde ou en le poussant avec une barre, nous sentons que nous sommes pressés, tirés ou poussés en sens contraire.

Deux pesons P et P′ (*fig.* 4) étant mis en communication au moyen d'une corde, si au peson P′ on applique une force F

qui se transmette à un obstacle R, on remarque que les deux
ressorts accusent le même degré de tension. Or il est certain

Fig. 4.

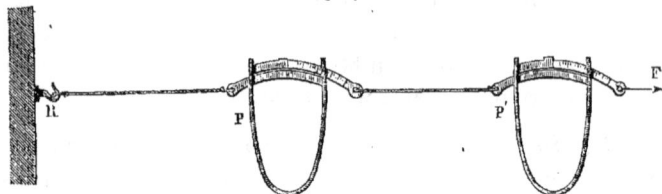

que le peson P mesure la réaction de la corde à l'action de la
force F, dont l'intensité est mesurée par le peson P'. Cette
expérience fort simple confirme donc le principe énoncé.

10. *L'inertie peut être considérée comme une force.* — Puisqu'un corps ne peut passer de l'état de repos à l'état de mouvement, et réciproquement, sans l'intervention d'une cause
extérieure, il est constant que ce corps oppose une certaine
résistance au changement d'état, et que l'inertie détermine
réellement une force intérieure qui lui est égale. Cette force,
que Newton appelle *force d'inertie*, est le *pouvoir que la matière possède de résister*. La force d'inertie agit tantôt comme
puissance, tantôt comme résistance. M. Morin, dans son *Traité
de Mécanique*, décrit une expérience aussi simple que con-
cluante, qui met en lumière l'existence de cette force. Plaçons un corps A sur un plan horizontal XY (*fig.* 5), et cher-

Fig. 5.

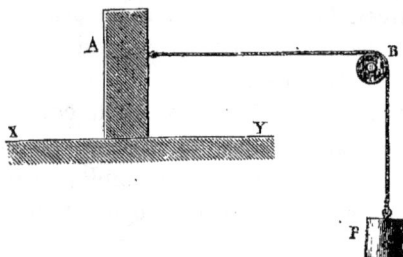

chons expérimentalement le poids P que l'on doit attacher à
l'extrémité d'une corde s'enroulant sur une poulie de renvoi B

pour déterminer le renversement du corps sur le plan. Toute cause qui produira le même effet sur le corps pourra être assimilée au poids P, et conséquemment sera une force mesurée par ce poids. Or, en imprimant au plan d'appui un mouvement accéléré, on remarque que le corps tombe sur ce plan en sens contraire du mouvement. Donc l'inertie agit, dans ce cas, comme une résistance dont l'intensité est au moins égale à ce poids. Si, au contraire, le plan XY étant animé d'un mouvement uniforme, accéléré ou retardé, on arrête subitement le mouvement, la chute du corps a lieu précisément dans le sens propre du chemin parcouru. Dans ce cas, l'inertie a agi comme une puissance s'opposant à la modification du mouvement ou au passage à l'état de repos. L'inertie ayant donc, dans les deux circonstances, produit le même effet que le poids P, nous sommes en droit de la considérer comme une véritable force. Cette résistance, appelée *force d'inertie*, qu'un corps oppose à tout changement à son état de mouvement ou de repos, se manifeste fort souvent.

Dans les usages de la vie, on rencontre encore d'autres exemples de la force d'inertie : c'est la résistance qu'elle oppose à la transmission subite du mouvement qui fait rompre les traits d'une voiture à laquelle des chevaux sont attelés. La même force occasionne le renversement des voitures lorsque, dans des tournants courts, on ralentit le mouvement. C'est encore la même cause qui produit la chute d'un homme placé sur l'impériale d'une diligence, si celle-ci vient à se retarder ou à s'arrêter brusquement au moment où il ne s'y attend point. Les phénomènes dus à la force d'inertie sont donc très-nombreux.

11. *Mode d'action des forces.* — Les forces agissent en un point de la surface des corps que nous avons appelé *point d'application*. Les molécules voisines de ce point étant comprimées, les ressorts moléculaires fléchiront d'abord et réagiront ensuite pour revenir à leur position primitive, en vertu de l'élasticité plus ou moins grande qui appartient aux corps, suivant leur constitution moléculaire. Les molécules les plus éloignées participent à ce mouvement, qui se communique de proche en proche. Si le corps est retenu par des résistances supérieures, les forces qui agissent sur lui opéreront une pression ou une déformation permanente si l'élasticité naturelle du corps est altérée. Dans le cas contraire, le mouvement moléculaire interne qui a été communiqué n'étant pas détruit, le corps se mouvra dans le sens propre de la force.

12. *Travail d'une force.* — On appelle *travail d'une force* un effort exercé, une résistance vaincue sur un chemin parcouru. Le travail mécanique, comme on pourrait le croire de prime abord, n'implique pas seulement l'idée d'un effort développé, d'une résistance vaincue : il faut encore qu'il se reproduise d'une manière continue sur une étendue suffisamment appréciable. Un homme qui supporte un fardeau et le tient immobile ne développe aucun travail, et pourrait incontestablement être remplacé par une colonne remplissant le même objet. Ainsi les éléments constitutifs du travail sont donc, d'une part, un effort exercé, et, de l'autre, un déplacement du point d'application.

13. *Dénominations diverses. Unité de travail.* — Carnot, qui, le premier, a considéré simultanément les efforts exercés et les déplacements qu'ils produisent, a proposé de donner à ces deux éléments combinés le nom de *moment d'activité.* Monge et Hachette ont appelé le même résultat *effet dynamique*, expression qui a le défaut d'être un peu vague dans sa généralité. Coulomb et quelques auteurs l'ont désigné par la locution fort expressive de *quantité d'action*, qu'on emploie quelquefois concurremment avec le nom de *travail*, adopté par Coriolis et Poncelet. L'expression employée par Coulomb présente l'inconvénient de désigner, en Mécanique rationnelle, une quantité d'une autre nature. La dénomination de *travail* a prévalu, comme étant mieux appropriée au point de vue sous lequel on envisage la Mécanique appliquée.

Puisque, pour estimer une grandeur, il est indispensable de la comparer à une autre prise pour terme de comparaison, il importe de connaître celle qui a été adoptée pour estimer le travail d'une force, et quelle est son origine.

Montgolfier et Hachette ont pris pour unité le travail correspondant à 1000 kilogrammes élevés à 1 mètre de hauteur, et l'ont appelé *grande unité dynamique*, tandis que M. Clément lui a donné le nom de *dynamie*, et Coriolis, dans son *Traité du calcul de l'effet des machines*, celui de *dynamode*. Navier et Poncelet ont pris pour unité le *kilogrammètre :* c'est le travail nécessaire pour élever 1 kilogramme à 1 mètre de hauteur. Pour indiquer qu'une quantité exprime des kilogrammètres, on place au-dessus, et un peu à droite, le symbole ^{kgm} : ainsi, pour 12 kilogrammètres, nous écrirons 12^{kgm}. La notion du travail que nous venons de donner est tout à fait indépendante de l'idée du temps; mais il n'est pas indifférent, pour le chef d'industrie, qu'une même quantité de travail soit développée dans un temps plus ou moins long; car l'action des moteurs se continuant fort longtemps, d'une manière uniforme, dans l'évaluation du travail, on obtiendrait des nombres considérables, qui deviendraient embarrassants. Pressés par la nécessité d'obtenir des résultats simplement exprimés, les mécaniciens ont été naturellement conduits à introduire dans l'expression du travail l'idée de la durée de l'action. Dès lors, on a dû convenir de prendre pour unité de travail celle qui se rapporte à une *seconde*, unité de temps usitée en Mécanique. Les constructeurs de machines à vapeur ont pris pour unité le *cheval-vapeur*, qu'ils nomment improprement *force de cheval*, d'après la locution anglaise *horse power*, qu'il serait bien plus exact de traduire en français *cheval dynamique* ou *pouvoir de cheval*, attendu que les mots *force* et *travail*, tels que nous les avons définis, ont des significations essentiellement différentes. Les mécaniciens appellent *cheval-vapeur* ou *force de cheval* le travail qu'il faut produire pour élever 75 kilogrammes à 1 mètre de hauteur en une seconde, ou, en d'autres termes, cette unité représente un travail de 75 kilogrammètres accompli dans l'unité de temps. En résumé, le cheval-vapeur est un multiple du kilogrammètre auquel on a uni l'idée du temps.

14. *Travail d'une force constante agissant dans la direction du chemin parcouru.* — Les considérations que nous avons présentées sur le sens que l'on doit attacher au travail mécanique d'une force nous conduisent à cette conclusion que, si l'effort est constant et qu'il agisse dans la direction du chemin parcouru, le travail sera directement proportionnel à deux

facteurs dont l'un sera l'effort exercé exprimé en kilogrammes, et l'autre le chemin parcouru évalué en mètres. Si donc F et E représentent respectivement chacun des éléments du travail désigné par T, nous aurons $T = FE^{kgm}$.

15. *Représentation géométrique du travail d'une force constante.* — La Géométrie nous apprend que le produit de deux lignes égales rapportées à une unité conventionnelle est représenté par la surface d'un carré et le produit de deux lignes inégales par la surface d'un rectangle. Or, une force, d'après la définition que nous avons donnée de son intensité, quelle que soit sa nature, pourra toujours être représentée par une ligne, à une échelle convenue. Si donc nous construisons un rectangle dont les dimensions respectives soient les éléments du travail exprimés à la même échelle ou à des échelles différentes, nous aurons $T = FE$ (*fig.* 6).

Fig. 6.

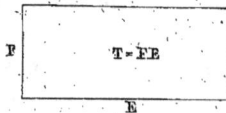

16. *Méthode de quadrature de Simpson.* — Poncelet donne la démonstration suivante de cet important théorème :

Soit une surface limitée par une ligne d'abscisses AB, deux ordonnées extrêmes AA', BB' et une courbe A'C'B' (*fig.* 7).

Fig. 7.

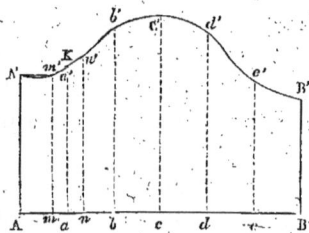

Divisons la ligne AB en un nombre pair de parties égales, en six par exemple, et, aux points de division, élevons des perpendiculaires limitées à la courbe. En considérant les surfaces mixtilignes telles que A A' aa', $aa'bb'$,... comme des trapèzes, et en faisant la somme, nous aurons approximativement l'aire cherchée. Cette approximation sera d'autant plus grande que le nombre des divisions de AB sera plus grand. Si, comme dans la *fig.* 8, la courbe tourne sans cesse sa convexité vers la ligne d'abscisses, les surfaces partielles étant considérées comme des

Fig. 8.

Fig. 9.

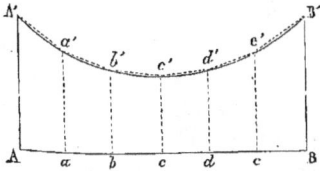
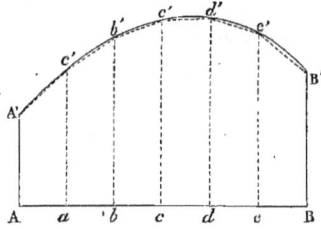

trapèzes, la surface totale numériquement exprimée sera trop grande. Au contraire, comme dans la *fig.* 9, elle sera trop petite, si la courbe a sa concavité tournée vers AB. Mais si la courbe, comme c'est le cas le plus général, a des points d'inflexion, c'est-à-dire est tantôt concave, tantôt convexe, rapportée à AB, les erreurs en plus et en moins se compenseront et le degré d'approximation pourra devenir très-grand. Désignons par s, s', s'', s''', s^{IV},... les surfaces partielles de la *fig.* 7, nous aurons, par la méthode des trapèzes,

$$s = \frac{A a}{2} (AA' + aa'),$$

$$s' = \frac{A a}{2} (aa' + bb'),$$

$$s'' = \frac{A a}{2} (bb' + cc'),$$

$$s''' = \frac{A a}{2} (cc' + dd'),$$

$$s^{IV} = \frac{A a}{2} (dd' + ee'),$$

$$s^{V} = \frac{A a}{2} (ee' + BB').$$

Ajoutant, mettant $\dfrac{Aa}{2}$ en facteur commun, et faisant la réduction,

$$S = \frac{Aa}{2}(AA' + BB' + 2aa' + 2bb' + 2cc' + 2dd' + 2ee'),$$

ce qui nous apprend que, *par première approximation, la surface cherchée est égale à la moitié de la longueur comprise entre deux ordonnées équidistantes, multipliée par la somme des ordonnées extrêmes, augmentée de deux fois la somme des ordonnées intermédiaires.* Maintenant, considérons l'espace compris entre deux ordonnées de rang impair, la première et la troisième, et partageons leur distance en trois parties égales. Il est évident que l'espace compris entre les deux ordonnées AA' et bb' sera exprimé avec une plus grande approximation, en considérant trois surfaces partielles, que dans le cas où Ab a été divisée en deux parties égales seulement. Appliquant donc le principe posé précédemment pour le premier degré d'approximation, nous aurons

$$s = \frac{Am}{2}(AA' + bb' + 2mm' + 2nn');$$

or $Am = \dfrac{AB}{3} = \dfrac{2Aa}{3}$, et par suite $\dfrac{Am}{2} = \dfrac{Aa}{3}$; par conséquent

$$s = \frac{Aa}{3}(AA' + bb' + 2mm' + 2nn').$$

La partie de la courbe interceptée par les deux ordonnées AA' et bb' tournant sa convexité vers AB, la surface ainsi estimée est évidemment trop grande. Or, en joignant les points m', n' et prolongeant l'ordonnée aa' jusqu'à la rencontre de $m'n'$ en K, nous aurons, en vertu d'un théorème de Géométrie,

$$aK = \frac{mm' + nn'}{2} \quad \text{ou} \quad 2aK = mm' + nn'.$$

Multipliant les deux membres par 2,

$$4aK = 2mm' + 2nn';$$

substituant dans l'expression qui donne la valeur de *s*,

$$s = \frac{A\,a}{3}\,(AA' + bb' + 4\,aK).$$

Mais, comme nous l'avons fait observer, la surface étant trop grande, l'erreur sera diminuée si à *a*K nous substituons l'ordonnée moindre *aa'*, et, en définitive, il viendra

$$s = \frac{A\,a}{3}\,(AA' + bb' + 4\,aa').$$

Pour les deux autres surfaces partielles comprises entre des ordonnées de rang impair, nous aurons encore

$$s' = \frac{A\,a}{3}\,(bb' + dd' + 4\,cc'),$$

$$s'' = \frac{A\,a}{3}\,(dd' + BB' + 4\,ee');$$

faisant la somme et opérant la réduction,

$$S = \frac{A\,a}{3}\,(AA' + BB' + 4\,aa' + cc' + 4\,ee' + 2\,bb' + 2\,dd');$$

de là la règle suivante, établie par Thomas Simpson :

Pour trouver la surface comprise entre une ligne d'abscisses, deux ordonnées extrêmes et une courbe quelconque, divisez la ligne d'abscisses en un nombre pair de parties égales, élevez aux points de division des perpendiculaires limitées à la courbe et multipliez le tiers de la distance comprise entre deux ordonnées consécutives par la somme des ordonnées extrêmes, augmentée de quatre fois la somme des ordonnées de rang pair, plus deux fois celle des ordonnées de rang impair.

Si l'aire plane est complétement limitée par une courbe, on trace, dans le sens de la plus grande longueur, une droite AC que l'on prend pour axe des abscisses. On divise cette ligne en un nombre pair de parties égales, et l'on procède identiquement comme nous venons de le faire.

Ce procédé de quadrature, très-fécond en Mécanique appliquée, sert notamment à estimer le travail d'une force variable.

17. *Travail développé par une force variable.* — Une force est dite *variable* quand son intensité prend différentes valeurs le long du chemin parcouru. Par déduction, on peut mesurer le travail d'une force variable en la regardant comme constante, sur un chemin élémentaire parcouru par le point d'application. Ainsi, si en un point de ce chemin l'effort est F, et si nous désignons par *e* un déplacement élémentaire, le travail sera F*e*, et la somme de toutes les expressions analogues donnera le travail total développé sur un chemin E. Prenons une droite AB (*fig.* 10) représentant, à une certaine échelle, le chemin

Fig. 10.

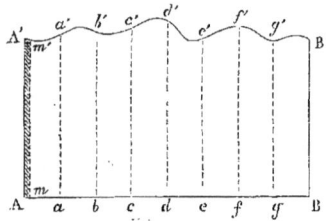

parcouru E, et en divers points de cette ligne élevons des perpendiculaires dont les longueurs expriment les différentes valeurs de la force variable, obtenues au moyen d'appareils dynamométriques. En faisant passer une courbe continue par les extrémités de ces ordonnées, nous limiterons une surface dont la quadrature fournira la mesure du travail développé par la force variable, sur un chemin E parcouru par le point d'application. En effet, si, à partir du point A, nous prenons un élément A*m* = *e*, l'effort étant considéré comme constant, le travail sera F*e*, et pourra être représenté géométriquement par la surface d'un rectangle ayant pour dimensions AA′ = F et A*m* = *e*. A la limite, ce rectangle se confondra avec la surface mixtiligne A*mm′*A′. Pour un second déplacement élémentaire du point d'application, nous obtiendrons une surface analogue. Enfin il est visible que la somme de toutes ces surfaces élémentaires sera égale à la surface limitée supérieurement par la courbe et, par suite, l'expression géométrique du travail total développé par la force variable sur un chemin E.

18. *Effort constant moyen d'une force variable.* — On appelle *effort moyen d'une force variable l'effort constant* qui produit la même quantité de travail que l'effort variable, en faisant parcourir le même chemin au point d'application. Dans beaucoup d'applications, et surtout dans le calcul des volants, il est essentiel de connaître la valeur de l'effort constant moyen d'une force variable. Si T est le travail développé par l'effort variable, sur un chemin E, en désignant par F l'effort constant, nous aurons

$$T = FE, \quad \text{d'où} \quad F = \frac{T}{E};$$

ce qui nous apprend que l'effort constant moyen d'une force variable s'obtient en divisant le travail de l'effort variable par le déplacement du point d'application.

Soit **A A′ D B′ B** la surface qui représente le travail développé par la force variable (*fig.* 11). Portons, sur l'ordonnée AA′, une

Fig. 11.

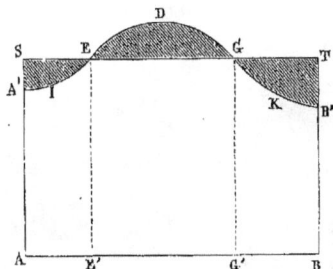

longueur AS égale à l'effort constant moyen **F**, et construisons le rectangle de hauteur AS = F et de base AB = E, nous obtiendrons une figure ASTB équivalente à la surface mixtiligne A A′ D B′ B. Le côté supérieur du rectangle coupe la courbe des efforts variables aux points E et G, dont les ordonnées EE′, GG′ sont égales à AS ou F, ce qui indique qu'aux points correspondants du chemin parcouru l'effort moyen est égal à l'effort variable. D'autre part, sur les chemins AE′ et G′B, nous voyons que le travail de l'effort constant moyen surpasse celui de l'effort variable de quantités respectivement représentées par les surfaces SA′IE, GKB′T. Au contraire, quand le point

Méc. D. — I. 2

d'application a parcouru le chemin E'G, le travail de l'effort variable est supérieur à celui de l'effort moyen, et l'excès est indiqué par la surface EDG. De l'équivalence du rectangle et de la figure limitée par la courbe résulte évidemment que SA'IE + GKB'T = EDG. — *Donc, sur le chemin parcouru* E, *l'excès du travail constant sur le travail de l'effort variable est égal à l'excès de ce dernier sur le travail de l'effort constant.*

19. *Travail d'une force constante agissant obliquement à la direction du chemin parcouru.* — Jusqu'à présent nous avons admis que la résistance à vaincre était directement opposée à la force motrice. Considérons le cas où la résistance agit dans une direction autre que celle de la puissance, et où le point d'application de cette dernière ne peut se mouvoir que dans le sens propre de cette résistance. Supposons que, par l'action de la force F, un point matériel décrive la courbe AX (*fig.* 12), et que, dans un temps élémentaire, il vienne

Fig. 12.

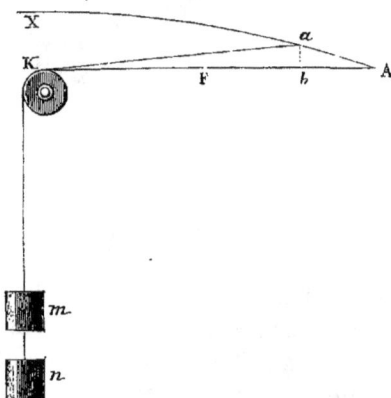

occuper la position *a* très-voisine de A. Comme les forces sont comparables aux poids, la force motrice ayant pour direction AK pourra être remplacée par un poids P suspendu à l'extrémité d'un fil inextensible AKm, s'enroulant sur une poulie de renvoi, pourvu que, dans le même temps *t*, le poids fasse parcourir au point matériel le chemin A*a*. Le travail de la force F sera P × *mn*, le facteur *mn* étant le déplacement ver-

tical du poids quand le point matériel parcourra le chemin A a.
Or, ce chemin étant très-petit à la limite, on pourra considérer
les deux directions du fil comme tangentes au même point de
la circonférence de la poulie. Dès lors, si nous enroulons le
fil occupant la position aK sur la gorge de la poulie de manière qu'il vienne coïncider avec AK, le point a décrira un
arc de développante ab qui différera très-peu de la perpendiculaire abaissée du point a sur AK, et Ab, différence de AK
et aK, sera égal à mn, chemin vertical parcouru par le poids P
pour amener le point matériel de A en a. Ainsi le travail développé par le poids P sera P $\times$ Ab. Or, comme ce poids, dans
les mêmes circonstances, a produit le même effet que la force F,
le travail de cette force sera également exprimé par F $\times$ Ab. La
longueur Ab étant la projection du chemin élémentaire Aa sur
la direction de la force, nous pouvons en conclure que *le tra-*
vail développé par une force agissant obliquement à la direc-
tion du chemin parcouru est égal au produit de cette force
par la projection de ce chemin sur la direction propre de la
force. Cette démonstration, remarquable par sa simplicité, est
due à M. Morin.

Supposons que le déplacement du point d'application ait
lieu suivant une droite. Soient AB (*fig.* 13) le chemin par-

Fig. 13.

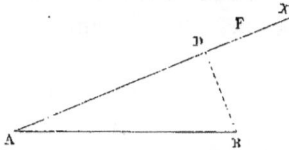

couru, et AX la direction de la force F; en projetant AB
sur AX, d'après ce qui précède, il viendra

$$T = F \times AD.$$

Désignant par A l'angle sous lequel agit la force, le triangle ABD
nous donne AD = AB cos A, et, en substituant, nous aurons

$$T = F \cdot AB \cos A.$$

Les considérations que nous avons présentées nous apprennent que l'idée la plus nette que l'on puisse se faire de l'effet

2.

dynamique des forces prend sa source dans l'élévation d'un poids à une certaine hauteur. Nous avons déjà dit qu'il ne pourrait y avoir production de travail sans la coexistence des deux éléments constitutifs, *effort* et *déplacement du point d'application.* Tel serait le cas d'une force agissant en un point quelconque d'un corps en mouvement, si le corps ne cédait pas sensiblement à l'action de la force et dans sa direction propre. Un homme qui exercerait contre une voiture en mouvement un effort perpendiculaire à l'axe longitudinal ne développerait aucun travail mécanique. Les forces normales ne produisent que des pressions, des déplacements moléculaires si petits qu'on peut en faire abstraction. Ainsi, dans le sens propre du travail mécanique, quand un homme transporte horizontalement un fardeau, la résistance agissant normalement à la direction du chemin parcouru, le travail serait nul. Il y a cependant un effet utile produit et appréciable au point de vue industriel. Coulomb, à qui l'on doit une série d'expériences sur le transport horizontal des fardeaux, fait observer qu'on ne saurait confondre ce genre de travail avec le travail mécanique véritable. L'unité qui a été adoptée pour le transport horizontal, bien qu'en apparence analogue à l'unité ordinaire, est au fond très-différente. Ces réflexions sont de la plus haute importance, et font voir que les notions du travail mécanique, telles que nous les avons données, ne sont applicables qu'aux travaux des arts qui s'y rapportent.

CHAPITRE II.

20. *Pesanteur.*— Newton a considéré la pesanteur comme un cas particulier de la gravitation universelle. On la définit généralement *la cause en vertu de laquelle tous les corps librement abandonnés à eux-mêmes sont attirés vers le centre de la Terre.* Comme cette force agit d'une manière permanente sur toutes les molécules d'un corps, la somme de toutes ses actions est le *poids* de ce corps.

Dans l'hypothèse même où la Terre ne serait animée que d'un mouvement de rotation autour de la ligne des pôles, cette définition n'est pas rigoureusement exacte ; car, tous les points du globe participant à ce mouvement de rotation, la force centrifuge que nous étudierons plus loin influe nécessairement sur l'action de la pesanteur. Considérons, en effet, un corps A (*fig.* 14) reposant sur un appui placé à la surface du globe. Il est

Fig. 14.

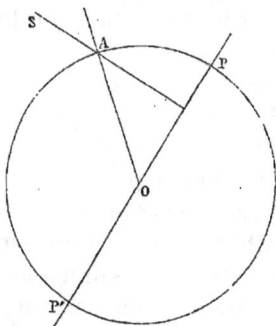

évident que les forces qui agissent sur lui se détruiront si le corps ne prend pas de mouvement. Ces forces sont l'attraction terrestre, la réaction exercée de bas en haut par l'appui iné

branlable, et enfin la force centrifuge qui, disons-le par anti-
cipation, tend à l'éloigner de l'axe de rotation, suivant la direction du rayon terrestre passant en A. Ces trois forces se
détruisant, on en conclut que la réaction du plan ou du sol est
précisément égale à une force unique qui produirait le même
effet que l'action combinée de l'attraction terrestre et de la
force centrifuge. La définition que nous avons donnée ne serait donc juste qu'autant que la Terre ne tournerait pas autour
de son axe. Ainsi on ne doit pas confondre le poids d'un corps
avec l'attraction que la Terre exerce sur lui. Le poids réel d'un
corps est l'effort que l'on doit exercer pour le soutenir, et l'on
obtiendrait rigoureusement sa valeur en cherchant l'intensité
d'une force qui produirait la même action que l'attraction terrestre et la force centrifuge due au mouvement de rotation,
combinées ensemble. De même la verticale n'est pas rigoureusement dirigée suivant le rayon terrestre; car le fil à plomb
doit suivre la direction qui lui est imprimée par ces deux forces
agissant simultanément. Ce n'est qu'aux pôles et à l'équateur
que le fil à plomb est réellement dirigé vers le centre de la
Terre. Néanmoins, comme la force centrifuge à l'équateur, où
elle acquiert sa valeur maxima, est excessivement petite comparée à l'attraction terrestre, malgré les restrictions que nous
avons apportées, nous pouvons considérer la verticale d'un
lieu comme dirigée suivant le rayon terrestre, et le poids d'un
corps comme la somme de toutes les forces attractives partielles exercées sur les molécules qui le composent.

21. *Le mouvement produit par une force constante est uniformément varié.* — Supposons que le temps pendant lequel
a lieu l'action de la force soit fractionné en un très-grand
nombre de parties égales et que cette force, au lieu d'agir d'une
manière continue, agisse par intermittence au commencement
de chaque intervalle de temps. Entre deux actions successives,
le point matériel aura nécessairement un mouvement uniforme, et c'est la série des mouvements de ce genre qui fournira la nature du mouvement produit par la force constante
pendant le temps de son action. Enfin, si nous supposons que
les fractions de temps, que nous avons considérées, deviennent de plus en plus petites, on se rapprochera de plus en

plus du mouvement continu vers lequel tend le mouvement dans le cas où les actions de la force se succèdent par intermittence. Ainsi soit V_1 la vitesse constante imprimée dans la première unité de temps. Si v représente la vitesse initiale, $v + V_1$ sera la vitesse du point matériel au bout de la première unité. La force, continuant d'agir avec la même intensité au bout de la deuxième unité de temps, la vitesse sera $v + 2V_1$, au bout de la troisième unité $v + 3V_1$. Enfin, si T désigne le nombre d'unités de temps, nous aurons une vitesse égale à $v + V_1 T$. Or les lois du mouvement, étudiées en Cinématique, nous ont appris que, dans un mouvement uniformément varié, la vitesse croît ou décroît de quantités égales pour des temps égaux. La vitesse V_1 doit être considérée comme positive ou négative, suivant que la force constante agit dans le sens de la vitesse initiale ou en sens contraire. Ainsi, si nous désignons par V la vitesse du point matériel au bout d'un temps T, nous aurons, d'une manière générale,

$$V = v \pm V_1 T.$$

De là cette conclusion : *Une force constante produit un mouvement uniformément accéléré quand elle agit dans le sens de la vitesse initiale, et un mouvement uniformément retardé quand elle agit en sens contraire.* La pesanteur à des distances très-petites, dans un même lieu du globe, étant considérée comme une force constante, les lois du mouvement uniformément accéléré pourront lui être appliquées.

22. *Chute des corps.* — La pesanteur agit sur tous les corps de la même manière, qu'ils soient lourds ou légers, c'est-à-dire qu'elle leur imprime la même vitesse dans le même temps. Si l'on remarque que des corps tels que le fer, le papier, la plume tombent avec des vitesses inégales, cette différence est occasionnée par l'influence perturbatrice de l'air atmosphérique. Nous voyons, en effet, les corps dits *légers* osciller dans l'espace, et obéir, en apparence, à l'action de l'air plutôt qu'à celle de la pesanteur. C'est que les corps qui se meuvent communiquent ce mouvement aux couches d'air, d'abord en repos, et par suite subissent une perte de vitesse. Cette résistance opposée par l'air se répartit également entre toutes les molécules des corps, et naturellement elle doit être moindre pour chaque élément matériel du corps qui a la plus grande masse ou le plus grand poids sous le même volume. Newton, le premier, a fait voir, par l'expérience, que ces inégalités dans les temps de la chute pour des corps n'ayant pas la même constitution moléculaire sont dues à la résistance de l'air, et plus généralement à celle des milieux qu'ils ont à traverser dans leur mouvement. On prend un tube de 2 mètres de longueur environ (*fig.* 15), muni à l'une des extrémités d'une virole et

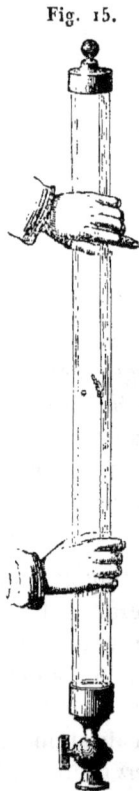

Fig. 15.

à l'autre d'une douille métallique, mastiquée et terminée par un tube à robinet, taraudé intérieurement, de manière qu'on puisse le visser au bouton placé au centre de la platine d'une machine pneumatique. Dans ce tube on introduit du plomb, du liége, du duvet ou d'autres substances dont le temps de la chute n'est pas le même en partant du même point. En renversant brusquement ce tube, le vide étant fait, on constate que tous ces corps se meuvent ensemble, sans que l'un prenne l'avance sur les autres, et viennent frapper en même temps le fond du tube. Si, au moyen du robinet, on introduit un peu d'air, on remarque que les corps légers sont un peu en retard. Enfin, quand on laisse le robinet ouvert et que le tube est totalement rempli d'air, les différences de vitesse deviennent très-appréciables.

Une seconde expérience, fort simple, confirme encore l'action identique de la pesanteur sur tous les corps. Un disque métallique et un disque de papier de même diamètre, tombant au même instant et de la même hauteur arrivent à terre l'un après l'autre; mais, si l'on place le papier sur le métal, sans le coller, et qu'on les abandonne librement, ils marchent ensemble et arrivent au sol en même temps. La raison en est fort simple : c'est que le disque métallique soustrait le papier à l'action de l'air.

Enfin, au moyen de l'appareil (*fig.* 16) connu sous le nom de *marteau d'eau*, on peut facilement constater la résistance que l'air oppose à la chute des graves. Il se compose d'un tube de verre, dont la moitié de la capacité a été remplie d'eau. Soumise à la température de l'ébullition, les vapeurs aqueuses qui se forment expulsent l'air que le tube contenait. On le ferme en ayant soin de le terminer par une partie effilée.

Fig. 16.

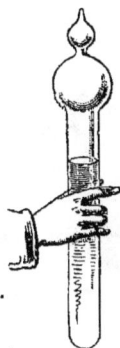

L'appareil étant ainsi construit, quand on le retourne, l'eau, en tombant, n'ayant à vaincre aucune résistance, frappe le fond du tube d'un coup sec, ce qui explique le nom donné à cet instrument.

Les trois expériences que nous venons de décrire mettent hors de doute l'influence que l'air exerce sur le mouvement des graves, pendant leur chute, et que pour tous les corps, quelle que soit leur nature, les lois de la pesanteur sont identiquement les mêmes.

23. *Rappel des lois du mouvement uniformément accéléré.* — *Application à la chute des corps.* — Désignons par V la vitesse au bout d'un temps quelconque, par V_1 l'accélération, par E l'espace parcouru et par T le temps pendant lequel on considère le mouvement.

Dans le *Cours de Cinématique,* qui précède celui de Mécanique proprement dite, on a établi les trois formules suivantes :

$$V = V_1 T, \quad E = \tfrac{1}{2} V_1 T^2, \quad V^2 = 2 V_1 E,$$

ce qui signifie : 1° que la vitesse, au bout d'un temps quelconque, est égale à la vitesse acquise au bout de la première seconde, multipliée par le temps exprimé en secondes; 2° que l'espace parcouru croît proportionnellement au carré du temps et qu'il est égal à la moitié de l'accélération, multipliée par le carré du temps; 3° que le carré de la vitesse acquise par le corps, quand il a parcouru un certain espace, est égal au double de cet espace multiplié par la vitesse acquise au bout de la première seconde.

De ces trois formules on déduit

$$V_1 = \frac{V}{T}, \quad T = \frac{V}{V_1}, \quad T^2 = \frac{2E}{V_1}, \quad E = \frac{V^2}{2V_1}.$$

Si le corps possède une vitesse initiale que nous appellerons v, on a encore trouvé

$$\mathbf{V} = v + \mathbf{V}_1\mathbf{T}, \quad \mathbf{E} = v\mathbf{T} + \tfrac{1}{2}\mathbf{V}_1\mathbf{T}^2, \quad \mathbf{V} = \sqrt{v^2 + 2\,\mathbf{V}_1\mathbf{E}}.$$

Si le mouvement est uniformément retardé, en désignant par $\mathbf{V}'$ la vitesse possédée par le corps au moment où commence l'action de la force qui modifie le mouvement, on a encore trouvé

$$\mathbf{V} = \mathbf{V}' - \mathbf{V}_1\mathbf{T}.$$

Si le corps passe à l'état de repos, $\mathbf{V} = 0$, et par suite

$$\mathbf{V}' = \mathbf{V}_1\mathbf{T}, \quad \text{d'où} \quad \mathbf{T} = \frac{\mathbf{V}'}{\mathbf{V}_1}.$$

Pour la valeur de l'espace, on a

$$\mathbf{E} = \mathbf{V}'\mathbf{T} - \tfrac{1}{2}\mathbf{V}_1\mathbf{T}^2.$$

Enfin pour la valeur de la vitesse, quand le corps a parcouru un espace $\mathbf{E}$, il vient

$$\mathbf{V} = \sqrt{\mathbf{V}'^2 - 2\,\mathbf{V}_1\mathbf{E}}.$$

D'après ce que nous avons dit précédemment sur l'effet produit par une force constante, le mouvement dû à la pesanteur sera uniformément accéléré ou uniformément retardé, selon que les corps se meuvent de haut en bas ou de bas en haut. Les lois que nous venons de rappeler lui sont donc applicables.

Dans tous les Traités de Mécanique et de Physique, on désigne par la lettre g (initiale du mot gravité) l'accélération due à la pesanteur et par h l'espace parcouru. Par le temps de l'oscillation du pendule qui bat les secondes, à la latitude de Paris et au niveau de la mer, on a trouvé avec une grande approximation, pour la valeur de g, le nombre $9^m,80896$; et pour les besoins de la pratique on fait $g = 9^m,81$. Ainsi, dans le cas particulier de la pesanteur, en substituant ces nouvelles notations dans les formules précédentes, nous aurons :

1° Le corps partant du repos

$$\mathbf{V} = gt, \quad h = \tfrac{1}{2}gt^2, \quad \mathbf{V}^2 = 2gh;$$

2° Le corps possédant une vitesse initiale v,

$$V = v + gt, \quad h = vt + \tfrac{1}{2}gt^2, \quad V = \sqrt{v^2 + 2g^h};$$

3° Si le corps est lancé de bas en haut, auquel cas le mouvement est uniformément retardé,

$$V = v - gt, \quad h = vt - \tfrac{1}{2}gt^2, \quad V = \sqrt{v^2 - 2gh}.$$

Quelques exemples suffiront pour fixer les idées sur l'utilité de ces formules :

Trouver la vitesse acquise par un corps tombant en chute libre, au bout de huit secondes.

L'équation $v = gt$ donnera

$$v = 9,81 \times 8 = 78^m,48.$$

Après combien de temps un corps tombant en chute libre aura-t-il acquis une vitesse de $117^m,72$?

De l'équation $V = gt$ on tire

$$t = \frac{V}{g}, \quad \text{d'où} \quad t = \frac{117,72}{9,81} = 12^s.$$

Quel est l'espace parcouru, au bout de huit secondes, par un corps tombant en chute libre?

$$h = \tfrac{1}{2}gt^2, \quad h = \tfrac{1}{2}9,81 \times 64 = 313^m,92.$$

Après combien de temps le corps aura-t-il parcouru $74^m,48$?

De l'équation précédente on déduit

$$t = \sqrt{\frac{2h}{g}},$$

et en remplaçant

$$t = \sqrt{\frac{2 \times 74,48}{9,81}} = 4^s.$$

Trouver la vitesse d'un corps au bas de la chute, sachant qu'il tombe d'une hauteur de $176^m,58$.

$$V = \sqrt{2 \times 9,81 \times 176,58} = 58^m,86.$$

De quelle hauteur un corps doit-il tomber pour acquérir une vitesse de $29^m,43$?

De la formule $V^2 = 2gh$ on déduit

$$h = \frac{V^2}{2g}, \quad \text{d'où} \quad h = \frac{\overline{29,43}^2}{2 \times 9,81} = 44^m,145.$$

Deux corps tombent du même point de l'espace, mais à un intervalle de temps t'. Après combien de temps seront-ils distants l'un de l'autre d'une quantité l?

En désignant par h et h' les espaces respectivement parcourus par les deux corps nouveaux, nous aurons

$$h = \tfrac{1}{2}gt^2, \quad h' = \tfrac{1}{2}g(t - t')^2.$$

Retranchant membre à membre,

$$h - h' = \tfrac{1}{2}gt^2 - \tfrac{1}{2}g(t - t')^2,$$

comme $h - h' = l$, nous aurons

$$l = \tfrac{1}{2}gt^2 - \tfrac{1}{2}gt^2 - \tfrac{1}{2}gt'^2 + gtt'.$$

Réduisant,

$$l = gtt' - \tfrac{1}{2}gt'^2, \quad \text{d'où} \quad t = \frac{l}{gt'} + \frac{t'}{2}.$$

Faisons $l = 30$ et $t' = 0^s,3$, il viendra

$$t = \frac{30}{9,81 \times 0,3} + \frac{0,3}{2} = 11^s,36.$$

Quelle sera, au bout de cinq secondes, la vitesse d'un corps tombant d'une certaine hauteur avec une vitesse initiale de 3 mètres?

$$V = v + gt, \quad V = 3 + 9,81 \times 5 = 52^m,05$$

Trouver l'espace parcouru avec les données de la question précédente.

$$h = vt + \tfrac{1}{2}gt^2, \quad h = 3 \times 5 + \frac{9,81 \times 25}{2} = 137^m,625.$$

Trouver après combien de temps un corps, tombant d'une certaine hauteur, aura parcouru $90^m,48$, sachant qu'il possédait une vitesse initiale de 3 mètres.

Résolvant, par rapport à t, l'équation précédente, on a

$$2h = 2vt + gt^2, \quad t^2 + \frac{2v}{g}t = \frac{2h}{g},$$

d'où

$$t = -\frac{v}{g} \pm \sqrt{\frac{v^2}{g^2} + \frac{2h}{g}}, \quad t = -\frac{v \pm \sqrt{v^2 + 2gh}}{g}.$$

Remplaçant les quantités littérales par leurs valeurs numériques et faisant observer que, le temps ne pouvant être négatif, la racine qui correspond au signe — du radical doit être rejetée, il vient

$$t = -\frac{3 + \sqrt{9 + 19,62 \times 90,48}}{9,81} = 4^s.$$

Trouver la vitesse, au bout de quatre secondes, d'un corps lancé de bas en haut avec une vitesse de 100 mètres.

$$V = v - gt, \quad V = 100 - 9,81 \times 4 = 60^m,76.$$

Trouver, avec les mêmes données, après combien de temps le mouvement ascensionnel sera détruit.

Dans ce cas, $V = 0$, d'où $v = gt$ et $t = \frac{v}{g}$; par conséquent

$$t = \frac{100}{9,81} = 10^s,19.$$

Trouver l'espace parcouru, au bout de quatre secondes, par un corps lancé de bas en haut avec une vitesse initiale de 100 mètres.

$$h = vt - \tfrac{1}{2}gt^2, \quad h = 100 \times 4 - \tfrac{1}{2}9,81 \times 16 = 321^m,52.$$

Trouver après combien de temps un corps lancé de bas en haut aura parcouru un certain espace

$$h = vt - \tfrac{1}{2}gt^2.$$

Comme précédemment, résolvant cette équation par rapport à t,

$$t = \frac{v \pm \sqrt{v^2 - 2gh}}{g}.$$

Si le corps est lancé avec une vitesse de 200 mètres et que, au bout du temps cherché, il ait parcouru 1023^m,42, en substituant, nous aurons

$$t = \frac{200 \pm \sqrt{40000 - 19,62 \times 1023,42}}{9,81} = 6^s.$$

Dans cette question, la racine qui correspond au signe — du radical est seule une réponse physique; c'est ce que des exemples subséquents nous apprendront.

Trouver la hauteur à laquelle parviendra un corps lancé de bas en haut.

Quand le mouvement ascensionnel s'arrêtera, la vitesse V deviendra nulle, donc $V = 0$, ce qui exige que $v = gt$, d'où $t = \frac{v}{g}$. Si, dans l'équation donnant la valeur de l'espace, on remplace t par $\frac{v}{g}$; nous aurons

$$h = \frac{v^2}{g} - \frac{v^2}{2g} = \frac{v^2}{2g}, \quad \text{d'où} \quad v^2 = 2gh.$$

De là cette conséquence, qu'un corps lancé de bas en haut parviendra à une hauteur égale à celle d'où il devrait tomber pour acquérir, au bas de la chute, une vitesse égale à celle qu'on lui aurait imprimée à l'origine du mouvement ascensionnel.

Dans l'exemple précédent, la pesanteur agissant comme force retardatrice, la vitesse qui lui est due doit évidemment être retranchée de celle qui lui a été imprimée en lançant le corps. Voilà pourquoi dans la relation du temps nous avons pris la plus petite valeur. D'ailleurs, dans ce mouvement de bas en haut, le corps étant parvenu au point culminant de la course, où sa vitesse est devenue nulle, se trouve exactement dans les mêmes conditions que s'il tombait librement. Des lois que nous avons rappelées il est facile de déduire que les vitesses sont identiques en valeur absolue. Considérons, à cet effet, l'expression générale

$$t = \frac{v \pm \sqrt{v^2 - 2gh}}{g}.$$

Si, dans l'équation $V = v - gt$, on substitue successivement les deux racines de l'équation, il vient

(1) $\qquad V = v - \dfrac{gv + g\sqrt{v^2 - 2gh}}{g} = -\sqrt{v^2 - 2gh};$

(2) $\qquad V = v - \dfrac{gv - g\sqrt{v^2 - 2gh}}{g} = \sqrt{v^2 - 2gh}.$

Les deux racines étant égales et de signes contraires, l'une se rapporte au mouvement ascensionnel du corps et l'autre à celui de descente; ce qui s'accorde avec ce principe, admis en Analyse mathématique, que les changements de direction sont indiqués par une opposition de signes.

Il existe encore une propriété remarquable dans le mouvement des graves lancés de bas en haut, c'est que le temps employé par le corps pour s'élever à une certaine hauteur est précisément égal à celui qu'il met à revenir de cette hauteur au point de départ.

Pour le démontrer, supposons qu'un corps lancé de bas en haut avec une vitesse v arrive au point C. D'après ce que nous avons vu précédemment, pour parvenir en un point intermédiaire B distant de h du point origine A (*fig.* 17), il mettra un temps t, que nous savons déterminer,

$$t = \frac{v \pm \sqrt{v^2 - 2gh}}{g}.$$

La première racine $t' = \dfrac{v + \sqrt{v^2 - 2gh}}{g}$ donne le temps que mettra le

corps pour parvenir au point le plus élevé de sa course en C et pour revenir au point B.

Fig. 17.

La seconde, qui est plus petite, $t'' = \dfrac{v - \sqrt{v^2 - 2gh}}{g}$ est relative au temps que mettra le corps à s'élever en B, la pesanteur agissant comme force retardatrice n'ayant pas encore complétement détruit le mouvement.

Soit T le temps du mouvement du corps pour arriver de A en C et revenir au point de départ. La hauteur AB, que nous avons désignée par h, est deux fois parcourue, mais en sens contraires. Nous aurons donc la valeur de T si, dans l'expression

$$t' = \frac{v + \sqrt{v^2 - 2gh}}{g}$$

nous faisons $h = o$, et il viendra ainsi

$$T = \frac{v + \sqrt{v^2}}{g} = \frac{2v}{g};$$

t' se composant du temps que le corps met pour arriver de A en C et revenir au point B, si nous retranchons sa valeur de T, la différence sera égale au temps qu'emploiera le corps pour descendre de B en A ; ainsi

$$T - t' = \frac{2v}{g} - \frac{v + \sqrt{v^2 - 2gh}}{g} \quad \text{ou} \quad T - t' = \frac{v - \sqrt{v^2 - 2gh}}{g},$$

expression que nous avons déjà trouvée pour le temps du mouvement d'un corps parvenu à une hauteur h.

Un corps lancé de bas en haut revient au point de départ au bout de seize secondes : trouver la vitesse initiale et la hauteur à laquelle il est parvenu.

$$T = \frac{2v}{g}, \quad v = \frac{gT}{2} = \frac{9,81 \times 16}{2} = 78^m,48.$$

Or $h = \dfrac{v^2}{2g}$; remplaçant v^2 par la valeur $\left(\dfrac{gT}{2}\right)^2$, il vient

$$h = \frac{g^2 T^2}{8g} = \frac{gT^2}{8} = \frac{9,81 \times \overline{16}^2}{8} = 313^m,92.$$

24. *Vérification des lois de la chute des corps. — Appareil à indications continues.* — M. Morin a construit un appareil servant à faire voir expérimentalement que le mouvement des

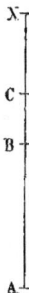

graves, dans leur chute, est uniformément accéléré. L'organe
principal est un cylindre à axe vertical **A** (*fig.* 18), recevant

Fig. 18.

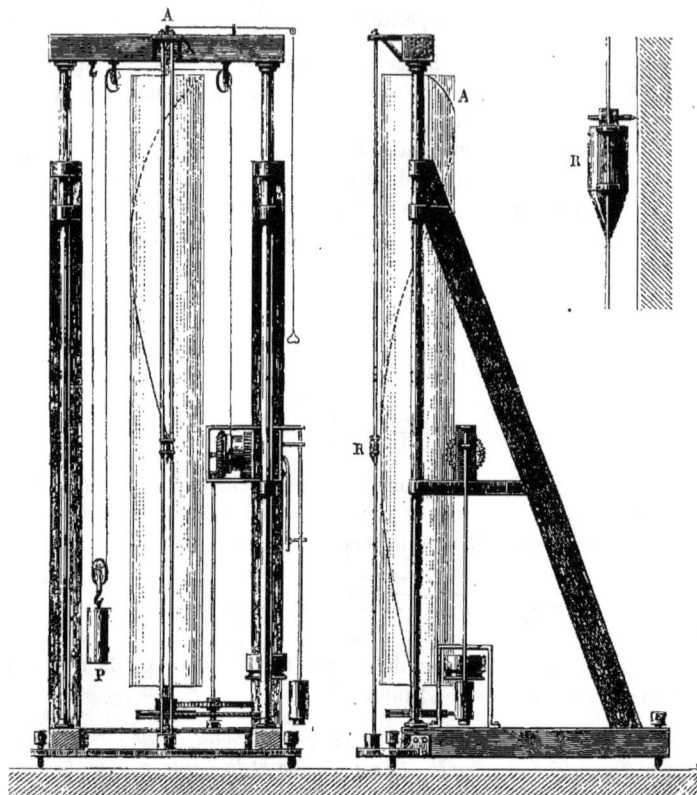

le mouvement de rotation au moyen d'un mécanisme chronométrique. Comme le poids moteur **P**, suspendu à l'extrémité
de la corde s'enroulant sur le tambour, tend, dans sa chute, à
accélérer le mouvement, un volant à ailettes et un pendule
ont été adaptés à l'appareil pour rendre la vitesse à peu près
uniforme. Un corps **R**, de forme cylindro-conique, retenu par
une pince à la partie supérieure du cylindre, est muni d'un
crayon qui, pressé par un ressort, vient s'appuyer sur le cylindre.

Au moyen d'une détente nommée *écrevisse*, on peut faire tomber le poids R qui, dans sa chute, est guidé par deux tiges parallèles. Le cylindre A étant préalablement recouvert d'une feuille de papier et le mécanisme d'horlogerie ne lui ayant pas communiqué le mouvement, si le poids est rendu libre, la pointe du crayon tracera une génératrice du cylindre. Au contraire, le poids restant suspendu et le cylindre tournant d'un mouvement uniforme, le crayon tracera une circonférence. Enfin, le poids tombant, tandis que le cylindre tourne d'un mouvement uniforme, de la simultanéité de ces deux mouvements résultera une ligne tracée sur le papier, qui représentera la loi du mouvement vertical du corps R. En prenant un poids moteur convenable, on pourra obtenir une vitesse de 60 tours par minute ou d'un tour par seconde. Or, comme dans le mouvement uniforme les espaces parcourus sont proportionnels aux temps, la circonférence entière représentera une seconde. En appliquant une règle en bois sur la surface du cylindre, parallèlement à l'axe, on trace des génératrices, et, cette règle étant divisée en parties égales par des encoches, on peut aussi décrire des circonférences équidistantes. Si l'on déroule sur un plan la feuille de papier qui recouvre le cylindre, on obtient une courbe dont on pourra connaître la nature, en la rapportant à deux axes rectangulaires, l'un horizontal et l'autre vertical, passant par le point origine. Des longueurs égales, prises sur l'axe horizontal OI (*fig.* 19), représentent des temps égaux, puisque le mouvement du cylindre est uniforme, et celles prises sur l'axe vertical sont les chemins parcourus par le poids R.

Soit donc OMN la courbe obtenue par l'expérience. En mesurant avec soin les coordonnées de deux points a et a', on trouve la relation suivante :

$$\frac{\overline{am}^2}{\overline{a'n}^i} = \frac{Om}{On},$$

et de même pour tous les points de la courbe.

Or les longueurs des génératrices comprises entre le point origine O et la courbe représentent les espaces parcourus, tandis que les arcs développés expriment les temps; d'où

Méc. D. — I.   3

nous pouvons conclure que, les espaces étant proportionnels
aux carrés des temps, le mouvement vertical du poids R est

Fig. 19.

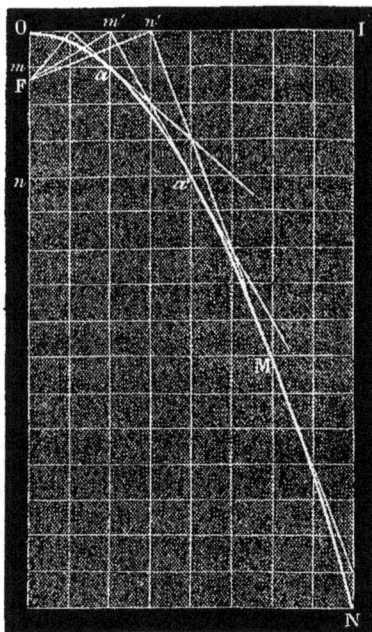

uniformément accéléré. Cette relation entre les ordonnées et
les abscisses est un des caractères de la parabole. D'autre
part, comme on sait que la projection du foyer de cette courbe
sur une tangente, en un point quelconque, se trouve à l'intersection de cette tangente avec celle du sommet, par un
simple tracé, il sera facile de s'assurer que la courbe est une
parabole. En effet,· si l'on trace différentes tangentes à la
courbe, et qu'aux points où elles rencontrent l'axe horizontal
qui est la tangente du sommet on leur mène des perpendiculaires, toutes ces droites concourent au même point sur l'axe
vertical, et l'on trouve aussi que toutes les sous-normales sont
égales. Il est donc hors de doute que la loi du mouvement est
une parabole et que les espaces parcourus sont proportionnels
aux carrés des temps.

Avec l'appareil que nous venons de décrire, et qui offre l'incomparable avantage de donner les lois de la chute des corps, sans apporter aucune modification à la vitesse du mouvement, il est encore possible de faire voir que les vitesses croissent proportionnellement au temps. Si l'on se rappelle, en effet, que, dans un mouvement varié quelconque, la vitesse au bout d'un temps t est la vitesse du mouvement uniforme qui succède au mouvement varié, en faisant cesser la cause de la variation, il est certain que la loi de ce mouvement uniforme sera une droite tangente à la parabole et enfin que la valeur de la vitesse sera exprimée par la tangente géométr ̧u

Remarquons qu'au bout du temps représenté par OK ou am, l'espace parcouru e est Oa (*fig.* 20); et, comme dans une parabole la sous-tangente est le double de l'abscisse, $ab = 2\,Oa = 2e$. La vitesse aura donc pour expression

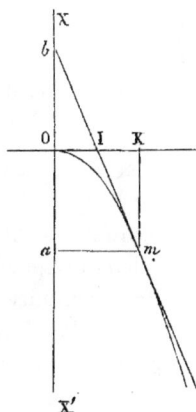

Fig. 20.

$$\frac{m\mathrm{K}}{\mathrm{KI}} = \frac{\mathrm{KI}}{e}.$$

A cause de la similitude des triangles abm et IKm, nous aurons

$$\frac{ab}{am} = \frac{m\mathrm{K}}{\mathrm{KI}} \quad \text{ou} \quad \frac{2e}{t} = \frac{e}{\mathrm{KI}}.$$

Désignant par V l'expression de la vitesse $\frac{e}{\mathrm{KI}}$, on aura

$$\mathrm{V} = \frac{2e}{t};$$

divisant par t,

$$\frac{\mathrm{V}}{t} = \frac{2e}{t^2}.$$

Les indications précédemment fournies par l'appareil nous ayant appris que les espaces parcourus sont proportionnels aux carrés des temps, si nous désignons par e, e', e'', e''',... les espaces correspondant aux temps t, t', t'',..., on aura

$$\frac{e}{t^2} = \frac{e'}{t'^2} = \frac{e''}{t''^2} = \frac{e'''}{t'''^2} = \cdots;$$

3.

multipliant par 2 les numérateurs,

$$\frac{2\,e}{t^2} = \frac{2\,e'}{t'^2} = \frac{2\,e''}{t''^2} = \frac{2\,e'''}{t'''^2} = \ldots$$

Donc

$$\frac{V}{t} = \frac{2\,e'}{t'^2} = \frac{2\,e''}{t''^2} = \frac{2\,e'''}{t'''^2},$$

et, par suite, ce rapport est une quantité constante; ce qui confirme que le mouvement est uniformément accéléré, puisque les vitesses croissent proportionnellement aux temps.

Si, sur l'axe OI (*fig.* 20), on prend une longueur qui, d'après le nombre de tours que fait le cylindre, représente une seconde, l'abscisse correspondante de la courbe représentera le double de l'espace parcouru; car si, dans l'équation

$$\frac{V}{t} = \frac{2\,e}{t^2},$$

on fait $t = 1$, il vient

$$V = 2\,e.$$

Ainsi la quantité V sera la constante g, et nous voyons encore que l'appareil nous permet de trouver l'accélération due à la pesanteur, avec un certain degré d'approximation.

Dans l'expérience que nous venons de décrire, on suppose que le cylindre a une vitesse uniforme d'un tour par seconde, et, si le développement de la circonférence est égal à 1 mètre, l'unité de temps est représentée par la même longueur que l'unité d'espace. Par la variation que l'on peut faire subir au poids moteur, il est toujours possible d'obtenir ce résultat, et, dans ce cas, la vitesse a toujours pour valeur la tangente trigonométrique de l'angle que la tangente à la parabole forme avec l'axe des abscisses. Si la vitesse du cylindre devenait plus ou moins grande, on obtiendrait différentes paraboles et le rapport de l'ordonnée à l'abscisse cesserait de donner la vitesse rapportée à l'unité de temps; car l'angle croîtrait ou décroîtrait, quoique correspondant à une même vitesse. Cette observation s'applique également à la détermination géométrique de la vitesse dans un mouvement varié quelconque, représenté par une courbe; car il est évident que les abscisses et les ordonnées peuvent être représentées à des échelles différentes et tout à fait indépendantes l'une de l'autre.

25. *Machine d'Atwood.* — Cet appareil, comme le précédent, a pour but de vérifier les lois de la chute des corps; la seule différence consiste en ce que, par lui-même, il ne fournit aucune trace de l'expérience et que la rapidité de la chute contraint l'expérimentateur à modifier la vitesse du mouvement sans changer sa nature.

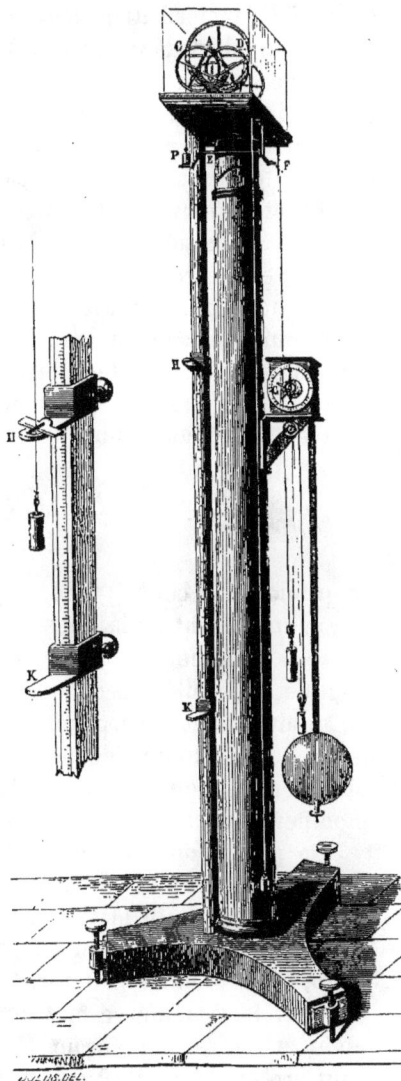

Fig. 21.

Au sommet d'une colonne en bois (*fig.* 21), sur une plate-forme, est établie une poulie en cuivre A, très-légère et très-mobile. Pour augmenter la mobilité, on fait reposer l'axe de la poulie A sur deux systèmes de poulies qui se. croisent et qu'il entraîne dans son mouvement. Sur la gorge de cette poulie s'enroule un fil de soie très-ténu, aux extrémités duquel sont suspendus deux poids P et P' de même masse, se faisant équilibre dans toutes les positions, puisque la ténuité du fil permet de négliger son poids. Le poids P, par l'effet d'un poids additionnel, peut tomber le long d'une règle graduée. Sur cette règle, en des points quelconques, on peut, au moyen d'une vis de pression, fixer deux curseurs K et H. Le premier est plein et le second, qui est évidé, a la forme d'une couronne circulaire. Pour apprécier le temps de la chute, on a adapté au support de l'appareil un mécanisme chronométrique à balancier battant les secondes. Au sommet de la colonne, on a disposé un petit plateau qui retient le poids P jusqu'au moment où il commence à se mouvoir, sous l'action du poids additionnel. A l'aide d'un levier, ce plateau est rendu solidaire du mouvement de l'horloge, de sorte que, lorsque l'aiguille de ce chronomètre passe au point zéro, le plateau bascule et le mouvement vertical du poids P a immédiatement lieu. Le poids additionnel p est allongé, et sa longueur est telle qu'en descendant il sera arrêté par le curseur évidé, tandis que le poids P, ayant un diamètre moindre que le diamètre intérieur de ce curseur, pourra librement passer. Il est facile de trouver l'accélération dans ce mouvement; car g étant l'accélération due à la pesanteur, si g' est celle du nouveau mouvement, nous aurons

$$\frac{g}{g'} = \frac{2\,P + p}{p}, \quad \text{d'où} \quad g' = g\,\frac{p}{2\,P + p},$$

ce qui nous fait connaître le rapport suivant lequel aura lieu le ralentissement de la vitesse. Car si $P + P' = 99$ grammes et $p = 1$ gramme, $g' = \frac{1}{100}g$, c'est-à-dire que la vitesse, au bout de la première seconde, sera la centième partie de celle qu'aurait acquise le corps tombant librement au bout du même temps. Ainsi toute l'économie de l'appareil consiste, pour observer le mouvement pendant un temps appréciable, à modifier la vitesse sans changer la nature du mouvement.

Cela posé, pour vérifier la loi des espaces, on amène le poids P en regard du point zéro de la règle graduée, où il est soutenu par le petit plateau à bascule relié à l'appareil chronométrique. On place sur ce poids P le petit poids additionnel p, et au premier battement du pendule, par l'effet d'une détente, le système se met en mouvement. Avec le curseur plein et en recommençant plusieurs fois l'expérience, on peut arrêter le poids P au bout d'une, de deux, de trois secondes, etc., ce qui permet, en relevant les espaces parcourus et en les comparant entre eux, de vérifier cette première loi.

L'expérience a fourni les résultats suivants :

Temps de la chute. . . . 1^s 2^s 3^s 4^s

Espaces parcourus. . . . 10^c 40^c 90^c 160^c

Les espaces parcourus peuvent encore être ainsi exprimés :

$$10^c \qquad 10 \times 2^2 \qquad 10 \times 3^2 \qquad 10 \times 4^2.$$

Si l'on change le rapport $\dfrac{p}{2P + p}$, ce qui revient à faire l'expérience avec un autre poids additionnel, on trouve encore la même relation entre les espaces parcourus et les temps, mais avec une autre valeur de g', ce qui confirme la conclusion que nous avons déjà formulée.

Pour la loi des vitesses, rappelons qu'il faut suspendre la cause qui produit la variation, laquelle, dans ce cas, est représentée par le poids p. A cet effet, si, au moyen du curseur évidé, on arrête, à la fin de la première seconde, le poids additionnel p, le poids P continuera à se mouvoir d'un mouvement uniforme et, si le curseur plein est placé en un point de la règle tel que le poids P vienne le frapper au bout d'une seconde, comptée à partir de l'instant où le poids p a été arrêté, la partie de la règle comprise entre les positions des deux curseurs sera la vitesse au bout de l'unité de temps. L'expérience étant répétée pour des espaces parcourus au bout de deux, trois, quatre secondes, on trouve les valeurs suivantes, avec les données fournies par la vérification de la loi des espaces :

Temps de la chute. . . . . . . 1^s 2^s 3^s 4^s

Vitesses du mouvement. . . 20^c 40^c 60^c 80^c

Ces derniers nombres pouvant être ainsi exprimés :

$$20 \qquad 20 \times 2 \qquad 20 \times 3 \qquad 20 \times 4,$$

nous voyons bien que les vitesses sont proportionnelles aux temps.

La loi des vitesses peut encore être vérifiée d'une autre manière. Les notions acquises en Cinématique sur le mouvement uniformément accéléré ont appris que, lorsqu'un corps partant du repos se meut d'un mouvement uniformément accéléré jusqu'à ce qu'il ait acquis une certaine vitesse, l'espace parcouru est la moitié de celui que parcourra ce corps, dans le même temps, d'un mouvement uniforme, avec cette vitesse. Ainsi, en arrêtant, au moyen du curseur plein, le poids P au bout d'une, deux, trois, quatre secondes, on trouve qu'à partir du point de la règle où le poids additionnel a été retenu les distances comptées sont respectivement égales à 20^c, 80^c, 180^c, 320^c.

Les trois expériences que nous venons de décrire sont résumées dans le tableau suivant :

TEMPS de la chute.	ESPACES parcourus d'un mouvement uniformément accéléré.	ESPACES parcourus d'un mouvement uniforme.	VITESSES.
s	c	c	c
1	10	20	20
2	40	80	40
3	90	180	60
4	160	320	80

26. *Indépendance des effets des forces agissant simultanément sur un même corps.* — Ce principe, relatif au mouvement d'un point matériel soumis en même temps à l'action de plusieurs forces, est de la plus haute importance en Mécanique. Voici en quoi il consiste : *Quand plusieurs forces agissent simultanément sur le même point matériel, chacune d'elles produit le même effet que si elle était seule.*

Il résulte de ce principe que si le point considéré possède une vitesse antérieure et qu'on lui en communique de nouvelles, la vitesse initiale et les vitesses dues aux forces qui interviennent coexistent sans se modifier. Un point matériel étant donc soumis à l'action de plusieurs forces, pour connaître à un instant quelconque le mouvement qu'il prend, il suffit de composer le mouvement qu'il possède à cet instant avec les mouvements que lui communiquerait chaque force si elle était seule et qu'il fût à l'état de repos. Deux forces F et F', par exemple, agissant simultanément sur le point matériel, produiront une accélération totale $v + v'$ égale à la somme des accélérations qu'elles eussent produites en agissant isolément.

27. *Proportionnalité des forces aux accélérations.* — Les forces sont directement proportionnelles aux accélérations qu'elles impriment à un même corps, en agissant sur lui d'une manière continue.

Ce principe, considéré par les géomètres comme un corollaire du principe précédent, peut être démontré, sinon directement, du moins par analogie.

Désignons par F et F′ deux forces constantes agissant sur un même corps et lui communiquant les accélérations v et v'. Si nous admettons que les forces F et F′ soient commensurables, c'est-à-dire dans le rapport de deux nombres n et n', en désignant par f la force qui sert de commune mesure, nous aurons

$$F = nf, \quad F' = n'f;$$

divisant membre à membre,

$$\frac{F}{F'} = \frac{nf}{n'f} = \frac{n}{n'}.$$

Cette relation peut toujours exister, car, les forces étant comparables à des poids et, par suite, pouvant être évaluées numériquement, il est constant que la force F agissant sur le point matériel est équivalente à n forces égales, agissant toutes en même temps sur ce même point, dans la même direction et dans le même sens que la force F. Ce raisonnement s'applique également à la force F′.

D'autre part, les accélérations v et v' peuvent être considérées comme étant respectivement la somme de n et n' accélérations partielles égales à v_1, celle-ci étant due à l'action de la force f, commune mesure de F et F′ : ainsi

$$v = nv_1, \quad v' = n'v_1,$$

d'où

$$\frac{v}{v'} = \frac{nv_1}{n'v_1} = \frac{n}{n'},$$

et par suite

$$\frac{F}{F'} = \frac{v}{v'}.$$

42 COURS DE MÉCANIQUE.

La machine d'Atwood peut servir à la vérification expérimentale de ce principe.

Plaçons aux deux extrémités du fil qui s'enroule sur la
gorge de la poulie deux poids égaux P, composés d'une suite
de petits poids p superposés. Dans cette condition, il y aura
équilibre. Enlevons un poids p au poids ascendant P pour le
mettre sur le poids descendant. Il est évident que le mouvement du système sera dû à l'action d'une force $2p$. On cherchera la vitesse, comme nous l'avons fait avec cet appareil,
dans la vérification du mouvement des graves. Pareillement,
plaçons le poids p sur le poids descendant $P + p$, après
l'avoir enlevé au poids ascendant $P - p$: le mouvement aura
lieu par l'action d'une force $4p$. Observons la vitesse v' de ce
nouveau mouvement. En la comparant à la vitesse v' précédemment obtenue, on trouve

$$\frac{v}{v'} = \frac{2p}{4p} = \frac{1}{2}.$$

Pour conduire l'expérience à bonne fin, il est indispensable
que la poulie soit parfaitement mobile autour de son axe, et
que l'on prenne des poids assez considérables, afin qu'il soit
possible d'atténuer la cause d'erreur provenant du poids de la
poulie.

28. *Mesure de la force motrice ou d'inertie.* — L'idée de la
force d'inertie a été introduite dans la science par Newton.
Nous avons déjà fait voir que l'inertie, suivant les cas, peut
être considérée comme force mouvante ou résistante. Quelques géomètres se plaçant à un point de vue différent, sans
contester absolument l'existence de cette force, n'admettent
pas l'utilité de cette dénomination, puisque les phénomènes
dynamiques peuvent être expliqués, abstraction faite de la
force d'inertie. Néanmoins comme, dans l'état actuel de l'enseignement de la Mécanique, toutes les questions se rattachent
à l'état d'équilibre entre les forces qui produisent ou tendent
à produire le mouvement et la *force d'inertie* que nous avons
déjà considérée, nous désignerons sous ce nom, avec Newton,
Carnot et Poncelet, *la résistance qu'un corps oppose à son
changement d'état, résistance toujours égale à l'effort qu'il*

*faut développer sur un corps pour produire le même change-
ment.* Dans cet ordre d'idées, il est aisé de comprendre que
la force d'inertie est égale et directement opposée à la force
motrice agissant sur un corps supposé libre.

Pour mesurer la force motrice ou d'inertie, on la compare
à une autre force dont l'effet sur les corps est connu. Précédemment, nous avons vu que l'accélération due à la pesanteur g égale 9,8088 et que la somme de toutes les actions de
cette force constitue le poids du corps. Il est donc naturel
que, pour évaluer la force capable de faire mouvoir un corps,
on la compare au poids de ce corps.

Soit F la force motrice communiquant un degré de vitesse v
dans un temps très-court t à un corps de poids P. Au bout du
même temps, sous l'action de la pesanteur, il acquerrait une
vitesse gt : donc

$$\frac{F}{P} = \frac{v}{gt}, \quad \text{d'où} \quad F = \frac{Pv}{gt}.$$

À cause de l'aplatissement de la terre aux pôles et de l'action de la force centrifuge, les quantités P et g doivent varier
suivant la latitude. Soit P′ le poids du même corps à une latitude où l'accélération est g' ; nous aurons encore

$$\frac{P}{P'} = \frac{g}{g'}, \quad \text{ou} \quad \frac{P}{g} = \frac{P'}{g'}.$$

De là résulte que le rapport du poids d'un corps à l'accélération due à la pesanteur est constant. Il a reçu le nom de
masse, et on le représente habituellement par la lettre M.
Ainsi

$$F = M \frac{v}{t},$$

telle est l'expression de la force motrice d'inertie. C'est à
Huyghens que nous devons l'idée de la mesure des forces par
la comparaison de leurs effets à ceux résultant de l'action de
la pesanteur.

Quelques auteurs appellent *masse* d'un corps la quantité de
matière qu'il contient. Cette définition, longtemps usitée dans
la science, ne saurait être acceptée, bien qu'elle soit conser-
vée dans le langage ordinaire ; car la matière est pour nous

d'essence inconnue et échappe à toute mesure. Si la constitution moléculaire des corps était parfaitement identique, il
serait aisé de comprendre que l'unité de masse pourrait être
représentée par l'unité de volume et, par suite, une masse
quelconque par le volume entier qu'elle occupe; mais, à cause
de la grande diversité que nous présente la matière, le volume
ne saurait servir à la mesure de la masse, et forcément on a
dû recourir à la notion de poids et rapporter la masse totale ou
ce qu'on appelle *quantité de matière* au poids propre du corps.
Ces observations nous amènent à considérer l'expression de
la masse $\dfrac{P}{g}$ comme un véritable coefficient numérique et à
appeler *masses égales* celles qui, soumises à l'action de forces
égales, reçoivent la même accélération.

De l'expression $\dfrac{P}{g} = M$ on déduit $P = Mg$, ce qui nous
apprend que le poids d'un corps est égal à la masse multipliée
par l'accélération due à la pesanteur.

29. *Discussion de la valeur de la force motrice.* — L'expression $F = \dfrac{Mv}{t}$, que nous avons trouvée, nous montre que,
pour un même corps, la force croît en raison directe du degré
de vitesse communiquée et en raison inverse du temps pendant lequel elle agit. Aussi comprend-on la grandeur des efforts
qui doivent servir à communiquer le mouvement pendant un
temps très-court, et si, à la limite, le temps devenait infiniment petit, la force motrice deviendrait infiniment grande. De
là cette conséquence, qu'on ne saurait admettre l'existence
des forces de percussion dont l'action est instantanée. Bien
que la durée de cette action échappe à nos moyens d'observation, elle a cependant sa raison d'être. La mise en marche
d'une machine et son arrêt quand le mouvement existe montrent très-clairement comment doit être interprétée la valeur
de la force motrice pendant le temps plus ou moins grand de
son action. Le rapport $\dfrac{v}{t}$ a reçu des géomètres le nom d'*accélération*, quoique, dans le mouvement retardé, il exprime une
diminution de vitesse. Ainsi nous pouvons dire que la force

motrice a pour valeur *le produit de la masse par l'accéléra-tion.*

Dans la science, on substitue souvent la cause à l'effet et, *vice versa*, l'effet à la cause. En vertu du principe de la proportionnalité des forces aux accélérations, quelques auteurs prennent l'accélération pour la mesure de la force. Or nous avons vu que la valeur d'une force est toujours exprimée en kilogrammes; c'est donc introduire en Mécanique une idée fausse, en disant d'une manière absolue que la pesanteur, par exemple, à la latitude de Paris, a pour valeur $g = 9^m,8088$. Il est certain que deux grandeurs ne sont mathématiquement comparables entre elles qu'autant qu'elles sont de même nature, et que si, dans le langage ordinaire, fort souvent la cause exprime l'effet et réciproquement, ces déductions ne sauraient être admises dans l'expression numérique d'une force qui toujours doit être exprimée en kilogrammes; mais la pesanteur étant la cause première à laquelle sont rapportées toutes les causes qui constituent les forces naturelles, et n'ayant pu être appréciée que par son effet, c'est pourquoi on prend l'accélération qui lui est due pour la mesure de son intensité.

30. *Quantité de mouvement.* — Lorsque la force est constante, le rapport $\frac{v}{t} = \frac{V}{T}$. Il vient donc

$$F = M\frac{V}{T}.$$

Comme dans ce cas le mouvement est uniformément accéléré si $V, V', V'',\ldots$ sont les vitesses au bout des temps T, $T', T'',\ldots$, on a

$$\frac{V}{T} = \frac{V'}{T'} = \frac{V''}{T''};$$

si $T = 1''$, il viendra

$$F = MV.$$

On peut donc dire, d'une manière absolue, qu'à chaque instant du mouvement la force a pour mesure le produit de la masse par la vitesse communiquée au bout de la première seconde ou par l'accélération qui ne cesse d'être constante pendant toute la durée du mouvement. Il ne saurait en être de même quand la force est variable, puisque l'accélération $\frac{v}{t}$ varie avec la vitesse. A des instants différents il faut donc chercher les valeurs correspondantes de $\frac{v}{t}$.

Des expressions $F = M\frac{v}{t}$, $F = M\frac{V}{T}$ on déduit

$$F\,t = Mv, \quad FT = MV.$$

Les produits tels que Mv et MV de la masse par la vitesse ont reçu le nom de *quantité de mouvement*, expression purement conventionnelle à laquelle on ne doit attacher aucun sens métaphysique et qui n'a d'autre objet que de rendre plus facile l'énoncé des théorèmes de Mécanique où ces quantités entrent fort souvent.

31. *Expression d'une force constante en fonction du chemin parcouru.* — On a trouvé, dans le mouvement uniformément accéléré, pour la valeur de l'espace,

$$E = \tfrac{1}{2}\,V_1 T^2,$$

d'où l'on déduit, pour la valeur de l'accélération,

$$V_1 = \frac{2\,E}{T^2}.$$

Si, dans la valeur de la force motrice $F = M\frac{v}{t}$, on remplace l'accélération $\frac{v}{t}$ par V_1 ou $\frac{2\,E}{T^2}$, il viendra

$$F = M\frac{2\,E}{T^2} = \frac{2\,PE}{g\,T^2}.$$

32. *Conséquences déduites de la quantité de mouvement.* — Soient F et F' deux forces agissant respectivement sur deux masses M, M' et leur communiquant des degrés de vitesse v, v' pendant des temps élémentaires t, t'. Nous aurons

$$F\,t = Mv, \quad F'\,t' = M'v',$$

d'où

$$\frac{F\,t}{F'\,t'} = \frac{M\,v}{M'\,v'};$$

ce qui montre que *les quantités de mouvement communi-quées ou enlevées à des masses, pendant des temps inégaux, sont proportionnelles aux produits dés forces par les temps pendant lesquels elles ont agi.*

Si $t = t'$, il viendra

$$\frac{F}{F'} = \frac{M\,v}{M'\,v'}.$$

Donc *les quantités de mouvement communiquées ou enle-vées à des masses différentes par des forces agissant pendant le même temps sont entre elles comme ces forces.*

Quand $v = v'$,

$$\frac{F}{F'} = \frac{M}{M'}.$$

Alors *les masses sont proportionnelles aux forces qui leur impriment la même vitesse.*

Faisons à la fois $F = F'$ et $t = t'$,

$$M\,v = M'\,v' ;$$

ce qui apprend que *les quantités de mouvement communi-quées ou enlevées sont égales, quand des forces égales agissent pendant le même temps.* — Cette dernière conséquence sert de base à la théorie du choc des corps. En effet, l'action étant égale et contraire à la réaction, si deux corps viennent à se rencontrer, la quantité de mouvement perdue par l'un des corps sera égale à la quantité de mouvement gagnée par l'autre pendant un temps élémentaire, et, comme le même phénomène se reproduit pendant toute la durée du choc, on est en droit de conclure que la quantité de mouvement pos-sédée par les deux corps après le choc est égale à la somme des quantités de mouvement qu'ils possédaient avant leur rencontre. C'est ce qui constitue *le principe de la conservation du mouvement du centre de gravité.*

CHAPITRE III.

33. *Choc des corps.* — L'élasticité est la propriété dont jouissent certains corps de revenir à leur forme primitive, lorsque les forces qui en avaient opéré la déformation cessent d'agir. Ces corps sont dits *élastiques*. Si, après l'action et la réaction, les corps ne tendent, en aucune manière, à reprendre leur forme, ils sont dits *non élastiques* ou *mous*. Dans les corps de cette nature arrivés au contact, il se développe, entre les ressorts moléculaires, des forces qui tendent à diminuer la vitesse de l'un et à augmenter celle de l'autre ; de sorte qu'au bout d'un temps très-court les deux corps continuent à se mouvoir avec la même vitesse en restant en contact l'un avec l'autre.

34. *Corps non élastiques.* — Supposons que deux corps de forme sphérique, dont les masses sont m et m' (*fig.* 22),

Fig. 22.

se meuvent dans le même sens avec des vitesses v et v' et $v > v'$. Au bout d'un certain temps, le corps de masse m atteindra celui de masse m' et se mouvra avec lui animé d'une vitesse commune u. En vertu de ce qui a été dit, il viendra

$$u(m + m') = mv + m'v',$$

d'où

$$u = \frac{mv + m'v'}{m + m'}.$$

Discussion. — 1° Supposons le corps de masse m' à l'état de repos; dans ce cas,

$$v' = o \quad \text{et} \quad u = \frac{mv}{m + m'}.$$

2° La masse m est très-considérable par rapport à la masse m'. Divisant par m le numérateur et le dénominateur,

$$u = \frac{\dfrac{mv}{m} + \dfrac{m'\,v'}{m}}{\dfrac{m}{m} + \dfrac{m'}{m}} = \frac{\dfrac{m'\,v'}{m} + v}{\dfrac{m'}{m} + 1}.$$

Cette expression nous apprend que la vitesse commune, après le choc, différera d'autant moins de la vitesse v que la masse m, comparée à la masse m', sera considérable. Or, à la limite,

$$\frac{m'}{m} = o, \quad \text{et par suite} \quad u = v.$$

3° La masse $m = m'$. En substituant, il vient

$$u = \frac{m\,(v + v')}{2\,m} = \frac{v + v'}{2}.$$

35. *Les corps se meuvent en sens contraires.* — La quantité de mouvement perdue par la masse m sera $m\,(v - u)$. Pendant la déformation des deux corps, les forces développées par la réaction auront servi à détruire la quantité de mouvement antérieurement possédée par la masse m', et à lui en communiquer une nouvelle en sens opposé : donc

$$m\,(v - u) = m'\,v' + m'\,u \quad \text{ou} \quad mv - mu = m'\,v' + m'\,u,$$

et par suite

$$u = \frac{mv - m'\,v'}{m + m'}.$$

Le problème peut encore être mis en équation, en appliquant immédiatement le principe de la conservation de la quantité de mouvement. Nous ferons seulement observer que les deux corps, avant le choc, marchant en sens opposés, si

50 COURS DE MÉCANIQUE.

la vitesse v est positive, la vitesse v' sera négative, et nous aurons, comme dans le premier cas,

$$u(m+m') = mv - m'v',$$

d'où

$$u = \frac{mv - m'v'}{m + m'}.$$

Discussion. — 1° Les deux corps parviennent au repos : donc

$$u = 0, \quad \text{et par suite} \quad mv = m'v'.$$

2° La masse m est très-considérable par rapport à m'. Divisant par m les deux termes du second membre,

$$u = \frac{\dfrac{mv}{m} - \dfrac{m'v'}{m}}{\dfrac{m}{m} + \dfrac{m'}{m}} = \frac{v - \dfrac{m'}{m}v'}{\dfrac{m'}{m} + 1}.$$

Nous voyons encore que la vitesse commune u se rapprochera d'autant plus de la vitesse v que le rapport $\dfrac{m'}{m}$ sera petit et à la limite $u = v$. Telle que la formule a été établie, en supposant au contraire m' très-considérable par rapport à m, nous trouverions $u = -v'$.

Cette opposition de signes nous fait voir que, dans les deux cas, les chemins n'étant pas parcourus dans le même sens, il sera positif lorsque la masse m fera rétrograder la masse m', et négatif lorsque, au contraire, après le choc, le système suivra le sens du mouvement possédé par la masse m'.

3° Les masses sont égales. Il vient

$$u = \frac{m(v - v')}{2m} = \frac{v - v'}{2}.$$

36. *Corps parfaitement élastiques.* — Lorsque les corps sont parfaitement élastiques, la déformation qu'ils ont éprouvée n'étant que momentanée, ils ne cessent de réagir l'un sur l'autre. Nous avons donc deux périodes à considérer : 1° le temps très-court pendant lequel a lieu cette déformation ; 2° celui pendant lequel réagissent les ressorts moléculaires

pour revenir à leur première position. Les forces qui ont opéré la déformation étant égales à celles de la réaction, pour chaque masse les vitesses perdues ou gagnées, pendant les deux périodes, seront égales. Ainsi, dès que les deux corps se sont séparés, leurs vitesses respectives sont égales à leurs vitesses primitives, diminuées ou augmentées de celles qu'ils ont perdues ou gagnées.

Désignons par u, comme précédemment, la vitesse commune aux deux masses pendant le temps que dure le contact. Après l'action la masse m a perdu une vitesse $v - u$. Comme pendant la réaction elle subit la même perte de vitesse, après les deux périodes la perte totale sera $2(v - u)$. Si V représente la vitesse après la séparation, nous aurons

$$V = v - 2(v - u) \quad \text{ou} \quad V = 2u - v.$$

Pareillement, la masse m' gagnera, pendant la première période, une vitesse $u - v'$ et la même vitesse pendant la réaction, de sorte que le gain total sera $2(u - v')$. Si V' est la vitesse, après le choc il viendra

$$V' = v' + 2(u - v') \quad \text{ou} \quad V' = 2u - v'.$$

Remplaçant u par la valeur trouvée précédemment dans le cas où les corps marchent, après le choc, avec une vitesse commune,

$$V = \frac{2mv + 2m'v'}{m + m'} - v, \quad V' = \frac{2mv + 2m'v'}{m + m'} - v';$$

réduisant

$$V = \frac{2mv + 2m'v' - mv - m'v}{m + m'} = \frac{v(m - m') + 2m'v'}{m + m'},$$

$$V' = \frac{2mv + 2m'v' - mv' - m'v'}{m + m'} = \frac{v'(m' - m) + 2mv}{m + m'}.$$

Discussion. — 1° Le corps choqué m' est à l'état de repos,

$$v' = 0, \quad V = \frac{v(m - m')}{m + m'}, \quad V' = \frac{2mv}{m + m'}.$$

2° Supposons la masse m très-considérable par rapport à la

4.

masse m'. Divisant par m les deux termes,

$$V = \frac{v\left(\dfrac{m}{m} - \dfrac{m'}{m}\right) + \dfrac{2\,m'\,v'}{m}}{\dfrac{m}{m} + \dfrac{m'}{m}}.$$

A la limite

$$\frac{m'}{m} = 0, \quad \text{donc} \quad V = v.$$

De même

$$V' = \frac{v'\left(\dfrac{m'}{m} - \dfrac{m}{m}\right) + \dfrac{2\,m\,v}{m}}{\dfrac{m}{m} + \dfrac{m'}{m}}, \quad V' = 2\,v - v'.$$

3° **Les deux masses sont égales**

$$V = \frac{2\,m\,v'}{2\,m} = v', \quad V' = \frac{2\,m\,v}{2\,m} = v,$$

ce qui signifie que le premier corps prend la vitesse du second, et réciproquement le second la vitesse du premier.

4° **La masse m' égale à la masse m est en repos.**

$$V = 0 \quad \text{et} \quad V' = v.$$

Donc le corps choquant passe à l'état de repos et transmet sa vitesse propre au corps choqué.

5° **La masse m' en repos est très-considérable par rapport à la masse m.**

Dans le cas où $v' = 0$, nous avons trouvé plus haut

$$V = \frac{v\,(m - m')}{m + m'} \quad \text{et} \quad V' = \frac{2\,m\,v}{m + m}.$$

. Divisant les deux termes par m',

$$V = \frac{v\left(\dfrac{m}{m'} - \dfrac{m'}{m'}\right)}{\dfrac{m}{m'} + \dfrac{m'}{m'}}.$$

A la limite

$$V = -v, \quad V' = \frac{\dfrac{2\,mv}{m'}}{\dfrac{m}{m'} + \dfrac{m'}{m'}} \quad \text{ou} \quad V' = 0.$$

Ainsi, à la limite, le corps choquant possède la même vitesse en sens contraire et le corps choqué reste en repos. Une bille d'ivoire qui viendrait à tomber perpendiculairement sur un plan de marbre réaliserait à peu près ce dernier cas.

6° La masse m' est en repos et la masse m est très-considérable par rapport à la masse m'. Dans ce cas, divisons les deux termes par m,

$$V = \frac{v\left(\dfrac{m}{m} - \dfrac{m'}{m}\right)}{\dfrac{m}{m} + \dfrac{m}{m'}}.$$

A la limite

$$V = v, \quad V' = \frac{\dfrac{2\,mv}{m}}{\dfrac{m}{m} + \dfrac{m'}{m}} = 2v.$$

Ainsi le corps choquant conserve sa vitesse dans le même sens et communique au corps choqué le double de cette vitesse.

37. *Les corps élastiques se meuvent en sens contraires.* — Dans ce cas, les sens des chemins parcourus étant indiqués par une opposition de signes, si la vitesse v est considérée comme positive, la vitesse v' sera négative. Conséquemment, dans les formules précédemment établies, il suffira de changer le signe v', et nous aurons

$$V = \frac{v(m - m') - 2\,m'v'}{m + m'} \quad \text{et} \quad V' = \frac{-v'(m' - m) + 2\,mv}{m + m'},$$

ou

$$V' = \frac{v'(m - m') + 2\,mv}{m + m'}.$$

Discussion. — La masse m égale la masse m' ; il vient

$$V = -\frac{2\,mv'}{2\,m} = -v', \quad V' = \frac{2\,mv}{2\,m} = v.$$

Les deux corps rétrograderont en échangeant leurs vitesses respectives.

2° La masse m est très-considérable par rapport à la masse m'. En employant le même artifice de calcul que dans les cas précédents, on trouve

$$V = v, \quad V' = 2v + v'.$$

3° La masse m' est au contraire très-considérable par rapport à m :

$$V = -v - 2v' = -(v + 2v'), \quad V' = -v'.$$

La théorie que nous avons développée ne saurait être acceptée d'une manière absolue, car la nature ne nous présente pas des corps complètement élastiques et des corps entièrement dépourvus d'élasticité.

Par l'effet du choc, les solides naturels, ne conservant pas rigoureusement leur forme invariable, doivent être renfermés entre les limites d'une élasticité parfaite et d'une absence complète d'élasticité. Des expériences, faites par M. Morin, ont d'ailleurs révélé qu'il faut toujours tenir compte des circonstances dans lesquelles le choc a eu lieu, et que les corps considérés comme élastiques ou non élastiques présentent souvent des phénomènes qui diffèrent de ceux auxquels se rapporte la théorie précédente. Ainsi, dans certains cas, les corps dits *parfaitement élastiques* se comportent comme les corps mous, et ceux-ci comme s'ils avaient une certaine élasticité. C'est donc sous ces réserves que l'on doit faire usage des formules relatives au choc des corps. Pour simplifier la question, nous avons supposé les deux corps de forme sphérique animés d'un mouvement de transport parallèle sans tourner sur eux-mêmes.

38. *Travail développé par la force motrice ou d'inertie dans le mouvement varié rectiligne. Principe des forces vives.* —
La force motrice ou d'inertie F a pour valeur $m\dfrac{v}{t}$. Soit e un

déplacement élémentaire du point d'application. Le travail correspondant s'obtiendra en multipliant l'effort F par le chemin parcouru e : donc

$$F e = m \frac{v}{t} \times e = m v \frac{e}{t}.$$

Désignant par V la vitesse, et sachant que $V = \frac{e}{t}$, il viendra, en substituant,

$$F e = m V v.$$

Si la force motrice devient successivement F′, F″, F‴, ... pour des espaces élémentaires e, e', e'', ... correspondant à des accroissements de vitesse v, v', v'', ..., il viendra

$$F' e' = m V' v', \quad F'' e'' = m V'' v'', \quad F''' e''' = m V''' v'''.$$

Faisant la somme de tous ces travaux élémentaires, on aura le travail total $\dot{T}$ pendant tout le temps considéré

$$T = m (V v + V' v' + V'' v'' + V''' v''' + \ldots).$$

Par une construction graphique, on obtient facilement la somme des termes renfermés entre parenthèses.

Sur une droite AX (*fig.* 23), portons, à partir du point origine A, une longueur Aa égale à la vitesse V, et, à partir de a, les unes à la suite des autres, les varia-

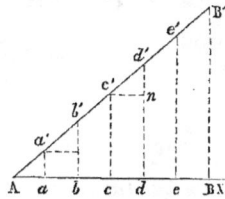

Fig. 23.

tions v, v', v'', ... correspondant aux temps qui se sont écoulés depuis le moment du départ. Conséquemment, les longueurs Aa, Ab, Ac, Ad, ... représenteront les vitesses au bout des mêmes temps. Au point B, élevons sur AX une perpendiculaire BB′ égale à la vitesse du mobile, à la fin de la dernière période. Joignant le point A au point B′, et menant aux points a, b, c, ... des perpendiculaires à AX, leurs longueurs aa', bb', cc', ..., limitées à AB′, à cause de la similitude des triangles ABB′, Aaa', ..., représenteront les vitesses V, V′, V″, ..., dont le mobile est successivement animé. Le produit de deux quantités inégales étant représenté géométriquement par la surface d'un rectangle dont ces quantités sont les dimensions, rapportées à l'unité

linéaire, un terme tel que $V'' v''$ aura pour expression géométrique le rectangle $cc'nd$, qui, à la limite, se confondra avec le
trapèze $cdd'c'$. La somme de tous les produits semblables
à $V''v''$, depuis le point de départ où la vitesse est nulle, sera
égale à la somme de tous les trapèzes analogues, c'est-à-dire
à l'aire du triangle ABB'. Si j'appelle V la dernière vitesse, il
viendra

$$\mathrm{ABB'} = \tfrac{1}{2} \mathrm{V} \times \mathrm{V} = \tfrac{1}{2} \mathrm{V}^2;$$

donc

$$\mathrm{T} = \tfrac{1}{2} m \mathrm{V}^2.$$

Les géomètres ont donné au produit de la masse par le carré
de la vitesse le nom de *force vive,* expression impropre, qui
doit simplement être considérée comme une définition de ce
produit pour exprimer, avec plus de clarté, les résultats auxquels on parvient dans le calcul des machines.

Ainsi le travail développé par la force motrice ou consommé
par l'inertie, le corps partant du repos, *est égal à la moitié de
la force vive communiquée ou enlevée.*

Si le corps possède une vitesse antérieure V', au moment
où la force motrice considérée commence à modifier le mou-
vement, la force vive communiquée sera $m \mathrm{V}^2 - m \mathrm{V}'^2$ si le
mouvement devient accéléré. Dans le cas du mouvement re-
tardé, la force vive enlevée sera $m \mathrm{V}^2 - m \mathrm{V}'^2$. On aura donc

$$\mathrm{T} = \tfrac{1}{2} m \mathrm{V}^2 - \tfrac{1}{2} m \mathrm{V}'^2 = \tfrac{1}{2} m (\mathrm{V}^2 - \mathrm{V}'^2)$$

ou

$$\mathrm{T} = \tfrac{1}{2} m \mathrm{V}'^2 - \tfrac{1}{2} m \mathrm{V}^2 = \tfrac{1}{2} m (\mathrm{V}'^2 - \mathrm{V}^2).$$

Le principe des forces vives, dans toute sa généralité, peut
donc être ainsi formulé :

*Le travail dépensé, entre deux instants quelconques, par la
force motrice ou d'inertie, accélérant ou retardant le mouvement d'un corps qui se meut dans sa direction, est égal à la
moitié de la force vive communiquée ou enlevée.*

39. *Perte de force vive résultant du choc de deux corps
mous.* — Quand deux corps mous se rencontrent, la déformation absorbe une certaine quantité de travail qui n'est pas
restituée, puisque les molécules déplacées ne reviennent pas
à leur première position. La moitié de la force vive perdue

représentera donc le travail consommé en pure perte pour opérer ce déplacement moléculaire.

PREMIER CAS. — *Les deux corps se meuvent dans le même sens.* — Soient m, m' les deux masses sphériques; v, v' leurs vitesses respectives avant le choc, et u la vitesse commune. La perte de force vive sera évidemment égale à la somme des forces vives possédées par les deux masses avant leur rencontre, diminuée de la somme des forces vives après le choc. Si x désigne cette perte, nous aurons

(1) $$x = mv^2 + m'v'^2 - (m + m')u^2;$$

ajoutant et retranchant au second membre $(m + m')u^2$,

$$x = mv^2 + m'v'^2 - (m + m')u^2 + (m + m')u^2 - (m + m')u^2,$$

ou, en réduisant,

$$x = mv^2 + m'v'^2 - 2(m + m')u^2 + (m + m')u^2.$$

Or

$$u^2 = u \times u \quad \text{et} \quad u = \frac{mv + m'v'}{m + m'}.$$

Remplaçant par cette dernière valeur l'un des facteurs de u^2, il vient

$$x = mv^2 + m'v^2 - \frac{2mv + 2m'v'}{m + m'}(m + m')u + (m + m')u^2$$

ou

$$x = mv^2 + m'v'^2 - 2mvu - 2m'v'u + mu^2 + m'u^2.$$

Mettant m et m' en facteur commun,

$$x = m(v^2 + u^2 - 2vu) + m'(u^2 + v'^2 - 2v'u),$$

ou bien encore

$$x = m(v - u)^2 + m'(u - v')^2.$$

C'est dans cette expression que se résume le théorème suivant dû à Carnot : *La perte de la force vive résultant du choc de deux corps mous est égale à la somme des forces vives dues aux vitesses perdues ou gagnées.*

Cette traduction algébrique de la perte de force vive, très-facile à énoncer, comme on le voit, peut être obtenue sous une forme plus commode pour la discussion générale.

Dans l'équation (1) remplaçons u^2 par sa valeur $\left(\dfrac{mv + m'v'}{m + m'}\right)^2$, nous aurons

$$x = mv^2 + m'v'^2 - (m + m')\frac{(mv - m'v')^2}{(m + m')(m + m')};$$

supprimant $m + m'$ au numérateur et au dénominateur, puis développant le carré du binôme $mv + m'v'$, il vient

$$x = mv^2 + m'v'^2 - \frac{m^2v^2 + m'^2v'^2 + 2\,mm'vv'}{m + m'};$$

réduisant,

$$x = \frac{m^2v^2 + mm'v^2 + mm'v'^2 + m'^2v'^2 - m^2v^2 - m^2v'^2 - 2\,mm'vv'}{m + m'};$$

mettant mm' en facteur commun,

$$(2) \qquad x = mm'\frac{(v^2 + v'^2 - 2\,vv')}{m + m'} = \frac{mm'(v - v')^2}{m - m'}.$$

Discussion. — La masse m' est à l'état de repos :

$$v' = 0, \quad \text{d'où} \quad x = \frac{mm'v^2}{m + m'} = \frac{m'}{m + m'}\,mv^2.$$

Supposons, dans ce cas particulier, la masse m très-considérable par rapport à la masse m'. Divisant par m les deux termes du rapport $\dfrac{m'}{m + m'}$, il vient

$$x = \frac{\dfrac{m'}{m}}{\dfrac{m}{m} + \dfrac{m'}{m}}\,mv^2;$$

à la limite $\dfrac{m'}{m} = 0$, donc

$$x = 0.$$

Ainsi la perte de force vive consommée pour opérer la déformation tend à devenir de plus en plus petite, quand la masse du corps choquant devient de plus en plus grande par rapport à celle du corps choqué. De là suit que, dans le jeu des machines, les pertes de travail occasionnées par le choc qui se produit dans de telles circonstances sont négligeables si elles ne sont pas fréquemment réitérées.

Si, au contraire, la masse m' est très-considérable par rapport à m, en divisant les deux termes par m', à la limite, on trouvera

$$x = mv^2$$

et, si $m = m'$,

$$x = \frac{mv^2}{2}.$$

Cette expression nous montre combien il importe, dans les machines, d'éviter qu'un organe en mouvement vienne en choquer un autre en repos, et dont la masse est très-considérable par rapport à celle du premier.

2° Les deux masses m et m' en mouvement sont égales :

$$x = \frac{m^2(v - v')^2}{2m} = \frac{m(v - v')^2}{2},$$

c'est-à-dire que la force vive perdue est égale à la moitié de la force vive due à la différence des vitesses possédées par les deux corps avant le choc.

3° Les deux masses m, m' sont en mouvement, et la masse m est très-considérable comparée à la masse m'.

Dans l'équation (2), divisant par m les deux termes du rapport $\dfrac{m'}{m + m'}$, il vient

$$x = \frac{\dfrac{mm'}{m}(v - v')^2}{\dfrac{m}{m} + \dfrac{m'}{m}} = \frac{m'(v - v')^2}{1 + \dfrac{m'}{m}},$$

à la limite $x = m'(v - v')^2$, et si m' est à l'état de repos $x = m'v^2$, c'est-à-dire que le travail dépensé pour opérer la déformation est égal à la moitié de la force vive communiquée au corps choqué.

Second cas. — *Les deux corps ont des mouvements de sens contraires.* — Nous aurons pareillement

$$x = mv^2 + m'v'^2 - (m + m')u^2;$$

remplaçant u^2 par sa valeur $\left(\dfrac{mv - m'v'}{m + m'}\right)^2$,

$$x = mv^2 + m'v'^2 - (m + m')\frac{(mv - m'v')^2}{(m + m')(m + m')}.$$

Toutes réductions faites, il restera

$$x = \frac{mm'(v + v')^2}{m + m'}.$$

Ainsi la perte de force vive est plus considérable que celle résultant du choc de deux corps marchant dans le même sens. Si donc, dans ce dernier cas, le travail absorbé en pure perte pour opérer l'aplatissement des corps qui se rencontrent peut devenir très-grand, faut-il *a fortiori*, dans la construction des machines, éviter avec soin que deux organes animés de vitesses de sens contraires viennent inutilement se rencontrer?

Si m comparé à m' est très-considérable, il vient

$$x = m'(v + v')^2.$$

Si les deux masses en mouvement sont, par le choc, ramenées à l'état de repos, nous aurons

$$x = mv^2 + m'v'^2.$$

40. *Dans le choc de deux corps parfaitement élastiques la perte de force vive est nulle.*

1° Les deux corps se meuvent dans le même sens. Conservant les notations adoptées précédemment, et rappelant que les vitesses respectives des deux corps, après le choc, sont $2u - v$ et $2u - v'$, il viendra

$$x = mv^2 + m'v'^2 - m(2u - v)^2 - m'(2u - v')^2$$

ou

$$x = mv^2 + m'v'^2 - 4mu^2 - mv^2 + 4muv - 4m'u^2 - m'v'^2 + 4m'uv';$$

réduisant, on a

$$x = 4u(mv - m'v') - 4u^2(m + m');$$

or $u^2 = u \times u$, et comme $u = \dfrac{mv + m'v'}{m + m'}$, par substitution, il vient

$$x = 4u(mv + m'v') - 4u(m + m')\frac{(mv - m'v')}{m + m'};$$

réduisant,

$$x = 4u(mv + m'v') - 4u(mv + m'v') = 0.$$

Il est facile de faire voir qu'il en est de même lorsque les deux corps sont animés de vitesses de sens contraires. Dans ce cas, le mouvement du corps de masse m', après le choc, changeant de sens, il suffira de changer le signe de v', et sa vitesse aura pour valeur $2u + v'$: nous aurons donc

$$x = mv^2 + m'v'^2 - m(2u - v)^2 - m'(2u + v')^2.$$

Par le même artifice de calcul que dans le cas précédent, on trouve, toutes réductions faites,

$$x = 4u(mv - m'v') - 4u(mv - m'v') = 0.$$

Les considérations purement théoriques que nous venons de présenter sur le choc des corps nous apprennent que, si les solides naturels étaient parfaitement élastiques, les forces de la réaction développant, pour ramener les ressorts moléculaires à leur position primitive, la même quantité de travail que les forces qui ont opéré la déformation instantanée, il n'y aurait aucun inconvénient, au point de vue de l'effet dynamique, à ce que le choc eût lieu entre deux corps de cette nature. D'autre part, si, dans l'acception rigoureuse du mot, les corps étaient complétement dénués d'élasticité, l'absorption de travail en pure perte, ainsi que nous l'avons vu, pourrait devenir très-considérable. Mais rigoureusement les choses ne se passent pas ainsi; car les corps que nous présente la nature ont tous un degré plus ou moins grand d'élasticité, et que, pour cette raison, on nomme leur *élasticité naturelle*. Il est donc aisé de comprendre que, si la grandeur des efforts qui se manifestent pendant le choc est capable d'opérer des flexions et des déformations supérieures à celles que produiraient des forces n'altérant pas l'élasticité naturelle des corps, le travail restitué n'est qu'une fraction du travail dépensé pour opérer la déformation. Ainsi, dans le choc de deux corps imparfaitement élastiques, il y a toujours une perte de travail

qui a pour mesure la moitié de la force vive perdue. Or,
comme celle-ci croît en raison directe de la masse et du carré
de la vitesse, pendant le temps très-court de l'action et de la
réaction, la perte de travail occasionnée par le choc peut devenir très-grande. De plus, les corps élastiques absorbant, par
la compression, une certaine quantité de travail qu'ils resti-
tuent en revenant à leur force primitive, il est certain qu'ils
peuvent accumuler ce travail, le tenir pour ainsi dire en ré-
serve, sauf à l'utiliser quand il y a lieu. Ainsi se conduisent
les fluides élastiques qui, d'abord comprimés, sont capables
de produire le mouvement par le retour à leur volume primitif; de même encore les ressorts qui en se débandant rendent
le travail qu'ils avaient absorbé pour leur tension. Le constructeur mécanicien ne doit jamais perdre de vue ces préceptes
généraux, en tenant compte toutefois des restrictions imposées
par la constitution même des corps tels que la nature nous
les présente.

CHAPITRE IV.

41. *Composition des vitesses.* — Le mouvement d'un point, dans l'espace, est toujours continu, c'est-à-dire qu'il ne peut occuper deux positions différentes sans passer par des points intermédiaires d'une ligne droite ou courbe, suivant que le mouvement est rectiligne ou curviligne. Cette ligne, décrite par un point matériel soumis à l'action d'une ou de plusieurs forces, a reçu le nom de *trajectoire.*

Quand on veut étudier le mouvement d'un point, il faut rapporter les positions successives qu'il occupe dans l'espace à des points *de repère.* Si ces points sont fixes, le chemin réel parcouru par le point matériel est toujours déterminé par ses distances aux deux points de repère. Dans ce cas, le mouvement est dit *absolu.* Lorsque, au contraire, on compare les positions successives d'un point de l'espace à des points de repère mobiles, le mouvement est dit *relatif.* Le mouvement commun à tout le système se nomme *mouvement d'entraînement.* On fait rouler, par exemple, un corps sur le pont d'un bateau descendant le cours d'un fleuve : le mouvement de ce corps par rapport au bateau sera *relatif;* mais, comme le bateau se meut dans le même sens ou en sens contraire, le chemin réel parcouru par ce corps différera essentiellement de celui qu'il parcourt par rapport à un point du bateau considéré comme fixe. Le corps participant au mouvement d'entraînement du bateau, son mouvement réel résultera de la combinaison du mouvement d'entraînement avec le mouvement relatif. De plus le mouvement du bateau, ayant lieu à la surface du globe, participe avec lui au double mouvement de rotation autour de l'axe et de translation autour du Soleil. Ainsi, rigoureusement, le mouvement réel serait très-complexe et ne pourrait être obtenu que par la combinaison de tous ces mouvements simultanés, dont la coexistence n'est pas douteuse.

En Mécanique, on appelle *composition des mouvements* une opération qui a pour objet de trouver le mouvement réel d'un point, par la connaissance du mouvement d'entraînement et du mouvement relatif. Ces deux mouvements ont reçu le nom générique de *mouvements composants*, et l'on appelle *mouvement résultant* le *mouvement réel ou absolu* produit par la combinaison de ces deux mouvements.

La considération du mouvement réel d'un corps est indispensable dans l'étude de la Mécanique. Nous ferons cependant observer que son existence est hypothétique; car dans l'univers il n'existe peut-être pas un corps qui, dans l'acception rigoureuse du mot, soit absolument fixe et partant puisse servir de point de repère.

De la définition que nous avons donnée du mouvement résulte naturellement qu'un corps ne peut parcourir qu'un seul chemin, et que c'est une pure fiction de dire qu'un point matériel est animé de deux mouvements ou de deux vitesses simultanés. Ainsi la décomposition d'un mouvement ou d'une vitesse en deux autres est une conception de l'esprit n'ayant rien de réel, mais qui a pour objet l'interprétation mathématique des phénomènes que présente le mouvement d'un corps dans l'espace. Le principe de l'*indépendance des mouvements simultanés* ne peut être admis que comme corollaire du principe de l'indépendance des forces qui agissent sur un corps. Si l'on dit que, un corps étant animé de plusieurs mouvements ou de plusieurs vitesses simultanés, ces mouvements ou ces vitesses coexistent, sans se modifier, c'est uniquement parce que les forces qui les produisent sont indépendantes les unes des autres. C'est donc par extension du principe de l'indépendance des forces qu'un corps est considéré comme animé de plusieurs mouvements simultanés, de même qu'il est soumis à l'action de plusieurs forces, ce qui signifie que les effets sont indépendants les uns des autres, parce que les causes le sont également entre elles.

Ce principe étant admis avec l'explication que nous en avons donnée, il nous semble utile de rapporter des faits d'expérience qui le confirment. Nous avons vu précédemment que l'appareil à indications continues étant immobile, si le cylindre reçoit le mouvement du mécanisme chronométrique, le poids de forme cylindro-conique trace, en tombant, une parabole qui représente la loi du mouvement. L'appareil étant placé sur un traîneau qui reçoit un mouvement de transport, le corps pendant la chute trace une parabole identiquement la même que celle qu'il avait tracée quand l'appareil était immobile. Ainsi le mouvement de rotation du cylindre et le mouvement vertical du grave se sont accomplis sans que le mouvement de transport du traîneau y ait apporté la moindre modification.

Supposons qu'un bateau descende le cours d'un fleuve, d'un mouvement de transport uniforme, tandis qu'un point matériel soit animé également d'un mouvement uniforme sur le pont du bateau suivant la direction AY (*fig.* 24). Au bout d'un

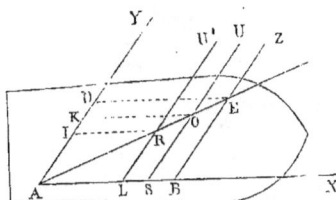

Fig. 24.

temps *t*, le bateau ayant parcouru un chemin AB, en vertu du mouvement d'entraînement du bateau, la droite AY aura pris la position BZ. Si, suivant la direction AY, le point matériel, au bout du même temps *t*, s'avance d'une quantité AD, après le déplacement du bateau, le mobile occupera sur BZ une position E telle que BE = AD. D'autre part, si AK est la vitesse du mouvement uniforme dont le point A est animé suivant AY et AS la vitesse d'entraînement, au bout de l'unité de temps AY occupera la position SU qui lui est parallèle et le point K viendra en O; comme précédemment, nous aurons SO = AK. A cause de l'uniformité du mouvement il viendra

$$AB = AS \times t, \quad AD = AK \times t.$$

Divisant membre à membre,

$$\frac{AB}{AD} = \frac{AS}{AK} \quad \text{ou bien} \quad \frac{AB}{BE} = \frac{AK}{SO}.$$

Méc. D. — I.   5

Joignant les points O et E au point A, les deux triangles ABE, ASO ainsi obtenus étant semblables, l'angle EAB égale l'angle OAS, et, comme les côtés AB, AS se confondent, les trois points A, O, E sont en ligne droite.

Soit AI le chemin parcouru par le point matériel au bout du temps t'. Si AL est l'espace parcouru pendant le même temps en vertu du mouvement d'entraînement, la droite AY sera encore amenée parallèlement à elle-même dans la position LU'. Le point mobile sur la nouvelle position de AY sera en R, de telle sorte que LR = AI. Par les mêmes considérations que précédemment les points A, R, O sont sur une même ligne droite qui est la diagonale du parallélogramme, ayant pour côtés adjacents les chemins relatifs parcourus par le point A.

La similitude des triangles AOS, AEB fournit

$$\frac{AE}{AO} = \frac{AB}{AS};$$

or $AB = AS \times t$: donc

$$\frac{AE}{AO} = \frac{AS \times t}{AS} \quad \text{ou} \quad \frac{AE}{AO} = t;$$

par conséquent

$$AE = AO \times t.$$

Les deux mouvements relatifs étant uniformes, le mouvement réel suivant la diagonale sera de la même nature, puisque l'espace parcouru croît proportionnellement au temps. De plus, AK et AS étant les vitesses relatives, AO sera la vitesse résultante ou réelle.

De là cette double conséquence : 1° *Le chemin réel ou résultant de deux mouvements simultanés rectilignes est représenté en grandeur et en direction par la diagonale du parallélogramme ayant pour côtés adjacents les droites qui représentent en grandeur et en direction les chemins relatifs.*

2° *La résultante de deux vitesses simultanées est représentée par la diagonale du parallélogramme dont les côtés adjacents sont les droites représentant les vitesses relatives.*

Réciproquement, *le mouvement absolu d'un point matériel pourra toujours être décomposé en deux mouvements relatifs suivant deux directions données, et les longueurs représentant les chemins parcourus seront les côtés adjacents d'un parallélogramme dont le chemin réel sera la diagonale. La même réciproque existe pour les vitesses.*

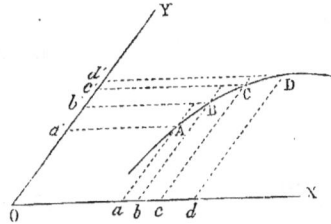

42. *Cas où le mouvement est curviligne.* — Soit ABCD (*fig.* 25) le chemin curviligne parcouru par le point. Rapportons les positions successives de ce point à deux axes OX, OY. Il est certain que pour un chemin d'une étendue appréciable, telle que AC, la diagonale du parallélogramme ayant pour côtés adjacents les chemins relatifs *ac*, *a'c'* ne saurait représenter le chemin absolu; mais, les considérations précédentes

Fig. 25.

étant tout à fait indépendantes de l'étendue des chemins parcourus, il sera toujours possible de décomposer la trajectoire en éléments AB, BC, CD, qui pourront être considérés comme rectilignes. On obtiendra ainsi une suite de petits parallélogrammes dont les diagonales, passant par des points très-voisins de la courbe, pourront être considérées comme des tangentes.

43. *Valeur algébrique de la résultante de deux vitesses concourantes.* — *Discussion.* — Soit un point matériel A (*fig.* 26), animé de deux mouvements simultanés uniformes, dont les vitesses AB, AC sont représentées par v et v'. Si la résultante AR est désignée par V et l'angle des deux vitesses par a, le triangle ABR fournira la relation suivante :

Fig. 26.

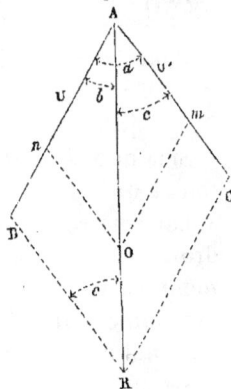

$$V^2 = v^2 + v'^2 - 2vv' \cos B.$$

Or $\cos B = - \cos a$; donc

$$V^2 = v^2 + v'^2 + 2vv' \cos a.$$

5.

1º Si l'angle $a = 0$, les deux vitesses sont de même direction et de même sens; il vient

$$V^2 = v^2 + v'^2 + 2vv' \quad \text{ou} \quad V^2 = (v + v')^2.$$

Par conséquent

$$V = v + v'.$$

Donc la résultante est égale à la somme des composantes, conséquence que nous avons déjà déduite du principe général.

2º L'angle $a = 180º$. Les deux vitesses sont de sens contraires et $\cos a = -1$:

$$V^2 = v^2 + v'^2 - 2vv' \quad \text{ou} \quad V^2 = (v - v')^2,$$

d'où

$$V = v - v'.$$

Par conséquent la vitesse résultante est égale à la différence des composantes.

3º L'angle des deux vitesses égale $90º$; par suite $\cos a = 0$, et il vient

$$V^2 = v^2 + v'^2, \quad \text{d'où} \quad V = \sqrt{v^2 + v'^2}.$$

Les variations de l'angle a des deux vitesses nous apprennent que la résultante sera d'autant plus grande que l'angle a sera plus petit et d'autant moindre que l'angle a sera plus grand.

Le parallélogramme des vitesses nous permet de trouver géométriquement la résultante de deux vitesses simultanées.

Pour fixer les idées, *proposons-nous de trouver la résultante de deux vitesses égales à* $48^m,32$ *et* $75^m,45$, *sous un angle de* $34º 25' 48''$.

Si la question doit être traitée géométriquement, représentons à une échelle convenue les deux vitesses, à l'échelle de 1 centimètre pour 1 mètre, par exemple. Traçons deux droites AB, CD formant un angle de $34º 25' 48''$ et respectivement égales à $48^c,32$ et $75^c,45$; la diagonale AR du parallélogramme ayant AB et CD pour côtés adjacents représentera, à l'échelle adoptée, la résultante des deux vitesses.

La question traitée par le calcul conduit toujours à un résultat plus exact. Désignant par b et c les angles des vitesses v et v' avec la résultante, le triangle ABR donnera

$$\frac{v + v'}{v - v'} = \frac{\tan g \frac{1}{2}(b + c)}{\tan g \frac{1}{2}(b - c)}.$$

Remplaçant par les valeurs numériques,

$$\frac{123,77}{27,13} = \frac{\tan g\, 17°12'54''}{\tan g \frac{1}{2}(b - c)},$$

d'où

$$\tan g \tfrac{1}{2}(b - c) = \frac{27,13 \times \tan g\, 17°12'54''}{123,77},$$

$$\log \tan g \tfrac{1}{2}(b - c) = \log 27,13 + \log \tan g\, 17°12'54'' - \log 123,77,$$

$$\log 27,13 = 1,4334498$$
$$\log \tan g\, 17°12'54'' = \overline{1},4908226$$
$$\text{Somme} = \overline{0,9242724}$$
$$\log 123,17 = 2,0926154$$
$$\text{Différence} = \overline{2},8316570$$

d'où

$$\tfrac{1}{2}(b - c) = 3°52'17''.$$

Pour trouver les angles adjacents, il suffit de résoudre ce problème d'Algèbre élémentaire : *Trouver deux quantités dont on connaît la somme et la différence.*

On trouve ainsi

$$b = 21°5'11'' \quad \text{et} \quad c = 13°20'37''.$$

Le triangle BAR donne encore la relation suivante :

$$\frac{V}{v} = \frac{\sin B}{\sin c}$$

et, comme les angles B et a sont supplémentaires,

$$\frac{V}{v} = \frac{\sin a}{\sin c}.$$

Remplaçant,

$$\frac{V}{48,32} = \frac{\sin 145°34'12''}{\sin 13°20'27''},$$

d'où

$$V = \frac{48,32 \times \sin 145°34'12''}{\sin 13°20'27''},$$

$$\log V = \log 48,32 + \log \sin 145°34'12'' - \log \sin 13°20'37'',$$

$$\log 48,32 = 1,6841269$$
$$\log \sin 145°34'12'' = \overline{1},7523550$$
$$\text{Somme} = 1,4364819$$
$$\log \sin 13°20'37'' = \overline{1},3632178$$
$$\text{Différence} = 2,0732641$$

d'où

$$V = 118^m,376.$$

Cette application peut servir de type à la résolution de toutes les questions du même genre.

44. Théorème relatif a la décomposition des vitesses. — *Si, par un point de la résultante de deux vitesses simultanées, on mène des parallèles aux directions des composantes, les parties interceptées sur ces composantes leur sont directement proportionnelles.*

Soient Om et On les parallèles menées aux composantes par le point O pris sur la résultante (*fig.* 26). A cause de la similitude des triangles BAR, nAO, nous aurons

$$\frac{v}{An} = \frac{V}{AO}; \quad \text{de même} \quad \frac{v'}{Am} = \frac{V}{AO},$$

d'où

$$\frac{v}{An} = \frac{v'}{Am} = \frac{V}{AO}.$$

Si le point O est pris à l'extrémité de la résultante, $v = An$ et $v' = Am$. De là nous pouvons déduire une règle bien simple pour décomposer une vitesse en deux autres suivant deux directions données.

Soit AR (*fig.* 26) la vitesse qu'il faut décomposer en deux autres. On fera, de part et d'autre de AR, deux angles qui indiquent les directions respectives des composantes par rapport à AR. Achevant le parallélogramme, les longueurs AC, AB représenteront à l'échelle les vitesses relatives.

Si la vitesse était numériquement exprimée, on pourrait la représenter à une certaine échelle, et les côtés adjacents du parallélogramme exprimeraient, à la même échelle, les valeurs des composantes.

Il est facile de résoudre la même question par le calcul. Dans le triangle BAR, nous avons

$$B = 180° - (b + c),$$

d'où

$$\frac{V}{v} = \frac{\sin B}{\sin c} \quad \text{et} \quad \frac{V}{v'} = \frac{\sin B}{\sin b};$$

par conséquent,

$$v = \frac{V \sin c}{\sin B} \quad \text{et} \quad v' = \frac{V \sin b}{\sin B}.$$

Proposons-nous pour exemple de décomposer une vitesse de 512^m,48 *en deux autres, formant, avec la première, deux angles respectivement égaux à* 40°18′24″ *et* 32°20′14″.

$$B = 180° - (40°18′24″ + 32°20′14″) = 72°38′38″,$$

$$\frac{512,48}{v} = \frac{\sin 72°38′38″}{\sin 32°20′14″},$$

d'où

$$v = \frac{512^m,48 \times \sin 32°20′14″}{\sin 72°38′38″},$$

$$\log v = \log 512,48 + \log \sin 32°20′14″ - \log \sin 72°38′38″,$$

$$\log 512,48 = 2,7096769$$
$$\log \sin 32°20′14″ = \overline{1},7282737$$
$$\text{Somme} = 2,4379506$$

$$\log \sin 72°38′38″ = \overline{1},9797619$$
$$\text{Différence} = 2,4581887$$

d'où

$$v = 287^m,202.$$

Pareillement, pour la seconde vitesse,

$$\frac{512}{v'} = \frac{\sin 72^\circ 38' 38''}{\sin 40^\circ 18' 24''},$$

d'où

$$v' = \frac{512 \times \sin 40^\circ 18' 24''}{\sin 72^\circ 38' 38''},$$

$$\log v' = \log 512,48 + \log \sin 40^\circ 18' 24'' - \log \sin 72^\circ 38' 38'',$$
$$\log v' = 2,5407476,$$

d'où

$$v' = 347^\mathrm{m},334.$$

45. *Décomposition d'une vitesse en deux autres rectangulaires.* — Pour résoudre cette question géométriquement, on procéderait exactement de la même manière que dans le cas où les deux vitesses ont une direction quelconque, et les longueurs AB et AC représenteraient à l'échelle adoptée les deux composantes v et v'.

Remarquons que, dans ce cas particulier, le triangle ABR est rectangle; donc

$$v = \mathrm{V} \cos b \quad \text{et} \quad v' = \mathrm{V} \cos c.$$

Exemple. — L'angle $b = 50^\circ 18' 45''$ et la vitesse V, qu'il faut décomposer en deux autres, égale $945^\mathrm{m},38$:

$$c = 90^\circ - 50^\circ 18' 45'' = 39^\circ 41' 15'';$$
$$v = 945^\mathrm{m},38 \times \cos 50^\circ 18' 45'',$$
$$v' = 945^\mathrm{m},38 \times \cos 39^\circ 41' 15'',$$

d'où

$$v = 603^\mathrm{m},72 \quad \text{et} \quad v' = 727^\mathrm{m},56.$$

La composante v étant obtenue, on aurait pu en déduire v' par le théorème de Pythagore

$$v'^2 = \mathrm{V}^2 - v^2 = (\mathrm{V} + v)(\mathrm{V} - v),$$

d'où

$$v' = \sqrt{(\mathrm{V} + v)(\mathrm{V} - v)}.$$

46. *Relations entre deux vitesses, leur résultante et leurs directions.* — Dans le parallélogramme des vitesses (*fig.* 26), le triangle ABR fournit la relation suivante :

$$\frac{v}{\sin c} = \frac{v'}{\sin b} = \frac{V}{\sin B}.$$

Or les angles a et B sont supplémentaires; donc

$$\sin a = \sin B$$

et, par suite,

$$\frac{v}{\sin c} = \frac{v'}{\sin b} = \frac{V}{\sin a}.$$

Si les deux vitesses sont rectangulaires, $\sin a = 1$; donc

$$\frac{v}{\sin c} = \frac{v'}{\sin b} = V;$$

or $\sin c = \cos b$, d'où

$$\frac{v}{\cos b} = \frac{v'}{\sin b} \quad \text{et} \quad \frac{\sin b}{\cos b} = \frac{v'}{v},$$

ou bien

$$\tang b = \frac{v'}{v}.$$

47. Composition d'un nombre quelconque de vitesses situées dans un même plan. — Quand un point matériel est animé de plus de deux mouvements simultanés, on obtient la vitesse absolue, en composant ces vitesses deux à deux, d'après la règle du parallélogramme des vitesses.

Fig. 27.

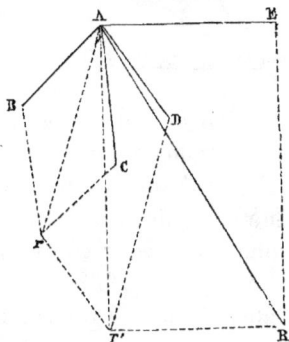

Soient AB, AC, AD,... (*fig. 27*) les longueurs représentant les vitesses v, v', v'',..., dont le point A est animé. Le parallé-

logramme construit sur AB et AC donnera la résultante des
deux vitesses *v* et *v'*. En construisant le parallélogramme ayant
pour côtés adjacents la troisième vitesse et la résultante des
deux premières, la diagonale, que nous désignerons par *r'*,
sera la résultante des vitesses *v*, *v'*, *v''*, et ainsi de suite, s'il y
a d'autres vitesses composantes. En observant avec attention
la construction géométrique que nous avons opérée, on voit
facilement qu'il est inutile de construire cette série de parallélogrammes pour obtenir la résultante générale. Il suffit, en
effet, de mener par le point B, extrémité de la droite qui représente la première vitesse, une droite B*r* égale et parallèle
à AC; puis, par le point *r*, une droite *rr'* égale et parallèle à la
troisième vitesse, et ainsi de suite. Si l'on ferme le polygone en
joignant le point A à l'extrémité de la parallèle menée à la dernière vitesse, la ligne de jonction AR sera la résultante générale. Ce procédé expéditif, dû à Leibnitz, est connu sous le
nom de *polygone des vitesses*.

48. *Composition de trois vitesses non situées dans un même
plan.* — Soient AB, AC, AD (*fig.* 28) les longueurs représen-

Fig. 28.

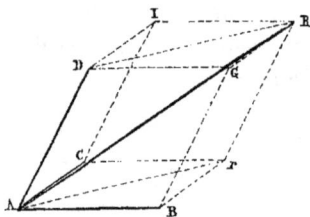

tant, en grandeur et en direction, les trois vitesses simultanées *v*, *v'*, *v''*. La diagonale du parallélogramme construit
sur AB et AC sera la résultante des deux vitesses *v* et *v'*. Si, par
le point *r*, on mène *r*R égale et parallèle à AD, la diagonale AR
du parallélogramme ayant pour côtés A*r* et *r*R sera la résultante des trois vitesses *v*, *v'*, *v''*. Si, par les points R et D, on
mène des parallèles à AB qui lui soient égales et, par les
points C et B, des droites aussi égales et parallèles à AD, on
obtient un polyèdre dont les faces sont des parallélogrammes
et, par suite, ce solide est un parallélépipède dont les droites

représentant les vitesses sont les arêtes. Or, comme la résultante générale unit les sommets de deux angles solides opposés, on en déduit la conclusion suivante : *La résultante de trois vitesses non situées dans un même plan est représentée, en grandeur et en direction, par la diagonale du parallélépipède construit sur les trois droites qui représentent les vitesses.* Cette construction relative à trois vitesses non situées dans un même plan a reçu le nom de *parallélépipède des vitesses.*

49. *Décomposition d'une vitesse en trois autres dont les directions ne sont pas situées dans un même plan.* — Soit **AR** la droite représentant la vitesse qu'il faut décomposer en trois autres, suivant les trois directions **AX**, **AY**, **AZ** (*fig.* 29), non

Fig. 29.

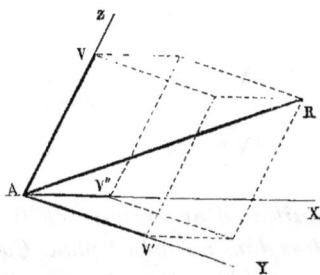

situées dans un même plan. Par le point R, faisons passer trois plans respectivement parallèles aux plans XAY, XAZ, YAZ. En cherchant les points d'intersection de ces trois plans avec AX, AY, AZ, on obtiendra trois droites AV, AV', AV'', qui représenteront les trois vitesses composantes v, v', v''.

50. *Composition de trois vitesses rectangulaires non situées dans un même plan.* — Si les trois vitesses dont il faut chercher la résultante sont rectangulaires, le parallélépipède est rectangle, et, en vertu d'un théorème de Géométrie, nous aurons, en désignant par V la résultante,

(1) $$V^2 = v^2 + v'^2 + v''^2.$$

Il est facile de trouver les angles a, b, c que forment les

composantes v, v', v'' avec la résultante $AR = V$ (*fig.* 3o); car,
en joignant les points V, V', V'' au point R, les triangles rec-

Fig. 3o.

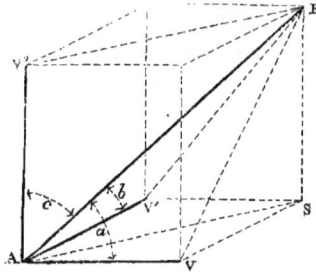

tangles ARV, ARV', ARV'' donnent les relations suivantes :

$$(2) \qquad v = V \cos a, \quad \text{d'où} \quad \cos a = \frac{v}{V};$$

$$(3) \qquad v' = V \cos b, \qquad\qquad \cos b = \frac{v'}{V};$$

$$(4) \qquad v'' = V \cos c, \qquad\qquad \cos c = \frac{v''}{V};$$

51. *Décomposition d'une vitesse en trois autres rectangulaires non situées dans un même plan. Condition pour que le
problème soit possible.* — La vitesse $AR = V$ étant donnée
ainsi que les angles qu'elle doit former avec les composantes,
les équations (2), (3), (4) permettent de trouver immédiatement ces composantes.

Élevant au carré les deux membres de chacune de ces trois
équations,

$$v^2 = V^2 \cos^2 a, \quad v'^2 = V^2 \cos^2 b, \quad v''^2 = V^2 \cos^2 c;$$

ajoutant membre à membre,

$$v^2 + v'^2 + v''^2 = V^2 (\cos^2 a + \cos^2 b + \cos^2 c);$$

remplaçant le premier membre de cette dernière équation par
sa valeur V^2,

$$V^2 = V^2 (\cos^2 a + \cos^2 b + \cos^2 c);$$

divisant par V^2,

$$1 = \cos^2 a + \cos^2 b + \cos^2 c.$$

Cette dernière équation fait connaître les conditions de possibilité du problème. On a trois inconnues à chercher, et cependant on est conduit à quatre équations ; ce qui prouve que l'une est une équation de condition rentrant dans les trois autres. Ainsi, pour décomposer une vitesse en trois autres rectangulaires, deux angles seulement devront être donnés, et le troisième se déduira de l'équation de condition

$$1 = \cos^2 a + \cos^2 b + \cos^2 c.$$

Cas d'indétermination. — Le problème serait indéterminé, si les directions des trois vitesses étaient données dans un même plan. Soit un point matériel A, animé d'une vitesse V représentée par AR (*fig.* 31), qu'il faut décomposer en trois

Fig. 31.

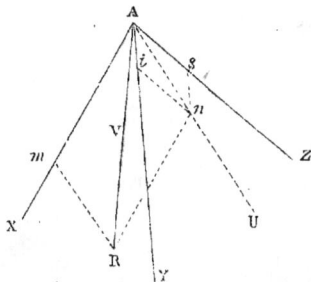

autres, suivant les directions AX, AY, AZ. Dans l'angle YAZ, traçons une droite AU et décomposons V au moyen du parallélogramme des vitesses en deux autres vitesses Am, An, suivant AX et AU. Présentement, décomposons An, suivant AY, AZ. Il est visible que les trois composantes Am, Ai, As auront pour résultante AR ou V. Or, comme la droite auxiliaire AU a été pris arbitrairement dans l'angle YAZ, on obtiendra autant de groupes différents de trois forces que l'on considérera de lignes différentes auxiliaires, telles que AU. Donc le problème admettra une infinité de solutions. L'indétermination existera *a fortiori* pour un nombre de vitesses supérieur à trois.

Pareillement, le problème serait encore indéterminé, s'il fallait décomposer une vitesse en plus de trois autres dont les directions ne seraient pas situées dans un même plan.

Pour fixer les idées, supposons qu'il soit propcsé de décomposer une vitesse AR ou V (*fig.* 32) en quatre autres suivant les directions AX, AY, AZ, AU, non situées dans un même

Fig. 32.

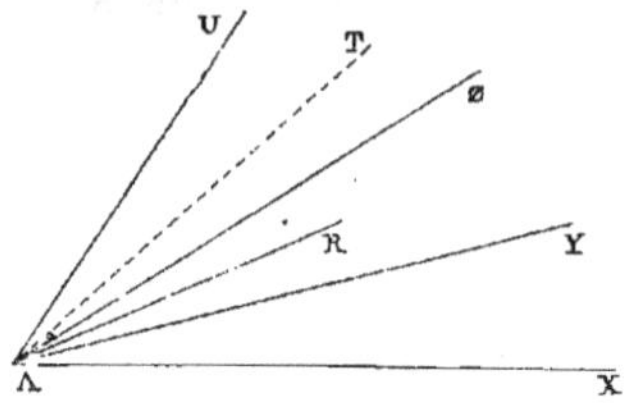

plan. Concevons une droite quelconque AT dans le plan des
deux droites AU, AZ. Il sera toujours possible de décomposer la
vitesse V en trois autres m, n, p, suivant les trois directions AX,
AY, AT. La vitesse p elle-même pourra être décomposée en
deux autres r, s, suivant AZ et AU. Nous obtiendrons ainsi un
système de quatre vitesses m, n, r, s, ayant pour résultante AR
ou V. Comme dans le plan UAZ, nous pouvons prendre autant
de droites auxiliaires que l'on voudra, nous obtiendrons autant
de systèmes de vitesses différentes ayant toutes pour résultante commune la vitesse V. Le problème est donc encore
indéterminé.

52. *Tangentes aux courbes par la méthode de Roberval.* —
Une courbe étant engendrée par le mouvement d'un point qui
se meut dans l'espace, suivant une certaine loi, il est certain
que, si nous connaissons la loi de ce mouvement, il sera facile
d'en déduire la vitesse absolue du point générateur, qui toujours est dirigée suivant la tangente à la courbe. Supposons,
en effet, que le mouvement du point ait été décomposé en
plusieurs mouvements composants, si nous parvenons à trouver les vitesses relatives dues à ces mouvements ou les rapports qui existent entre elles, la direction de la vitesse réelle
sera connue et, par suite, la tangente à la trajectoire au point
considéré. La méthode de Roberval, pour mener des tangentes
aux courbes dont on connaît le mode de génération est donc
basée sur la considération des vitesses simultanées.

Application à l'ellipse. — Nous savons que cette courbe est le lieu des points tels que la somme de leurs distances à deux points fixes nommés *foyers* est constante. L'ellipse sera donc engendrée en fixant aux deux points fixes F, F' un fil inextensible F*m*F' de longueur égale à l'axe AA' (*fig.* 33), et en

Fig. 33.

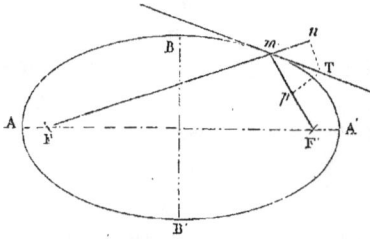

faisant glisser le long de ce fil la pointe d'un style, de manière que les deux brins soient toujours tendus. Considérons un point *m* de la courbe et traçons les deux rayons vecteurs *m*F et *m*F'. Le tracé de la courbe par un mouvement continu fait voir que le point décrivant est animé de deux vitesses simultanées, l'une due au mouvement de glissement le long du rayon vecteur et l'autre au mouvement d'entraînement ou de rotation qui s'opère autour du foyer F. Cette dernière vitesse aura évidemment une direction perpendiculaire à ce rayon vecteur. Or, comme la somme des rayons vecteurs est constante, l'allongement de l'un des brins du fil pendant le mouvement est égal au raccourcissement de l'autre brin. Il en résulte nécessairement que les deux vitesses du point générateur suivant les deux rayons vecteurs sont égales, et que si l'une est dirigée suivant le prolongement du rayon F*m*, l'autre sera dirigée de *m* vers F'. Soit *mn* la vitesse de glissement du point sur le rayon vecteur *m*F; si au point *n* on mène une perpendiculaire à F*m* et si l'on prend une longueur *n*T égale à la vitesse d'entraînement supposée connue, en joignant le point T au point *m*, on aura la résultante des deux vitesses de glissement et d'entraînement dont la direction est la tangente à la courbe au point *m*. Pareillement, le point *m* appartenant au rayon vecteur *m*F', si nous prenons *mp* = *mn*, puisque les vitesses de glissement sur les deux rayons sont égales, en menant une perpendiculaire à *m*F' au point *m*, on aura la di-

rection de la vitesse d'entraînement autour du foyer F'. L'extrémité de la droite représentant la vitesse absolue du point
générateur, devant se trouver à la fois sur les perpendiculaires
menées à *mp* et à *mn* aux points *p* et *n*, sera leur point de concours T, et, par suite, *m*T représentera la résultante des deux
vitesses dont la direction est la tangente à l'ellipse. L'égalité
des deux triangles *pm*T et *mn*T fait voir que la ligne *m*T divise en deux parties égales l'angle formé par l'un des rayons
vecteurs et le prolongement de l'autre, propriété caractéristique de la tangente à l'ellipse, que la Géométrie fait connaître.

Remarque. — La méthode de Roberval pour le tracé des
tangentes aux courbes dont on connaît le mode de génération est fort utile dans les applications. Nous ferons cependant observer qu'elle pourrait induire en erreur si l'on ne se
rendait pas bien compte des vitesses simultanées dont le point
générateur est animé. Ainsi dans l'ellipse, la parabole et l'hy-
perbole, il est inexact de considérer le point comme animé
de deux vitesses simultanées, suivant les deux rayons vecteurs de ce point. La vitesse réelle est la résultante de la vitesse
de glissement sur le rayon considéré, et de la vitesse d'entraînement autour du foyer correspondant à ce rayon. Par un
raisonnement défectueux on parvient à un résultat exact. Cela
tient, ainsi que l'a fait voir M. Duhamel, dans un Mémoire sur
la méthode de Roberval, à ce que fort souvent, notamment
dans les courbes précitées, les espaces parcourus par le point
décrivant, dans le sens des rayons vecteurs, sont égaux.

53. *Mouvement parabolique des projectiles*. — Supposons
qu'un projectile ait été lancé obliquement avec une vitesse
initiale V_1, suivant la direction AZ, formant avec l'horizon un
angle ZAX (*fig*. 34), que nous désignerons par α. Pour trouver
l'équation de la trajectoire, rapportons les différentes positions
du mobile à deux axes OX, OY, l'un horizontal, l'autre vertical, situés dans le plan de la trajectoire. Si v et v' sont les vitesses relatives dans le sens de chacun des axes, nous aurons

$$v = V_1 \cos\alpha; \quad v' = V_1 \sin\alpha.$$

Mais comme la pesanteur agit de haut en bas, en sens inverse du mouvement, la vitesse qui lui est due doit être re-

tranchée de la composante verticale $V \sin \alpha$ et, par consé-quent, sa valeur sera $V_1 \sin \alpha - gt$.

Fig. 34.

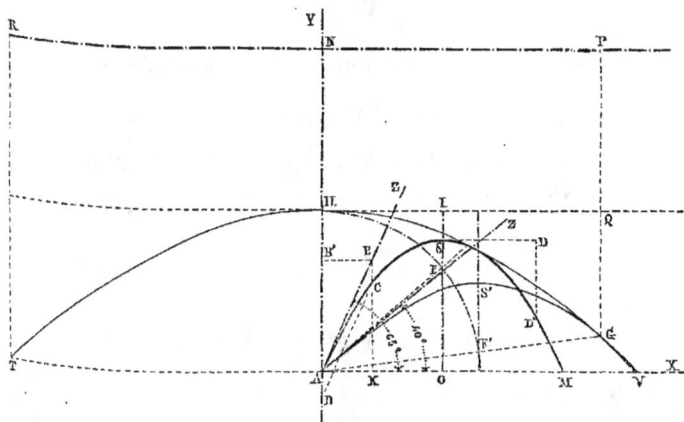

Représentant par x et y les chemins relatifs suivant les deux axes, au bout du temps t, il viendra

(1) $$x = V_1 t \cos \alpha;$$

(2) $$y = V_1 t \sin \alpha - \tfrac{1}{2} g t^2.$$

Ces deux expressions déterminent complétement les mou-vements rectilignes des projections du mobile supposé réduit à un point, sur les deux axes AX, AY. On voit facilement que la projection horizontale du mobile se meut sur AX d'un mouvement uniforme avec une vitesse constante $V_1 \cos \alpha$, tandis que la projection verticale prend un mouvement uni-formément retardé. L'équation de la trajectoire s'obtiendra en éliminant la variable t entre les deux équations (1) et (2). Nous aurons donc

(3) $$t = \frac{x}{V_1 \cos \alpha},$$

(4) $$y = \frac{V_1 x \sin \alpha}{V_1 \cos \alpha} - \frac{g x^2}{2 V_1^2 \cos \alpha},$$

ou bien

(5) $$y = x \tang \alpha - \frac{g x^2}{2 V_1^2 \cos^2 \alpha}.$$

Méc. D. — I. 6

Pour trouver la vitesse au bout du temps t, remarquons que cette vitesse V est la résultante des deux vitesses relatives v et v', et, comme ces dernières sont rectangulaires, on aura

$$V^2 = v^2 + v'^2.$$

Remplaçant v et v' par leurs valeurs trouvées plus haut,

$$V^2 = V_1^2 \cos^2\alpha + (V_1 \sin\alpha - gt)^2,$$
$$V^2 = V_1^2 \cos^2\alpha + V_1^2 \sin^2\alpha + g^2 t^2 - 2 V_1 gt \sin\alpha,$$
$$V^2 = V_1^2 (\cos^2\alpha + \sin^2\alpha) + g^2 t^2 - 2 V_1 gt \sin\alpha;$$

or

$$\cos^2\alpha + \sin^2\alpha = 1 :$$

donc

$$V^2 = V_1^2 + g^2 t^2 - 2 V_1 gt \sin\alpha,$$

ou bien encore

$$V^2 = V_1^2 - g(2 V_1 t \sin\alpha - gt^2);$$

or

$$y = V_1 t \sin\alpha - \tfrac{1}{2} gt^2 \quad \text{et} \quad 2y = 2 V_1 t \sin\alpha - gt^2 :$$

par conséquent

$$V^2 = V_1^2 - 2 gy.$$

Si, au bout du temps t, nous désignons par ω l'inclinaison de cette vitesse dirigée suivant la tangente à la trajectoire, et par u la composante horizontale, nous aurons

$$u = V \cos\omega.$$

Comme la composante horizontale, pendant le mouvement du projectile, ne cesse pas d'être égale à $V_1 \cos\alpha$, on a

$$V \cos\omega = V_1 \cos\alpha, \quad \text{d'où} \quad \cos\omega = \frac{V_1 \cos\alpha}{V}.$$

Le mobile s'élèvera au-dessus de l'horizon tant qu'on aura

$$V_1 \sin\alpha > gt,$$

et le point culminant correspondra à une vitesse nulle, ce qui aura lieu lorsque $V_1 \sin\alpha = gt$, c'est-à-dire quand l'action de la pesanteur aura détruit la composante verticale de la vitesse initiale. Déduisant la valeur de t, on a

$$t = \frac{V_1 \sin \alpha}{g}.$$

Telle est l'expression du temps après lequel le projectile atteindra le point le plus élevé.

Désignant par x' et y' les coordonnées du sommet de la trajectoire, si dans l'expression générale de x et y nous introduisons la valeur de t correspondant au maximum de hauteur, il viendra

$$x' = \frac{V_1^2 \sin \alpha \cos \alpha}{g}, \quad y' = \frac{V_1^2 \sin^2 \alpha}{g} - \frac{g V_1^2 \sin^2 \alpha}{2 g^2},$$

ou bien

$$y' = \frac{V_1^2 \sin^2 \alpha}{2 g}.$$

Ces résultats et les conséquences qui en découlent sont plus faciles à discuter si l'on exprime la vitesse V_1 en fonction de la hauteur maxima, qui précisément est la hauteur à laquelle parviendrait le mobile lancé verticalement de bas en haut avec une vitesse initiale $V_1 = \sqrt{2gh}$. Si donc nous remplaçons V_1^2 par $2gh$ dans les valeurs de x' et y', nous aurons

$$x' = \frac{2gh \sin \alpha \cos \alpha}{g} = h \, 2 \sin \alpha \cos \alpha;$$

or

$$2 \sin \alpha \cos \alpha = \sin 2\alpha :$$

donc

$$x' = h \sin 2\alpha, \quad y' = \frac{2gh \sin^2 \alpha}{2 g} = h \sin^2 \alpha.$$

Les coordonnées x' et y' étant connues, il est facile de trouver la position du point culminant de la trajectoire. On voit en outre que, la composante verticale étant complétement détruite par l'action de la pesanteur, la vitesse se réduit à la composante horizontale $V_1 \cos \alpha$ de la vitesse initiale V_1.

Si le projectile est lancé sous un angle de 45 degrés,

$$\sin 2\alpha = \sin 90° = 1 \quad \text{et} \quad \sin^2 \alpha = \tfrac{1}{2},$$

d'où

$$x' = h \quad \text{et} \quad y' = \frac{h}{2}.$$

Comme le temps continue à croître, le mobile se rapproche de plus en plus de l'horizon et il sera parvenu en M pour une valeur de $y = 0$.

Nous aurons donc

$$0 = V_1 t \sin\alpha - \tfrac{1}{2} g t^2, \quad \text{ou} \quad V_1 t \sin\alpha = \tfrac{1}{2} g t^2,$$

d'où

$$t = \frac{2 V_1 \sin\alpha}{g}.$$

Or nous avons vu que le projectile parvient au point le plus élevé au bout d'un temps représenté par $\dfrac{V_1 \sin\alpha}{g}$; donc le temps qu'il met pour redescendre à l'horizon est égal à celui qu'il met à atteindre le sommet de la trajectoire. Si dans l'expression générale de x nous remplaçons t par cette valeur, il vient

$$x \text{ ou } AM = \frac{V_1 . 2 V_1 \sin\alpha \cos\alpha}{g} = \frac{V_1^2 \, 2 \sin\alpha \cos\alpha}{g}.$$

Remplaçant V_1^2 par $2gh$,

$$AM = \frac{2gh . 2 \sin\alpha \cos\alpha}{g} \quad \text{ou} \quad AM = 2h \sin 2\alpha.$$

Cette quantité AM *se nomme l'amplitude ou la portée du jet.*

Nous avons encore vu que la vitesse en un point quelconque, dirigée suivant la tangente à la trajectoire, a pour expression

$$V = \sqrt{V_1^2 - 2gy}.$$

Pour $y = 0$, c'est-à-dire quand le mobile est revenu à l'horizon, nous aurons

$$V = \sqrt{V_1^2} \quad \text{ou} \quad V = V_1,$$

ce qui signifie que la vitesse est la même qu'au point de départ. De même, nous avons trouvé

$$\cos\omega = \frac{V_1 \cos\alpha}{V}$$

pour l'inclinaison de la vitesse ; remplaçant V par V_1, il vient

$$\cos\omega = \cos\alpha.$$

L'angle sous lequel le projectile atteint l'horizon est donc égal à l'angle de tir.

Reprenons la formule qui donne l'amplitude du jet

$$AM = 2h\sin 2\alpha.$$

Posons $\alpha = 45° \pm \beta$, il viendra

$$AM = 2h\sin 2(45° \pm \beta) \quad \text{ou} \quad AM = 2h\sin(90° \pm 2\beta);$$

or

$$\sin(90° \pm 2\beta) = \cos 2\beta;$$

donc

$$AM = 2h\cos 2\beta$$

dans les deux cas.

Il y a donc deux directions de la vitesse initiale suivant lesquelles le même point de l'horizon peut être atteint. En d'autres termes, la portée du jet prend des valeurs égales quand l'inclinaison de la vitesse initiale croît ou décroît également à partir de 45 degrés.

Présentement considérons les deux équations

$$x \text{ ou } AM = 2h\sin 2\alpha = \frac{V_1^2 \sin 2\alpha}{g},$$

$$y \text{ ou } OS = h\sin^2\alpha = \frac{V_1^2 \sin^2\alpha}{2g},$$

la première exprimant la portée du jet et la seconde la hauteur du point culminant au-dessus de l'horizon. La valeur de x ou la portée du jet est donc en raison directe du carré de la vitesse et croît d'abord proportionnellement à l'inclinaison de la vitesse initiale sur l'horizon. Elle sera maxima lorsque $\alpha = 45°$ ou $2\alpha = 90°$. Dans ce cas, il viendra

$$x \text{ ou } AM = 2h,$$

c'est-à-dire le double de la hauteur correspondant à la vitesse initiale. Quant à la valeur de y, elle est aussi proportionnelle à l'inclinaison de la vitesse et nous voyons qu'elle sera la plus grande possible quand $\alpha = 90°$, ce qui donne

$$y \text{ ou } OS = h.$$

On retombe ainsi dans le cas d'un corps lancé verticalement de bas en haut avec une vitesse V_1.

Équation simplifiée de la trajectoire. — Parabole de sûreté. — Nous avons trouvé précédemment

$$y = x \tan g \alpha - \frac{g x^2}{2 \, V_1^2 \, \cos^2 \alpha}.$$

Remplaçant V_1^2 par $2 \, gh$, nous aurons

$$y = x \tan g \alpha - \frac{x^2}{4 \, h \cos^2 \alpha}.$$

Pour mettre cette équation sous la forme caractéristique de la parabole, chassons les dénominateurs,

$$4 \, h y \cos^2 \alpha = 4 \, h x \cos^2 \alpha \tan g \alpha - x^2,$$

ou

$$4 \, h y \cos^2 \alpha = 4 \, h x \cos^2 \alpha \frac{\sin \alpha}{\cos \alpha} - x^2,$$

$$4 \, h y \cos^2 \alpha = 4 \, h x \cos \alpha \sin \alpha - x^2,$$

ou bien

$$x^2 - 4 \, h x \cos \alpha \sin \alpha = - 4 \, h y \cos^2 \alpha.$$

Ajoutant aux deux membres $(2 \, h \cos \alpha \sin \alpha)^2$, nous aurons

$$x^2 - 4 \, h x \cos \alpha \sin \alpha + (2 \, h \cos \alpha \sin \alpha)^2$$
$$= (2 \, h \cos \alpha \sin \alpha)^2 - 4 \, h y \cos^2 \alpha.$$

Le premier membre de l'équation devient ainsi un carré parfait et l'équation transformée prend la forme suivante :

$$(x - 2 \, h \cos \alpha \sin \alpha)^2 = 4 \, h^2 \cos^2 \alpha \sin^2 \alpha - 4 \, h y \cos^2 \alpha.$$

Mettant, dans le second membre, $4 \, h \cos^2 \alpha$ en facteur commun,

$$(x - 2 \, h \cos \alpha \sin \alpha)^2 = 4 \, h \cos^2 \alpha \, (h \sin^2 \alpha - y).$$

Posons

$$x = 2h \cos\alpha \sin\alpha + X \quad \text{et} \quad y = h \sin^2\alpha - Y;$$

il vient, en substituant,

$$X^2 = 4h \cos^2\alpha\, Y.$$

Le changement des variables x et y a pour objet de transporter l'origine des axes au sommet de la parabole, et d'obtenir ainsi l'équation de la courbe sous sa forme la plus générale.

Proposons-nous maintenant de trouver la direction de la vitesse initiale pour atteindre un point déterminé. Il est évident que pour résoudre ce problème on doit, dans l'équation de la trajectoire, prendre $\tan\alpha$ pour inconnue.

Si nous désignons par x' et y' les coordonnées de ce point, elles doivent nécessairement pour ce système de valeurs satisfaire à l'équation de la parabole. Nous aurons donc

$$y' = x' \tan\alpha - \frac{x'^2}{4h \cos^2\alpha} \quad \text{ou} \quad y' - x' \tan\alpha + \frac{x'^2}{4h \cos^2\alpha} = 0,$$

ou bien encore

$$y' - x' \tan\alpha + \frac{x'^2}{4h}\,\frac{1}{\cos^2\alpha} = 0;$$

or

$$\frac{1}{\cos^2\alpha} = 1 + \tan^2\alpha.$$

donc

$$y' - x' \tan\alpha + \frac{x'^2}{4h}(1 + \tan^2\alpha) = 0$$

ou

$$4y'h - 4hx' \tan\alpha + x'^2 + x'^2 \tan^2\alpha = 0,$$

$$x'^2 \tan^2\alpha - 4hx' \tan\alpha = -x'^2 - 4y'h,$$

$$\tan^2\alpha - \frac{4h \tan\alpha}{x'} = -1 - \frac{4y'h}{x'^2},$$

$$\tan\alpha = \frac{2h}{x'} \pm \sqrt{\frac{4h'}{x'^2} - 1 - \frac{4y'h}{x'^2}},$$

$$\tan\alpha = \frac{2h \pm \sqrt{4h^2 - 4y'h - x'^2}}{x'}.$$

Si $4\,h^2 > 4\,y'\,h + x'^2$, on aura deux valeurs réelles de tang α et, par suite, le point pourra être atteint sous deux directions différentes de la vitesse initiale : il y aura donc deux paraboles.

Si $4\,h^2 < 4\,y'\,h + x'^2$, les racines seront imaginaires; par conséquent, le point ne pourra être atteint sous aucune direction.

Enfin, si $4\,h^2 = 4\,y'\,h + x'^2$, les deux directions se confondront en une seule et nous n'aurons qu'une trajectoire. On déduit de là

$$x'^2 = 4\,h\,(h - y').$$

C'est l'équation d'une parabole ayant pour axe AY et dont le sommet est à une hauteur h, tandis que le paramètre égale $4\,h$. Une infinité de points du plan vertical dans lequel est située la trajectoire satisfont à cette équation, puisque, en prenant arbitrairement x', on en déduit une valeur correspondante de y'. Cette courbe porte le nom de *parabole de sûreté*, parce qu'elle sépare les points du plan vertical qui peuvent être atteints par le projectile lancé sous des angles différents, avec la même vitesse, de ceux qui sont à l'abri de toute atteinte.

CHAPITRE V.

54. *Statique.* — La Statique est la partie de la Mécanique qui traite de l'équilibre des corps solides.

On appelle *résultante* de deux ou plusieurs forces une force unique dont l'effet sur un corps est le même que les effets combinés de ces forces agissant simultanément sur ce corps. On comprend aisément que le corps soumis à l'action de ces forces prend dans l'espace un mouvement qui dépend de leurs directions, de leurs intensités respectives, et qu'une seule force peut lui communiquer ce même mouvement.

Les forces que la résultante peut remplacer se nomment *composantes*.

La composition des forces est une opération qui a pour objet de déterminer la résultante, quand on connaît les composantes.

Si, au contraire, on se propose de remplacer la résultante par ses composantes, c'est décomposer la force en plusieurs autres, suivant des directions données. Du principe de l'indépendance des effets des forces agissant simultanément sur un même point matériel découlent les conséquences suivantes, que l'on peut considérer comme autant d'axiomes.

1° Lorsqu'un point matériel est soumis à l'action de plusieurs forces de même direction et de même sens, la résultante est égale à la somme des composantes :

$$R = F + F' + F'' + F''' + \ldots$$

2° Lorsqu'un point matériel est soumis à l'action de deux forces de même direction et de sens contraires, la résultante est égale à la différence des composantes

$$R = F - F'.$$

3° Quand le point matériel est soumis à l'action de plusieurs forces, de même direction, mais agissant les unes dans un sens, les autres en sens inverse, la résultante est égale à la somme des forces agissant dans un sens, diminuée de la somme des forces agissant en sens contraire, ou, en d'autres termes, la résultante générale est égale à la somme algébrique des composantes :

$$R = F + F' + F'' + \ldots - (P + P' + P'' + \ldots)$$
$$= F + F' + F'' + \ldots - P - P' - P'';$$

car chaque système de forces peut être remplacé par une force unique de même direction et de même sens que chacune d'elles, et ayant une intensité égale à la somme des intensités de toutes ces forces. On se trouve ainsi ramené au cas précédent.

Si la somme $F + F' + F''\ldots$ des forces qui agissent dans un sens est égale à la somme $P + P' + P'' + \ldots$, on dit que le point matériel sollicité par les forces est en équilibre.

Généralement un point matériel ou un système de points matériels est en équilibre lorsque les effets de ces forces s'entre-détruisent, ce qui exige que la résultante soit nulle ou que le corps demeure en repos. Ce genre d'équilibre se nomme *équilibre statique,* par opposition à l'équilibre dynamique dont il sera question plus loin.

55. *Composition des forces concourantes.* — La composition des forces concourantes n'est au fond qu'un corollaire de la composition des accélérations ou des vitesses simultanées; partant, elle est basée sur le principe déjà invoqué de l'indépendance des effets des forces. Nous avons appris, en effet, que le mouvement réel d'un point matériel s'obtient en composant tous les mouvements qui seraient produits par les différentes forces agissant sur le point matériel; or nous savons que l'accélération totale du mouvement résultant a pour composantes les accélérations totales des mouvements relatifs. De même on obtiendrait la vitesse du mouvement résultant à un instant donné en composant les différentes vitesses relatives dues à chacun des mouvements. Comme les forces sont proportionnelles aux accélérations ou aux vitesses que le point matériel prendrait sous l'action de chacune d'elles,

que d'ailleurs les accélérations ou les vitesses se produiraient dans la direction propre des forces, si elles agissaient
séparément, nous pouvons en conclure que, si les forces sont
représentées par des droites proportionnelles à leurs intensités, la construction du parallélogramme ayant pour côtés adjacents ces longueurs donnera immédiatement, comme pour
les vitesses, une diagonale qui, en grandeur, à l'échelle convenue, et en direction, sera la résultante des deux forces agissant simultanément sur le point matériel. Pour fixer les idées,
considérons un point matériel A soumis à l'action de deux
forces F, F' (*fig.* 35). Les deux forces F et F' étant suppo-

Fig. 35.

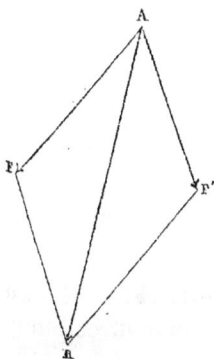

sées constantes, si la force F agit seule,
elle imprimera au mobile un mouvement
uniformément accéléré, dont nous représenterons par AF la vitesse au bout
d'une seconde. De même la force F' produira seule un mouvement de même
nature, pour lequel nous supposerons la
vitesse représentée par AF', également
au bout de l'unité de temps. Or nous
avons vu que la résultante de ces deux
vitesses est la diagonale du parallélogramme AFRF'. Il existera donc une
force unique capable d'imprimer au mo-
bile un mouvement uniformément accéléré dont la vitesse au
bout d'une seconde sera AR, et, comme les forces sont proportionnelles aux vitesses, les forces F, F', R seront donc
proportionnelles aux longueurs AF, AF', AR. On peut donc
en conclure d'une manière générale que *la résultante de deux
forces concourantes est représentée en grandeur et en direction par la diagonale du parallélogramme ayant pour côtés
les droites qui représentent les intensités de ces forces.* Ce
principe est connu sous le nom de *parallélogramme des
forces.* La démonstration que nous venons de donner est relative à des forces constantes. On peut aussi l'étendre à des
forces variables en considérant leurs actions respectives pendant un temps assez court pour qu'à la limite ces forces
puissent être considérées comme constantes. Les forces variables peuvent donc être composées de la même manière que

les forces constantes. A chaque instant elles donnent lieu à une résultante, que l'on obtiendra par la construction du parallélogramme des forces; mais cette résultante sera elle-même variable.

Cette démonstration du parallélogramme des forces, empruntée aux principes mathématiques de Newton (*Axiomes ou lois du mouvement*, Corollaire I, 1687) est aujourd'hui adoptée dans l'enseignement de la Mécanique.

56. *Valeur algébrique de la résultante.* — Soit un point matériel A (*fig.* 35) sollicité par deux forces F, F′, représentées par les longueurs AF, AF′. Désignons par R leur résultante et par (F, F′), (F, R) et (F′, R) les angles que ces deux forces forment entre elles et avec la résultante. Le triangle AFR donne la relation suivante :

$$R^2 = F^2 + F'^2 = 2 FF' \cos AFR.$$

Or
$$\cos AFR = - \cos(F, F'):$$
donc
$$R^2 = F^2 + F'^2 + 2 FF' \cos(F, F').$$

Si l'angle compris par les directions des forces F, F′ est égal à zéro, auquel cas les deux forces sont de même direction et de même sens, il vient

$$R^2 = F^2 + F'^2 + 2 FF' \quad \text{ou} \quad R^2 = (F + F')^2;$$

par conséquent
$$R = F + F'.$$

Ainsi la résultante est égale à la somme des composantes, ce qui confirme un principe déjà posé comme axiome.

L'angle des deux forces étant égal à 180 degrés, comme $\cos 180° = -1$, nous aurons

$$R^2 = F^2 + F'^2 - 2 FF' \quad \text{ou} \quad R^2 = (F - F')^2,$$

d'où
$$R = F - F',$$

c'est-à-dire que la résultante est égale à la différence des composantes.

Les directions des deux forces étant rectangulaires,

$$\cos(F, F') = 0,$$

et, par suite,

$$R^2 = F^2 + F'^2 \quad \text{et} \quad R = \sqrt{F^2 + F'^2}.$$

Le parallélogramme des forces devient un rectangle et la résultante est l'hypoténuse d'un triangle rectangle dont les deux côtés de l'angle droit sont les droites qui représentent les intensités des composantes.

57. *Décomposition d'une force en deux autres concourantes.* — On résout le problème absolument de la même manière que pour la décomposition des vitesses. D'ailleurs toutes les questions que nous nous sommes proposées pour les vitesses se retrouvent dans la composition et la décomposition des forces.

58. *Équilibre de trois forces.* — Un point matériel A (*fig.* 36) étant sollicité par deux forces concourantes F, F' dont les in-

Fig. 36.

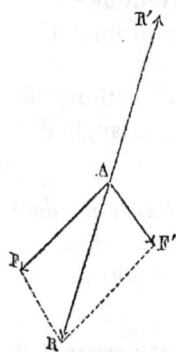

tensités sont représentées par AF, AF', en employant la règle du parallélogramme des forces, elles peuvent être remplacées par une force unique R. Or si au point A on applique, suivant la même droite et en sens contraire, une force R' = R, ces deux forces se feront équilibre et par suite la force R' équilibrera les deux composantes F, F'. *De là suit que si trois forces sollicitent un point matériel, pour qu'il y ait équilibre, il faut que leurs directions soient dans un même plan et que chacune des forces soit égale et directement opposée à la résultante des deux autres, ce qui signifie que la droite qui représente l'intensité de l'une des forces doit être égale et directement opposée à la diagonale du parallélogramme construit sur les deux autres.* Présentement, considérons le triangle AFR, nous aurons

$$\frac{F}{\sin(F', R)} = \frac{F'}{\sin(F, R)} = \frac{R}{\sin AFR}.$$

Or, comme $\sin \mathrm{AFR} = \sin(\mathrm{F}, \mathrm{F}')$, puisque l'angle AFR est le supplément de l'angle, en substituant, il viendra

$$\frac{\mathrm{F}}{\sin(\mathrm{F}', \mathrm{R})} = \frac{\mathrm{F}'}{\sin(\mathrm{F}, \mathrm{R})} = \frac{\mathrm{R}}{\sin(\mathrm{F}, \mathrm{F}')}.$$

La force R' étant égale et directement opposée à la force R, de plus les angles (F, R), $(\mathrm{F}', \mathrm{R})$ ayant pour suppléments les angles FAR', $\mathrm{F}'\mathrm{AR}'$, au lieu de considérer les forces F, F' par rapport à R, nous pouvons les considérer par rapport à R' et, par suite, en déduire la conséquence suivante : *Lorsqu'un point matériel est soumis à l'action de trois forces, pour qu'il y ait équilibre, les trois forces doivent être situées dans un même plan, et chaque force doit être proportionnelle au sinus de l'angle formé par les directions des deux autres.*

Les relations que nous avons établies entre les forces et les angles qu'elles forment entre elles nous conduisent à la résolution d'un triangle dans trois cas différents :

1º Trouver la résultante de deux forces agissant sous un angle donné. (Résoudre un triangle connaissant deux côtés et l'angle compris.)

2º Décomposer une force en deux autres suivant des directions données. (Résoudre un triangle connaissant un côté et deux angles adjacents.)

3º Trois forces étant données, trouver leurs directions relatives pour qu'il y ait équilibre. (Résoudre un triangle connaissant les trois côtés.)

THÉORÈME. — *Si d'un point pris sur la résultante de deux forces on abaisse des perpendiculaires sur les directions des composantes, les longueurs des perpendiculaires sont inversement proportionnelles aux composantes.*

Du point m pris sur la résultante, abaissons les perpendiculaires mr, mq sur les composantes F, F' (*fig.* 37). Si par le même point m on mène des parallèles aux directions des composantes, les parties interceptées Ap, An, ainsi que nous l'avons démontré, sont proportionnelles à ces composantes : donc

$$\frac{\mathrm{F}}{\mathrm{F}'} = \frac{\mathrm{A}p}{\mathrm{A}n}.$$

Or les deux triangles rectangles *rpm*, *mnq* sont semblables; car les deux angles *rpm*, *qnm* sont égaux comme suppléments d'angles égaux : donc

$$\frac{mq}{mr} = \frac{mn}{mp}.$$

Comme *mn* = A*p* et *mp* = A*n*, il vient

$$\frac{F}{F'} = \frac{mq}{mr}.$$
C. Q. F. D.

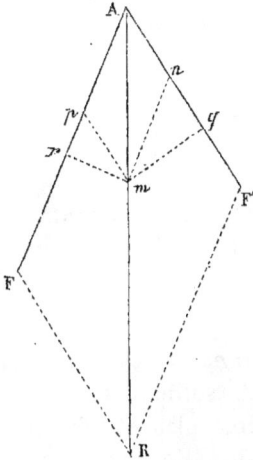

Fig. 37.

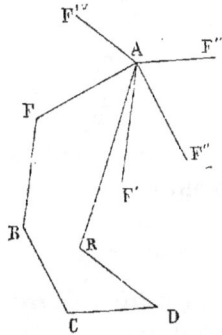

Fig. 38.

59. *Composition d'un nombre quelconque de forces.* — La règle à suivre est la même que celle relative à la composition des vitesses. On composera d'abord deux de ces forces, au moyen du parallélogramme, puis cette première résultante avec une troisième force, la seconde résultante avec une quatrième frorce et ainsi de suite, jusqu'à ce qu'on les ait épuisées toutes.

Soit un point A (*fig.* 38) sollicité par les forces F, F', F", F'", F^{iv}. La construction que nous allons opérer est la reproduction exacte de celle que nous avons faite pour les vitesses et constitue le théorème connu sous le nom de *polygone des forces*, par analogie au polygone des vitesses. Par le point F, extrémité de la droite qui représente la première force, me

nons FB égale et parallèle à la seconde force F'. La droite qui
unirait le point B au point A serait la résultante des forces
F, F', mais, comme elle n'est pas nécessaire, on peut en faire
abstraction. Par le point B, menons pareillement BC égale et
parallèle à la droite qui représente l'intensité de la force F".
Il est encore évident que la droite qui unirait le point C au
point A serait la résultante des trois forces F, F', F", et ainsi de
suite pour les autres forces. En joignant au point A l'extrémité R de la parallèle menée à la dernière force F^{IV}, on aura
une droite AR qui représentera la résultante générale. On en
déduit cette conséquence remarquable :

*Si dans l'espace on trace une ligne brisée plane ou gauche
dont les segments soient parallèles et égaux aux droites représentant les intensités de plusieurs forces sollicitant un
point matériel, la droite qui fermera le contour polygonal
ainsi formé sera parallèle et égale à la résultante du système
de forces considéré.*

Pour que les forces F, F', F", F"',... se fassent équilibre,
évidemment la résultante doit être nulle. Sa longueur doit
donc être réduite à un point, ce qui signifie que le polygone
des forces doit se fermer de lui-même.

60. *Composition de trois forces non situées dans un même
plan.* — Soit un point matériel A, sollicité par trois forces
F, F', F" non situées dans un même plan et agissant suivant
les directions AX, AY, AZ (*fig.* 39). En composant les deux

Fig. 39.

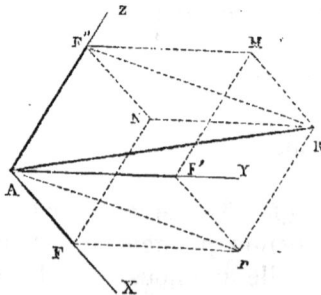

forces F, F', on obtiendra une résultante *r* représentée par la
diagonale A*r* du parallélogramme AF*r*F'. Composant ensuite

cette résultante partielle avec la troisième force F″, la résultante générale R sera représentée par la diagonale AR d'un second parallélogramme. On voit aisément que cette diagonale appartient à un parallélépipède dont les trois arêtes sont les trois droites représentant les intensités respectives des forces appliquées au point matériel A; car, en menant par l'extrémité de la résultante des plans parallèles aux divers plans déterminés par les directions des forces, on obtient un solide compris sous des faces parallélogrammiques, et la droite AR unit les sommets de deux angles solides opposés. Ce théorème porte le nom de *parallélépipède des forces*.

Cette construction montre que trois forces non situées dans un même plan et appliquées à un point matériel ne peuvent jamais se faire équilibre, car la diagonale du parallélépipède ne saurait devenir nulle qu'autant que les trois forces considérées séparément seraient elles-mêmes nulles.

61. *Cas particulier. — Les trois forces sont rectangulaires.* Dans ce cas, le parallélépipède est rectangle. Or la Géométrie apprend que, dans un parallélépipède quelconque, la somme des carrés des diagonales est égale à la somme des carrés des douze arêtes et, dans le cas particulier du parallélépipède rectangle, les quatre diagonales étant égales, on a

$$R^2 = F^2 + F'^2 + F''^2, \quad \text{d'où} \quad R = \sqrt{F^2 + F'^2 + F''^2}.$$

62. *Décomposition d'une force en trois autres suivant des directions non situées dans un même plan.* — Proposons-nous de décomposer la force R, représentée par AR, en trois autres suivant des directions AX, AY, AZ (*fig.* 39). Par l'extrémité de la droite représentant la force donnée, menons trois plans MRNF″, MR r F′ et RNF r respectivement parallèles aux plans XAY, XAZ, YAZ; les intersections deux à deux de ces plans déterminent un parallélépipède dont les arêtes sont les trois composantes de la force R.

Si les directions des quatre forces étaient dans un même plan, le problème serait indéterminé, ainsi que nous l'avons fait voir pour les vitesses.

Proposons-nous maintenant de décomposer une force R représentée par AR, en trois autres suivant les trois axes rec-

tangulaires AX, AY, AZ. Dans ce cas, le parallélépipède des forces sera rectangle. Désignons par a, b, c les angles que la force R doit former avec les composantes cherchées F, F', F″ (*fig.* 40).

Fig. 40.

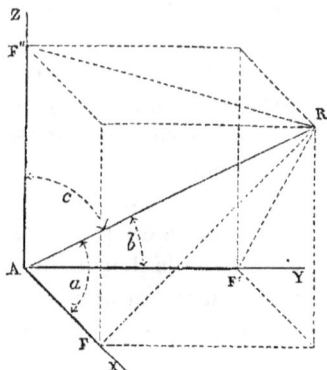

Supposons le problème résolu et par suite le parallélépipède des forces construit, les trois triangles rectangles ARF, ARF′ et ARF″ donnent immédiatement les relations suivantes :

$$F = R \cos a, \quad F' = R \cos b, \quad F'' = R \cos c.$$

Élevant au carré les deux membres de ces égalités,

$$F^2 = R^2 \cos^2 a, \quad F'^2 = R^2 \cos^2 b, \quad F''^2 = R^2 \cos^2 c ;$$

ajoutant membre à membre,

$$F^2 + F'^2 + F''^2, \quad \text{ou} \quad R^2 = R^2 (\cos^2 a + \cos^2 b + \cos^2 c);$$

divisant par R^2 les deux membres,

$$\cos^2 a + \cos^2 b + \cos^2 c = 1,$$

ce qui exprime la condition de possibilité du problème.

63. *Le cas général de la composition de plusieurs forces non situées dans un même plan peut toujours être ramené à celui de trois forces rectangulaires.* — Le tracé graphique du parallélogramme des forces fournit la grandeur à l'échelle convenue et la direction de la résultante de plusieurs forces appliquées à un point matériel ; mais il ne saurait faire connaître comment l'intensité de cette résultante et sa direction

sont liées aux intensités des composantes et aux angles qu'elles forment entre elles. Toutes ces forces peuvent être réduites à trois groupes de forces agissant suivant trois axes rectangulaires.

En effet, soient F, F', F'', F''',... les forces appliquées au point matériel A (*fig.* 41). Par ce point, concevons trois axes

Fig. 41.

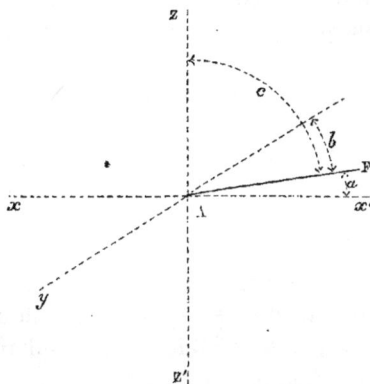

rectangulaires xx', yy', zz'. Désignons par a, b, c les angles que la force F forme avec les axes; par a', b', c' les angles de la force F' avec les mêmes axes; par a'', b'', c'' les angles de la force F'', et de même pour toutes les autres forces. La force F pouvant être décomposée en trois autres suivant les axes rectangulaires, d'après ce que nous avons vu, les composantes auront pour valeurs respectives

$$F \cos a, \quad F \cos b, \quad F \cos c.$$

Ces angles peuvent être aigus ou obtus, suivant la position de la force dans l'un des huit angles solides formés par les directions des axes prolongés dans les deux sens. Toutefois nous ferons observer que le cosinus d'un angle étant égal au cosinus de son supplément pris en signe contraire, dans la construction du parallélépipède des forces, c'est le supplément de l'angle obtus qu'il faudra toujours prendre. Les composantes $F \cos a$, $F \cos b$, $F \cos c$ auront toujours le signe du cosinus de l'angle; par conséquent, selon que ces com-

7.

posantes seront positives ou négatives, elles agiront dans un
sens ou dans l'autre sur la direction des axes à partir du point
origine. Ainsi, si $\cos a$ est positif, la composante $F \cos a$ agira
dans le sens ax; si $\cos a$ est négatif, elle agira en sens inverse suivant Ax'; pareillement pour les composantes $F \cos b$,
$F \cos c$. Il importe donc de ne pas négliger le signe des composantes, puisqu'il indique le sens dans lequel elles agissent.
Dans le cours de cette démonstration nous considérons comme
positives les composantes dans les sens Ax, Ay, Az et comme
négatives celles qui agissent suivant les prolongements des
axes Ax', Ay', Az'.

Les composantes des forces F', F'', F'',... auront pour
valeurs

$$F' \cos a', \quad F' \cos b', \quad F' \cos c',$$
$$F'' \cos a'', \quad F'' \cos b'', \quad F'' \cos c'',$$
$$F''' \cos a''', \quad F''' \cos b''', \quad F''' \cos c'''.$$

Les composantes qui agissent suivant le même axe donnent
lieu à une résultante qui est égale à la somme des composantes. Désignant par X, Y, Z les trois résultantes qui correspondent aux axes Ax, Ay, Az, nous aurons

$$X = F \cos a + F' \cos a' + F'' \cos a'' + F''' \cos a''' + \dots,$$
$$Y = F \cos b + F' \cos b' + F'' \cos b'' + F''' \cos b''' + \dots,$$
$$Z = F \cos c + F' \cos c' + F'' \cos c'' + F''' \cos c''' + \dots.$$

Habituellement la somme des quantités telles que $F \cos a$
est, par abréviation, désignée par la notation $\Sigma F \cos a$. Les
trois équations précédentes seront donc ainsi représentées :

$$X = \Sigma F \cos a, \quad Y = \Sigma F \cos b, \quad Z = \Sigma F \cos c.$$

Désignant par R la résultante générale des trois résultantes
partielles X, Y, Z, il vient

$$R^2 = X^2 + Y^2 + Z^2,$$

ou bien

$$R^2 = (\Sigma F \cos a)^2 + (\Sigma F \cos b)^2 + (\Sigma F \cos c)^2.$$

Si nous désignons par A, B, C les angles formés par la résultante avec les composantes **X, Y, Z**, nous aurons

d'où
$$X = R\cos A, \quad Y = R\cos B, \quad Z = R\cos C;$$

$$\cos A = \frac{X}{R}, \quad \cos B = \frac{Y}{R}, \quad \cos C = \frac{Z}{R},$$

et, en substituant à **X, Y, Z** leurs valeurs,

$$\cos A = \frac{\Sigma F\cos a}{R}, \quad \cos B = \frac{\Sigma F\cos b}{R}, \quad \cos C = \frac{\Sigma F\cos c}{R}.$$

La résultante devant être une grandeur absolue, il n'y a pas lieu de lui attribuer un signe particulier; mais, comme les résultantes partielles **X, Y, Z** sont de mêmes signes que les cosinus des angles A, B, C, on verra si ces angles sont aigus ou obtus et par suite la direction de la résultante sera complétement déterminée.

64. *Condition générale d'équilibre de plusieurs forces appliquées à un point matériel.* — La composition des forces au moyen du polygone des forces nous a appris synthétiquement que, pour l'équilibre, le polygone doit se fermer de lui-même. D'autre part, en composant trois forces non situées dans un même plan, par la règle du parallélépipède, nous avons vu que la diagonale qui représente la résultante ne peut être nulle que dans le cas imaginaire où les composantes sont nulles. Le cas d'un nombre quelconque de forces ayant été ramené à celui de trois forces agissant suivant trois axes, il s'ensuit que, pour l'équilibre, il faut que les résultantes partielles, suivant les trois axes, soient nulles : nous aurons donc

$$X = 0, \quad Y = 0, \quad Z = 0,$$
ou
$$\Sigma F\cos a = 0, \quad \Sigma F\cos b = 0, \quad \Sigma F\cos c = 0.$$

Ainsi, quand un point matériel est soumis à l'action de plusieurs forces, pour l'équilibre, il faut et il suffit que la somme des forces décomposées suivant trois axes rectangulaires soit égale à zéro, par rapport à chaque axe; ou, en d'autres termes, la somme algébrique des projections des forces sur les trois axes rectangulaires doit être nulle pour

chacun des axes. (Les projections des forces sont les composantes F cos *a*, F cos *b*, F cos *c*.)

    Remarque. — Nous avons trouvé précédemment

$$X = R \cos A \quad \text{ou} \quad R \cos A = \Sigma F \cos a.$$

    L'axe *xx'* ayant été pris arbitrairement, on déduit le prin-
cipe suivant :

    *La projection de la résultante de plusieurs forces sur une
droite quelconque est égale à la somme des projections des
composantes sur la même droite ; ou, en d'autres termes, la résultante de plusieurs forces, estimée suivant une direction
quelconque, est égale à la somme des composantes estimées
suivant la même direction.*

    THÉORÈME. — *Le point d'application d'une force peut être
transporté en un point quelconque de sa direction, pourvu
que ce point soit invariablement lié au premier.*

    On admet comme un axiome que deux forces égales, de
même direction et de sens contraires, se font équilibre quand
elles sont appliquées à deux points dont la distance est invariable.

    Soit A le point d'application d'une force F (*fig.* 42). Je dis
que ce point peut être transporté en B sur la
direction de la force. Appliquons au point B,
suivant la droite AB, deux forces F', F″ en sens
contraires l'une de l'autre et égales à la force F.
D'après l'axiome précédent, la droite AB, étant
soumise à l'action de deux forces F', F égales,
et agissant en sens inverse, reste en équilibre.
Puisque ces deux forces se détruisent, elles ne
modifient en quoi que ce soit l'état du système.
On peut donc les supprimer, et, par suite,
nous n'aurons à considérer que la force F″ égale
à F, dont le point d'application se trouve ainsi
transporté en B.

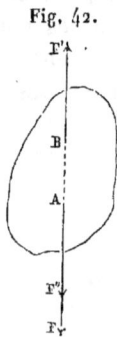

Fig. 42.

    65. *Composition des forces parallèles de même sens.* —
Considérons deux forces F, F′ parallèles, de même sens et
appliquées aux extrémités A et B d'une droite rigide et

inextensible (*fig.* 43). L'état du système ne sera pas changé si l'on applique aux points A et B, dans la direction AB, deux forces égales et de sens contraires. Soient A*m*, B*n*

Fig. 43.

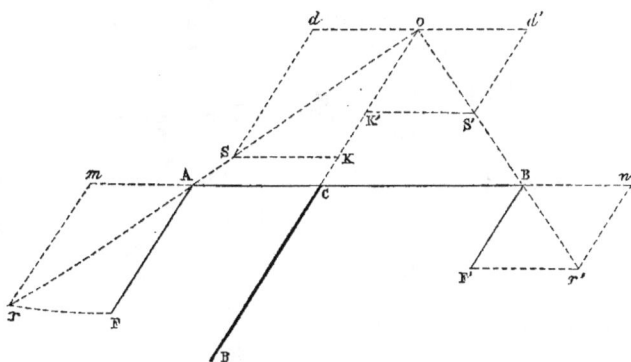

les droites qui représentent ces deux forces auxiliaires que nous désignerons par $\dot m$. Les deux forces F et *m*, agissant au point A, donnent lieu à une résultante *r* représentée par la diagonale A*r* du parallélogramme *m*AF*r*. De même, la résultante *r'* des deux forces F' et *n* appliquées au point B sera représentée par la diagonale B*r'* du parallélogramme *n*BF'*r'*. Au point de concours O des directions A*r* et B*r'*, transportons ces résultantes partielles *r*, *r'* et décomposons-les en deux autres parallèlement aux directions des forces F et *m*. Les forces appliquées aux points A et B, qui étaient isolées, se trouvent, par cette construction, réunies en un même point; car il est évident que les forces *r*, *r'*, transportées au point O, ont pour composantes des forces respectivement égales et parallèles aux forces F, F' et aux forces auxiliaires appliquées en sens contraires dans la direction AB. Nous avons donc, au point O, quatre forces : 1° les forces O*d*, O*d'* égales chacune à la force auxiliaire *m* représentée par A*m* ou B*n*; 2° les forces OK, OK' égales aux forces F, F'. Comme les forces O*d*, O*d'* égales et de sens contraires se font équilibre, on peut les négliger, et le point A se trouve soumis à l'action de deux forces F, F' de même direction, de même sens et, par conséquent, leur résultante R est égale à la somme des composantes. Le point d'application O de cette résultante peut être transporté au point C, où sa direction rencontre la droite AB qui unit les points d'application des composantes.

La nouvelle position du point d'application peut facilement être caractérisée géométriquement. En effet, les triangles semblables AFr et AOC fournissent la relation suivante:

$$\frac{F}{m} = \frac{OC}{AC}, \quad \text{d'où} \quad AC = \frac{m.OC}{F}.$$

Pareillement pour les triangles semblables F'Br', OCB, nous aurons

$$\frac{F'}{m} = \frac{OC}{BC}, \quad \text{d'où} \quad BC = \frac{m.OC}{F'}.$$

Divisant membre à membre,

$$\frac{AC}{BC} = \frac{F'}{F}.$$

De là, l'énoncé suivant du théorème relatif à la composition des forces parallèles.

1° *La résultante de deux forces parallèles de même sens appliquées à deux points invariablement liés entre eux est parallèle aux composantes et égale à leur somme; 2° le point d'application de cette résultante divise la droite qui unit les points d'application des composantes en deux segments inversement proportionnels aux composantes.*

La composition de deux forces parallèles peut être considérée comme un cas particulier de la composition de deux forces concourantes, en supposant le point de concours à l'infini.

Considérons, à cet effet, deux forces concourantes F, F' sollicitant un point matériel A, et soit R la résultante de ces deux forces (*fig.* 44). Rappelons que les perpendiculaires abaissées d'un point de la résultante sur les composantes leur sont inversement proportionnelles. Appliquant ce principe pour le point O de la résultante, on aura

$$\frac{F}{F'} = \frac{On}{Om}.$$

Supposons que, la force F restant constante de grandeur et de position, on fasse tourner la force F' autour du point O,

Fig. 44.

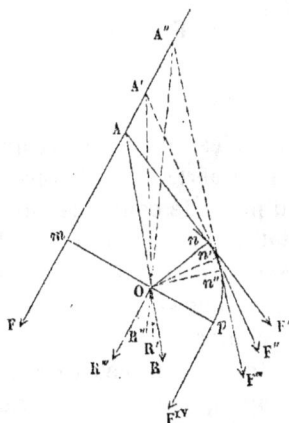

de manière que l'angle des deux forces diminue de plus en plus. Le point de concours des deux forces s'éloignera de plus en plus, et dans ce mouvement de rotation les directions successives de la force F' seront tangentes à l'arc de cercle décrit du point O comme centre avec un rayon égal à O n. La valeur algébrique de la résultante est donnée par la formule

$$R = \sqrt{F^2 + F'^2 + 2FF'\cos(F, F')}.$$

Son intensité variera et différera d'autant moins de la somme des intensités des composantes que l'angle de ces deux forces sera petit. A la limite, c'est-à-dire quand cet angle sera égal à zéro, ce qui signifie que la force F' représentée par F'ᴵⱽ sera obtenue parallèle à F, nous aurons

$$R = F + F'.$$

La direction de la résultante varie en même temps que celle de la composante F', mais elle passe constamment par le point O dans ses diverses positions, ainsi que par les différents points de concours des composantes. Donc, quand F' sera devenu parallèle à F. la direction de la résultante le sera aussi, et nous aurons encore

$$\frac{F}{F^{iv}} = \frac{Op}{Om},$$

et, comme $F^{iv} = F'$,

$$\frac{F}{F'} = \frac{Op}{Om},$$

conclusion conforme à celle que nous avons déduite de la démonstration directe. C'est ainsi que la question a été traitée par Newton et d'Alembert. Nous ferons cependant observer que l'hypothèse du point de concours situé à l'infini s'accorde peu avec le mode d'action des forces parallèles, qui toujours ont des points d'application différents. C'est une conception de l'esprit plus ingénieuse que réelle, qui fort souvent est employée dans la science.

La composition de deux forces parallèles de même sens peut être opérée graphiquement ou par calcul.

En effet, la relation trouvée plus haut

$$\frac{F}{F'} = \frac{CB}{AB}$$

nous apprend que, pour avoir la position du point d'application de la résultante sur la droite qui unit les points d'application des composantes, il suffit, par les règles de la Géométrie, de diviser cette droite en parties additives, inversement proportionnelles aux longueurs qui représentent les composantes. Par le point ainsi obtenu, on mène aux composantes une parallèle égale à la somme des droites qui les représentent.

Pour traiter la question par le calcul, ce qui a lieu lorsque les forces et la distance de leurs points d'application sont numériquement exprimées, de la proportion ci-dessus on déduit

$$\frac{F + F'}{F'} = \frac{CB + AC}{AC} \quad \text{ou} \quad \frac{R}{F'} = \frac{AB}{AC},$$

d'où

$$AC = \frac{F'.AB}{R},$$

ou bien encore

$$\frac{R}{F} = \frac{AB}{CB},$$

par suite

$$CB = \frac{F.AB}{R}.$$

Le point d'application sera donc déterminé au moyen de l'une de ces deux relations.

66. *Relations entre deux forces parallèles de même sens, leur résultante et les distances de leurs points d'application.* — Des relations

$$\frac{R}{F'} = \frac{AB}{AC} \quad et \quad \frac{R}{F} = \frac{AB}{CB},$$

qui peuvent être mises sous la forme suivante :

$$\frac{R}{AB} = \frac{F}{AC} \quad et \quad \frac{R}{AB} = \frac{F}{CB},$$

on déduit

$$\frac{R}{AB} = \frac{F}{CB} = \frac{F'}{AC},$$

ce qui montre que, *lorsque trois forces parallèles de même sens sont telles que l'une est la résultante des deux autres, chaque force est directement proportionnelle à la droite qui unit les points d'application des deux autres.*

67. *Décomposition d'une force en deux autres forces parallèles de même sens.* — Soit une force R (*fig.* 45) appliquée au

Fig. 45.

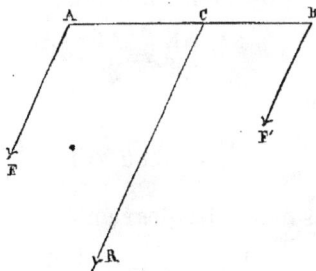

point C de la droite AB, qu'il faut décomposer en deux autres, agissant aux points A et B situés dans le même plan avec le point C, et invariablement liés avec lui. Les inconnues de la question sont les forces F et F', dont nous trouverons les grandeurs au moyen des relations obtenues ci-dessus

$$F = \frac{R.CB}{AB}, \quad F' = \frac{R.AC}{AB}.$$

Pour opérer géométriquement, il faudra chercher une quatrième proportionnelle aux longueurs AB, CB, R, ce qui fournira la longueur de la droite représentant l'intensité de la force F. On procédera de la même manière pour la force F'. Comme les forces doivent être parallèles à leur résultante, par les points A et B on mènera à cette résultante des parallèles égales aux forces F, F', trouvées par la construction géométrique indiquée.

Si CR, par exemple, représente la grandeur de la force R, qu'il faut décomposer en deux autres appliquées aux points A et B (*fig.* 46), menons par les points A et B deux droites

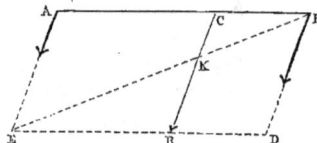

Fig. 46.

égales et parallèles à CR, achevant le parallélogramme ABDE; la diagonale BE divisera CR en deux segments CK, KR, représentant les grandeurs des forces qui doivent être appliquées respectivement aux points B et A. En effet, les deux triangles semblables ABE, CBK donnent la relation suivante :

$$\frac{AE}{CK} = \frac{AB}{BC}.$$

Or AE = R; donc

$$\frac{R}{CK} = \frac{AB}{CB}, \quad \text{d'où} \quad CK = \frac{R.CB}{AB}.$$

Pareillement, les deux triangles semblables BED, KER donnent

$$\frac{BD}{KR} = \frac{ED}{ER} \quad \text{ou bien} \quad \frac{R}{KR} = \frac{AB}{AC},$$

par suite

$$KR = \frac{R.AC}{AB}.$$

Remarque importante. — Ainsi que dans les forces concourantes, l'indétermination du problème se manifeste quand
il s'agit de décomposer une force en trois autres forces parallèles, ou en un plus grand nombre, situées avec elle dans un
même plan. Pour fixer les idées, soit à décomposer une force R
appliquée au point C (*fig.* 47) en trois autres forces parallèles

Fig. 47.

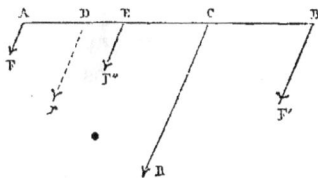

de même sens, agissant aux points A, E, B. Sur la droite AB,
entre les points A et E, prenons arbitrairement un point D et
décomposons la force R en deux autres forces parallèles F' et
r, appliquées aux points B et D. De même, décomposons la
force r en deux autres F, F″, agissant aux points A et E. Il est
évident que, par ces deux décompositions successives, nous
aurons un système de trois forces parallèles F, F', F″, passant
par les points donnés A, B, E et ayant pour résultante la
force R. La grandeur des composantes dépend de la position
du point D sur AE. Or, comme ce point a été pris arbitrairement, il est clair que nous aurons autant de systèmes différents
de forces parallèles remplissant les conditions de l'énoncé
qu'on aura considéré de ces points. Le problème est donc indéterminé.

On peut encore avoir à décomposer une force en trois autres
appliquées à des points, non en ligne droite, situés dans un
même plan avec le point d'application de la force donnée. Dans
ce cas, le problème est déterminé et n'admet qu'une solution.

Soit O le point où la direction de la force donnée R rencontre le plan des trois points A, B, C (*fig.* 48). Joignons le
point A au point O et prolongeons jusqu'à la rencontre au
point I de la droite qui unit B et C. Décomposons la force R
en deux autres F, F', appliquées respectivement aux points A
et I. La force F' étant décomposée elle-même en deux autres

F″, F‴, le système des trois forces F, F″, F‴ pourra tenir lieu de la force R et leurs intensités, d'après les relations ci-dessus, seront facilement obtenues. Nous aurons

Fig. 48.

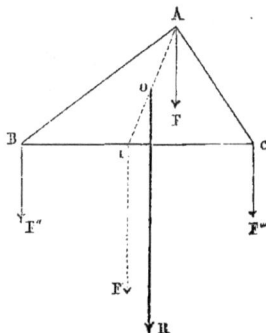

$$F = \frac{R.OI}{AI}, \quad F'' = F' \frac{IC}{BC},$$

$$F' = R \frac{OA}{AI}, \quad F''' = F' \frac{BI}{BC}.$$

Substituant à F′ sa valeur dans les expressions de F″ et F‴, on a

$$F'' = R \frac{AO}{AI} \cdot \frac{IC}{BC}, \quad F''' = R \frac{AO}{AI} \frac{BI}{BC}.$$

L'indétermination du problème se présentera lorsque le nombre des composantes sera supérieur à trois. Soit proposé de décomposer une force R appliquée au point O (*fig.* 49) en quatre autres agissant aux points A, B, C, D. Décomposons d'abord, d'après la règle, la force R en deux autres agissant aux points K et I. Soient F, F′ ces composantes : par la décomposition de ces forces auxiliaires, chacune en deux autres appliquées aux points A, D, B, C, nous obtiendrons un système de forces F_1, F_2, F_3, F_4, ayant pour résultante R. Or, comme les grandeurs des composantes dépendent de la position de la droite IK, nous aurons autant de systèmes de forces remplissant les conditions de l'énoncé que nous aurons considéré de droites passant par le point O. Ainsi, quand le nombre des points est supérieur à trois, on peut trouver une infinité de systèmes de forces parallèles de même sens, appliquées à ces points, qui aient pour résultante la force donnée; car on peut prendre à volonté les valeurs des composantes, à l'exception de trois d'entre elles, sans toutefois excéder certaines limites pour leurs valeurs,

Fig. 49.

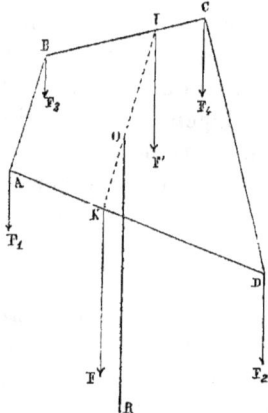

et l'on en déduit facilement les valeurs des trois forces res-
tantes, en procédant comme nous venons de l'indiquer.

68. *Composition de deux forces parallèles de sens contraires.* — La démonstration directe que nous avons donnée
pour la composition de deux forces parallèles de même sens
peut être appliquée à la composition de deux forces parallèles
de sens contraires.

Soient F, F' deux forces parallèles de sens contraires appliquées aux points A et B d'une droite rigide et inextensible
(*fig.* 5o). Aux points A et B, dans la direction AB et en sens

Fig. 5o.

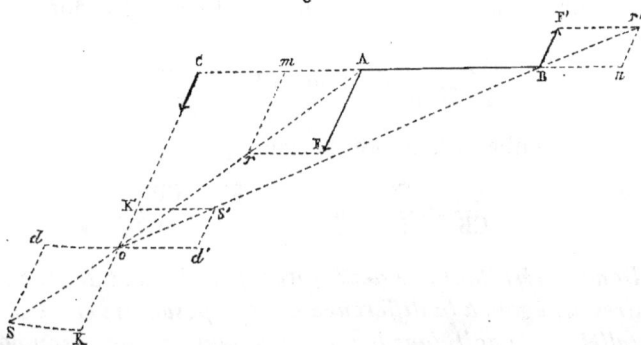

contraires, appliquons deux forces auxiliaires égales A*m*, B*n*,
que nous désignerons par *m*. Évidemment ces deux forces
n'apporteront aucune modification à l'état du système. Composant les forces qui agissent au point A et celles qui agissent
au point B, les résultantes A*r*, B*r'*, prolongées suffisamment,
se rencontreront au point *o*. Transportons les points d'application A et B au point *o*; sans que le sens de ces forces soit
changé, elles occuperont les positions *o*S, *o*S'. Or, si au
point *o* on les décompose, chacune, en deux autres parallèlement à F et à *m*, les deux systèmes de forces qui agissent en A
et en B se reproduiront autour du point *o*. Les forces *od*, *od'*,
égales à *m* et de sens contraires, se détruisent, de sorte que
ce point sera seulement sollicité par les forces inégales entre
elles *o*K, *o*K', de même direction, de sens contraire et respectivement égales à F et F'. Donc la résultante est égale à la diffé-

rence des composantes et leur est parallèle. Le point d'application de la résultante pouvant être transporté au point C, où cette
direction rencontre la droite AB, nous pouvons en conclure
que ce point n'est pas situé entre les points d'application des
composantes. Pour trouver sa position géométrique, remarquons, à cause de la similitude des triangles CoA, mrA, que
l'on a

$$\frac{Co}{mr} = \frac{AC}{mA} \quad \text{ou} \quad \frac{Co}{F} = \frac{AC}{m},$$

d'où

$$AC = \frac{Co.m}{F}.$$

Pareillement, les triangles semblables CoB, $F'Br'$ donnent la
relation

$$\frac{Co}{F'} = \frac{CB}{m}, \quad \text{d'où} \quad CB = \frac{Co.m}{F'};$$

divisant membre à membre, il vient

$$\frac{AC}{CB} = \frac{F'}{F} \quad \text{ou bien} \quad \frac{F'}{F} = \frac{CB}{AC}.$$

*Donc la résultante de deux forces parallèles et de sens con-
traires est égale à la différence des composantes; elle leur est
parallèle; elle agit dans le sens de la plus grande et son point
d'application divise la distance des points d'application des
composantes en deux segments soustractifs inversement proportionnels aux composantes.*

De la proportion

$$\frac{F}{F'} = \frac{CB}{AC}$$

on déduit

$$\frac{F - F'}{F} = \frac{CB - AC}{CB} \quad \text{ou} \quad \frac{F - F'}{F} = \frac{AB}{CB},$$

d'où

$$CB = \frac{F.AB}{F - F'}.$$

On a encore

$$\frac{F - F'}{F'} = \frac{AB}{AC} \quad \text{et} \quad AC = \frac{F'.AB}{F - F'}.$$

Ces deux relations servent à trouver le point d'application de la résultante. La question peut aussi être résolue graphiquement quand on connaît les droites qui représentent les intensités des composantes. Soient AF, BF' (*fig.* 51) les droites

Fig. 51.

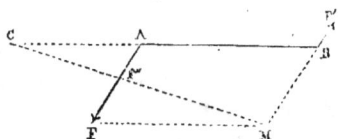

représentant les grandeurs des composantes F, F'. Prolongeons BF d'une longueur égale à la composante F et prenons AF″ = BF' : la ligne MF″ prolongée rencontrera la direction AB en un point C, qui sera le point d'application de la résultante, car les deux triangles semblables BCM et ACF″ donnent

$$\frac{BM}{AF''} = \frac{BC}{CA} \quad \text{ou} \quad \frac{F}{F'} = \frac{BC}{CA}.$$

Il est plus simple de ramener ce cas à la décomposition d'une force en deux autres, dont l'une est donnée; l'inconnue sera donc la distance du point d'application de cette seconde composante au point d'application de la force dont on opère la décomposition.

Soient F, F' (*fig.* 52) deux forces parallèles de sens contraires, agissant aux points A et B et supposons que la force F

Fig. 52.

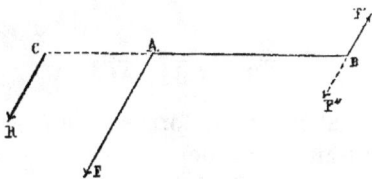

soit plus grande que la force F'. D'après ce que nous avons vu, la force F pourra être décomposée en deux autres forces parallèles de même sens : l'une égale à F', agissant au point B et l'autre R égale à F — F', appliquée en un point C sur le prolongement de AB et dont la position sera déterminée par la relation

$$\frac{F''}{F - F'} = \frac{AC}{AB} \quad \text{ou bien} \quad \frac{F'}{R} = \frac{AC}{AB},$$

d'où

$$AC = \frac{F' \cdot AB}{R}.$$

Or les forces F', F'' appliquées au point B étant égales et de sens contraires se détruisent, de sorte qu'il ne reste plus que la force R = F — F', qui évidemment est la résultante cherchée. Remarquons d'ailleurs que de la proportion précédente

$$\frac{F'}{R} = \frac{AC}{AB} \quad \text{ou} \quad \frac{F'}{F - F'} = \frac{AC}{AB},$$

on déduit

$$\frac{F' + F - F'}{F'} = \frac{AC + AB}{AC} \quad \text{ou} \quad \frac{F}{F'} = \frac{BC}{AC},$$

ce qui s'accorde avec les conclusions précédemment déduites de la démonstration directe.

Remarque. — La relation qui caractérise la position géométrique du point d'application de la résultante ne dépend absolument que du rapport qui existe entre les intensités des composantes. Si donc les directions des forces venaient à changer, sans toutefois cesser d'être parallèles et appliquées aux mêmes points, la résultante passerait toujours par le même point. Il en serait de même si l'on faisait croître ou décroître les forces dans le même rapport.

De la relation

$$\frac{R}{AB} = \frac{F}{CB} = \frac{F'}{AC},$$

qui s'applique également aux forces parallèles de même sens ou de sens contraires, on peut conclure que chaque force peut être représentée par la droite qui unit les points d'application des deux autres.

69. *Décomposition d'une force en deux autres forces parallèles de sens contraires.* — Soit une force R appliquée au point C, qu'il faut décomposer en deux autres parallèles de sens contraires, appliquées aux points A et B. De ce qui a été dit plus haut, on peut déduire *a priori* que la plus grande des composantes sera de même sens que la force R et que son point d'application sera le plus près du point d'application de la résultante.

On obtiendra la force F par la proportion suivante :

$$\frac{F}{R} = \frac{CB}{AB}, \quad \text{d'où} \quad F = \frac{R.CB}{AB},$$

et, pour la force F', on a

$$\frac{F'}{R} = \frac{CA}{AB}, \quad \text{d'où encore} \quad F' = \frac{R.CA}{AB}.$$

Comme dans le cas des forces parallèles de même sens, on peut trouver les composantes par une construction graphique.

Soit CR la grandeur de la force R, qu'il faut décomposer en deux autres parallèles de sens opposés, appliquées aux points A et B. Par les points A et B (*fig.* 53) menons des parallèles

Fig. 53.

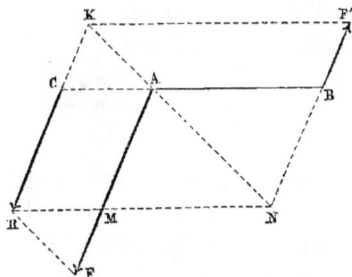

égales à CR et achevons le parallélogramme CBNR. La ligne AN prolongée suffisamment rencontre le prolongement de CR en un point K, qui détermine ainsi deux segments soustractifs KR, KC, représentant les intensités des forces qui doivent respectivement être appliquées aux points A et B.

En effet, les deux triangles KRN et AMN étant semblables, on a

$$\frac{KR}{AM} = \frac{NR}{MN} \quad \text{ou} \quad \frac{KR}{R} = \frac{CB}{AB},$$

8.

d'où

$$KR = \frac{R.CB}{AB}.$$

De même les deux triangles semblables ACK et ABN donnent

$$\frac{CK}{BN} = \frac{CA}{AB} \quad \text{ou} \quad \frac{CK}{R} = \frac{CA}{AB},$$

d'où

$$CK = \frac{R.CA}{AB}.$$

Pour utiliser les constructions déjà faites, menons par le point R une parallèle à KA, que nous limiterons au point F de la ligne MA prolongée. La droite AF sera la grandeur de la force F appliquée au point A; si, par le point K, nous menons une parallèle à RN, la partie BF′, interceptée sur le prolongement de BN, représentera la force F′ appliquée au point B.

70. *Couple.* — *Un couple ne peut pas être équilibré par une seule force.* — On appelle *couple* un système de deux forces parallèles, égales et de sens contraires, appliquées à deux points différents d'un même corps.

Considérons encore les relations

$$CB = \frac{F}{F - F'} AB \quad \text{et} \quad R = F - F';$$

supposons que la force F, plus grande que la force F′, diminue de plus en plus, CB croîtra et la résultante R ou F − F′ diminuera indéfiniment. A la limite, c'est-à-dire lorsque F = F′, on a

$$R = o \quad \text{et} \quad CB = \infty;$$

il est donc impossible de trouver une résultante et par suite d'équilibrer les deux forces F, F′.

Un couple quelconque peut toujours être équilibré par une infinité d'autres couples. En effet, aux points A et B, où sont appliquées les forces qui composent le couple (F, F′) (*fig.* 54), appliquons, dans le même plan, un second couple (P, P′), tel que les forces qui le composent soient égales et directement opposées aux forces formant le premier couple; l'état d'équi-

libre est évident, car les forces P et P′ détruisent les forces F,
F′. Par d'autres considérations, on arrive encore à la même

Fig. 54.

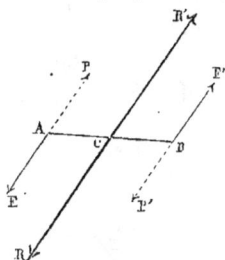

conclusion. Composons les deux forces égales, parallèles et
de même sens P et F′; le point d'application de la résultante
R sera au milieu C de la droite AB. De même, la résultante R′
des deux forces P′, F aura le même point d'application C que
la première; ces deux forces R et R′, égales chacune à la
somme des mêmes composantes, sont égales entre elles et,
comme elles sont directement opposées, elles se détruisent.

Les forces P et P′ formant le couple auxiliaire peuvent être
appliquées en d'autres points que les extrémités A et B. A
cet effet, à égales distances des points A et B (*fig.* 55), appli-

Fig. 55.

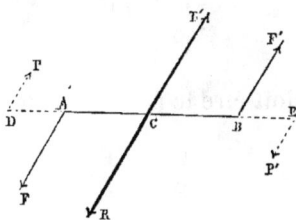

quons un couple (P, P′) situé dans le même plan que le premier, mais en sens opposé. Les points D et E pourront toujours
être pris de manière que la résultante des forces parallèles de
même sens P et F′ ait son point d'application au milieu de AB,
ce qui sera toujours possible en posant la proportion suivante :

$$\frac{F'}{P} = \frac{CD}{CB}, \quad \text{d'où} \quad CD = \frac{F'.CB}{P}.$$

Le point E s'obtiendra aussi de la même manière. Or, comme les résultantes R et R′ des forces P et F′ et des forces F et P′ sont égales et directement opposées, elles se feront équilibre.

Le couple peut encore être disposé de manière que les résultantes des deux systèmes de forces parallèles de même sens soient appliquées en un point quelconque de la direction AB.

Considérons le couple (F, F′) (*fig.* 56); appliquons aux

Fig. 56.

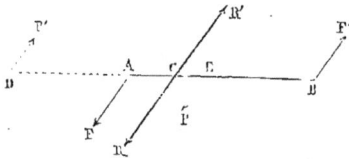

points D et E deux forces formant un couple opposé au premier. Il est certain que la résultante des forces F et P aura le même point d'application que celle des forces F′, P′, si la relation suivante existe :

$$\frac{CD}{CB} = \frac{CA}{CE};$$

car, pour que C soit le point d'application des forces P′ et F′, nous devons avoir la proportion

$$\frac{F'}{P'} = \frac{CD}{CB}.$$

De même, s'il doit être le point d'application de F et de P, nous aurons

$$\frac{F}{P} = \frac{CE}{CA}.$$

Or

$$\frac{F'}{P'} = \frac{F}{P},$$

dont la relation ci-dessus exprime la condition à laquelle il faut satisfaire pour que la résultante R des forces F et P soit directement opposée à celle des forces F′ et P′.

La force P du couple auxiliaire étant appliquée au point E, pris arbitrairement on déduira la position de la force égale de sens contraire P' par la nouvelle relation

$$\frac{CD + CE}{CB + CA} = \frac{CD}{CB} \quad \text{ou} \quad \frac{DE}{AB} = \frac{CD}{CB};$$

or

$$\frac{CD}{CB} = \frac{F}{P},$$

donc

$$\frac{DE}{AB} = \frac{F}{P}, \quad \text{d'où} \quad DE = \frac{F}{P} AB.$$

Comme les deux résultantes sont égales et directement opposées, l'équilibre existera.

La théorie des couples, que Poinsot a complétement traitée, est une conception fort ingénieuse, qui n'est pas d'une grande utilité dans les applications de la Mécanique.

71. *Composition de plusieurs forces parallèles. — Centre des forces parallèles. — Invariabilité de ce point.* — Considérons un nombre quelconque de forces parallèles de même sens F, F', F'', F''', appliquées aux points A, B, C, D d'un solide invariable (*fig.* 57), on obtiendra la résultante générale en

Fig. 57.

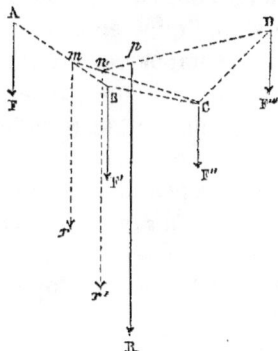

opérant de la manière suivante : les deux premières F, F' pourront être remplacées par une résultante R égale à F + F' et dont le point d'application *m* sera déterminé par la proportion

$$\frac{F}{F'} = \frac{mB}{mA}.$$

On composera cette première résultante r avec la troisième force et l'on obtiendra une seconde résultante r' égale à $r + F''$ ou à $F + F' + F''$ et appliquée en un point n, tel que l'on aura

$$\frac{r}{F''} = \frac{C\,n}{mn} \quad \text{ou} \quad \frac{F + F'}{F''} = \frac{C\,n}{mn}.$$

Enfin la résultante partielle r' sera composée avec la quatrième force F''' et l'on aura la résultante générale R égale à la somme des forces $F + F' + F'' + F'''$ et dont le point d'application p sera déterminé par la même condition que les points d'application des résultantes partielles. Si le nombre des forces parallèles était supérieur, on continuerait identiquement jusqu'à la réduction de toutes les forces données à une force unique, parallèle et de même sens, qui serait la résultante de ce système de forces.

Si les forces que l'on se propose de composer entre elles sont dirigées les unes dans un sens, les autres en sens contraire, on.les partagera en deux groupes différents, l'un formé de toutes les forces qui agissent dans un sens, l'autre des forces qui agissent en sens inverse. Les forces du premier groupe pourront être remplacées par une force unique R, qui sera leur résultante, et celles du second groupe par une force R' parallèle à R, mais appliquée en sens contraire. La question sera ainsi ramenée à composer deux forces parallèles R, R', de sens contraires. La résultante partielle R étant égale à la somme des forces composant le premier groupe et R' à la somme des forces du second groupe, on en déduit que *la résultante générale est égale à la somme des forces qui agissent dans un sens diminuée de la somme des forces agissant en sens contraire*. On obtiendra la résultante définitive par la règle qui a été donnée pour la composition de deux forces parallèles de sens contraires.

Si les deux résultantes partielles R, R' étaient égales sans agir suivant la même droite, elles ne pourraient pas être remplacées par une force unique et le système des forces considérées se réduirait à un couple. Si les deux forces R, R' étant égales agissaient au même point, suivant la même droite, comme elles sont de sens contraires, elles se détruiraient, et par suite il y aurait équilibre.

Cette construction, que nous venons d'indiquer, apprend que les positions des points d'application des résultantes partielles sont indépendantes des directions des forces. Il suffit de connaître les points d'application des composantes et les rapports de grandeur de ces forces : donc si la direction des forces est donnée, en les laissant parallèles et en leur conservant leurs intensités respectives, ainsi que leurs points d'application, le point d'application de la résultante générale ne changera pas. Il en serait de même encore si les composantes que l'on fait tourner autour des points où elles sont appliquées pour changer leurs directions, en conservant leur parallélisme, variaient proportionnellement à leurs grandeurs. La résultante changerait en même temps que sa direction, mais son point d'application serait de position *invariable* : ce point remarquable a reçu le nom de *centre des forces parallèles*.

Ainsi on appelle centre des forces parallèles le point par lequel passe constamment la direction de la résultante d'un système de forces parallèles, de quelque manière qu'on incline ces forces par rapport à leurs directions primitives, pourvu qu'elles conservent leurs intensités respectives ou que ces intensités varient proportionnellement.

CHAPITRE VI.

72. *Théorie des moments.* — On appelle *moment* d'une force, par rapport à un point, le produit de cette force par la perpendiculaire abaissée de ce point sur la direction de la force.

Ainsi considérons un point O dans le plan des forces concourantes F, F' et abaissons les perpendiculaires Om et On sur les directions de ces forces. Le moment de la force F sera exprimé par F.Om et celui de la force F' par F'.Om (*fig. 58*).

Fig. 58.

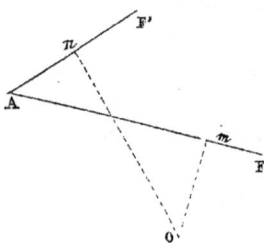

Ordinairement, les forces sont représentées par des lettres majuscules et les perpendiculaires par les mêmes lettres minuscules. Ainsi les moments des deux forces F, F' seront Ff et F'f'. Cette perpendiculaire abaissée du point des moments sur la direction d'une force a reçu en Mécanique le nom de *bras de levier*.

Le point par rapport auquel on prend les moments d'un système de forces se nomme *centre des moments*.

73. Théorème de Varignon. — 1° *Le moment de la résultante de deux forces concourantes, par rapport à un point, est égal à la somme des moments des composantes, par rapport au même point, quand ce point est pris hors de l'angle que comprennent les directions des deux forces.*

Soient deux forces concourantes F, F' et leur résultante R
(*fig.* 59); du point des moments *o*, pris hors de l'angle formé

Fig. 59.

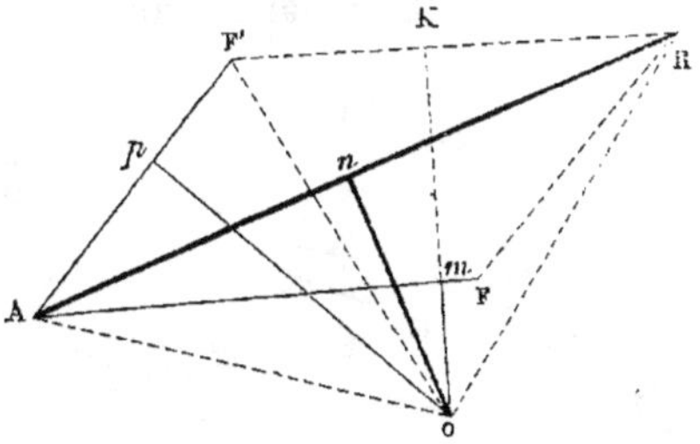

par les directions des deux forces, abaissons les perpendiculaires O*m*, O*n*, O*p* sur F, F' et R; joignant les points A, F' et
R au point O, on a

triangle AOR = triangle AOF' + triangle F'OR — triangle A F'R

ou

$$\tfrac{1}{2}Rr = \tfrac{1}{2}F'f' + \tfrac{1}{2}F.OK - \tfrac{1}{2}F.mK.$$

Multiplions par 2 les deux membres de l'égalité et remplaçons OK par $f + mK$, il viendra

$$Rr = F'f' + F(f + mK) - F.mK;$$

effectuant, nous aurons

$$Rr = Ff + F'f', \qquad \text{c. q. f. d.}$$

2° *Le moment de la résultante de deux forces concourantes,
par rapport à un point, est égal à la différence des moments
des composantes par rapport au même point, quand ce point
est pris dans l'angle formé par les directions des composantes.*

Soit le point O des moments compris dans l'angle des forces
F, F' (*fig.* 60); de ce point, abaissons les perpendiculaires O*m*,
O*n*, O*p* sur les directions des trois forces F, F', R et joignons
le point O aux points A, R, F; comme dans le cas précédent,
nous aurons

$$AOR = AOF + FOR - AFR,$$

ou

$$\tfrac{1}{2}Rr = \tfrac{1}{2}Ff + \tfrac{1}{2}F'.OK - \tfrac{1}{2}F'.nK,$$

ou bien

$$\mathrm{R}\,r = \mathrm{F}f + \mathrm{F}'.\mathrm{OK} - \mathrm{F}'.n\mathrm{K},$$

la longueur $n\mathrm{K}$ représentant la distance de deux parallèles AF′, FR, ou la perpendiculaire abaissée du sommet A du

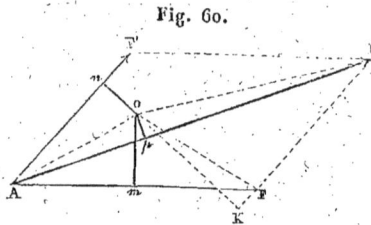

Fig. 60.

triangle AFR sur le côté opposé FR. Or $n\mathrm{K} = f' + \mathrm{OK}$: donc, substituant, il vient

$$\mathrm{R}\,r = \mathrm{F}f + \mathrm{F}'.\mathrm{OK} - \mathrm{F}'f' - \mathrm{F}'.\mathrm{OK} \quad \text{ou} \quad \mathrm{R}\,r = \mathrm{F}f - \mathrm{F}'f',$$

C. Q. F. D.

74. *Extension du théorème des moments.* — Le théorème de Varignon peut aisément être étendu à un système de forces F, F′, F″, F‴ appliquées à un point matériel A et situées toutes dans un même plan. Si ces forces tendent à faire tourner le point, les unes dans un sens, les autres en sens contraire, on partage ce système de forces en deux groupes. Les moments des forces du premier groupe étant considérés comme positifs, ceux des forces du second groupe seront négatifs.

On déduit de là que, lorsqu'un point matériel est soumis à l'action de plusieurs forces tendant à lui imprimer un mouvement de rotation, les unes dans un sens, les autres en sens contraire, le moment de la résultante est égal à la somme des moments des forces qui tendent à le faire tourner dans un sens, diminué de la somme des moments des forces qui tendent à le faire tourner en sens contraire ; ou, en d'autres termes, le moment de la résultante générale est égal à la somme algébrique des moments des composantes.

75. *Forces parallèles de même sens.* — *Le moment de la résultante de deux forces parallèles de même sens est égal à la somme des moments des composantes, si le point des mo-*

ments est situé hors de l'espace compris entre les parallèles, et à leur différence si ce point est pris dans cet espace.

Soient deux forces F, F' parallèles de même sens, et O le point des moments pris hors de l'espace compris entre les directions des forces (*fig.* 61). De ce point abaissons une

Fig. 61.

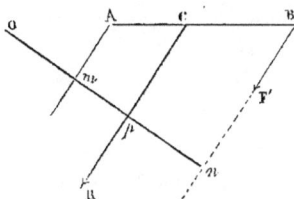

perpendiculaire sur les trois forces F, F' et R. La composition des forces parallèles de même sens nous a appris que la résultante est égale à la somme des composantes

$$R = F + F'.$$

Multipliant les deux membres de cette égalité par le bras de levier r de la résultante, il viendra

$$R r = F' r + F r.$$

Estimons successivement ce bras de levier en fonction des bras de levier des composantes, et substituons dans cette dernière égalité

$$r = f + mp, \quad r = f' - pn;$$

donc

$$R r = F (f + mp) + F' (f' - pn)$$

ou

$$R r = F f + F . mp + F' f' - F' . pn.$$

Or

$$\frac{F}{F'} = \frac{CB}{AC} \quad \text{et} \quad \frac{CB}{AC} = \frac{pn}{mp};$$

donc

$$\frac{F}{F'} = \frac{pn}{mp}, \quad \text{d'où} \quad F . mp = F' . pn.$$

Dans le second membre ces deux quantités égales, affectées de signes contraires, se détruisent. Il reste donc

$$R\,r = F f + F' f'.$$ C. Q. F. D.

Le second cas se démontre de la même manière.

76. *Forces parallèles de sens contraires.* — *Le moment de la résultante de deux forces parallèles de sens contraires par rapport à un point est égal à la différence ou à la somme des moments des composantes par rapport au même point, selon que le point est situé hors de l'espace que comprennent les forces parallèles ou hors de cet espace.*

Soient F, F' deux forces parallèles de sens contraires appliquées à deux points A et B invariablement liés entre eux (*fig.* 62). Du point O pris hors de l'espace que comprennent

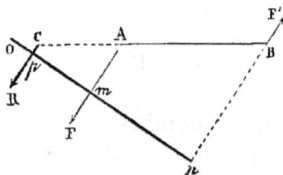

Fig. 62.

les forces, menons une perpendiculaire aux directions des trois forces. La résultante étant égale à la différence des composantes, on a

$$R = F - F'.$$

Multipliant les deux membres par r,

$$R\,r = F r - F' r.$$

Or

$$r = f - pm \quad \text{et} \quad r = f' - pn.$$

Substituant dans l'égalité et effectuant, il vient

$$R\,r = F f - F \cdot pm - F' f' + F' \cdot pn.$$

De plus, on sait que

$$\frac{F}{F'} = \frac{CB}{AC} \quad \text{et} \quad \frac{CB}{AC} = \frac{pn}{pm};$$

donc

$$\frac{F}{F'} = \frac{pn}{pm} \quad \text{et} \quad F.pm = F'.pn;$$

par conséquent

$$R\,r = Ff - F'f'.$$

On démontrerait encore de la même manière le second cas.

Remarque. — La recherche du moment de la résultante de deux forces parallèles présente une particularité qui ne se trouve pas dans les forces concourantes. Un système de forces parallèles n'admettant que deux sens opposés, forcément il en est de même des bras de levier. Les conventions établies en Analyse sur les signes qui doivent affecter les quantités sont donc applicables à ces deux ordres de grandeur. Ainsi la relation

$$R\,r = Ff + F'f'$$

existera toujours, à la condition que la force ait le même signe que son bras de levier. Dans le cas qui précède, bien que l'une des forces soit négative, le moment est positif, car le bras de levier est négatif, comme étant dirigé en sens opposé du bras de levier de la force F, et en appliquant la règle des signes, le produit des deux facteurs sera positif.

Extension à un nombre quelconque de forces parallèles. — Supposons d'abord les forces F, F', F″, F‴, ... de même sens. Composons les deux forces F, F', et désignons par r la résultante, il viendra

$$\text{mom.}\,r = \text{mom.}\,F + \text{mom.}\,F'.$$

Si r' est la résultante de r et de F″, on aura de même

$$\text{mom.}\,r' = \text{mom.}\,r + \text{mom.}\,F''.$$

Remplaçant mom. r par sa valeur

$$\text{mom.}\,r' = \text{mom.}\,F + \text{mom.}\,F' + \text{mom.}\,F''.$$

Désignant par R la résultante définitive,

$$R\,r = Ff + F'f' + F''f'' + \cdots.$$

Si les forces considérées sont appliquées les unes dans un sens, les autres en sens contraire, on cherche séparément la résultante des forces appartenant à chaque groupe, et la question est ainsi ramenée au cas de la résultante de deux forces parallèles de sens contraires.

77. *Théorie des moments par rapport à un plan.* — On appelle *moment d'une force par rapport à un plan* le produit de cette force par la perpendiculaire abaissée du point d'application sur le plan.

Si nous considérons deux forces parallèles F, F' et leur résultante R, et si des points d'application A, B, C on abaisse des perpendiculaires AA', BB', CC' sur le plan MN (*fig.* 63) considéré comme plan des moments, les produits F $\times$ AA', F' $\times$ BB' et R $\times$ CC' seront les moments respectifs de ces trois forces.

Comme dans le cas des moments par rapport à un point, les perpendiculaires seront désignées par les minuscules des lettres majuscules représentant les forces.

78. *Forces parallèles de même sens.* — *Le moment de la résultante de deux forces parallèles de même sens par rapport à un plan est égal à la somme des moments des composantes, quand les points d'application sont situés d'un même côté du plan, et à leur différence quand ils sont situés de côtés différents.*

Considérons deux forces parallèles de même sens F, F' et leur résultante R. Des points d'application abaissons des perpendiculaires sur le plan des moments MN (*fig.* 63).

Fig. 63.

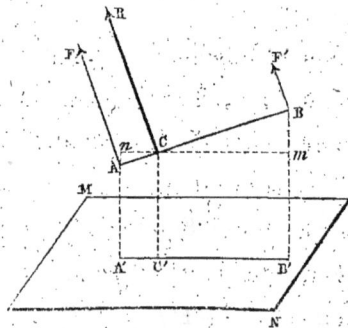

Nous savons que R = F + F'.

Multipliant les deux membres par CC' ou *r*, il vient

$$R r = F r + F' r.$$

Par le point d'application C de la résultante menons mn parallèle à la projection $A'B'$ de la droite AB sur le plan, et estimons la perpendiculaire r en fonction des perpendiculaires f et f'. Nous avons

$$r = f + An, \quad r = f' - Bm.$$

Substituant dans l'égalité, il vient

$$Rr = Ff + F.An + F'f' - F'.Bm.$$

Pour que le théorème soit vrai, il reste donc à démontrer que $F.An = F'.Bm$.

Les deux triangles semblables BmC et AnC donnent

$$\frac{CB}{AC} = \frac{Bm}{An};$$

d'autre part,

$$\frac{F}{F'} = \frac{CB}{AC};$$

donc

$$\frac{F}{F'} = \frac{Bm}{An}, \quad \text{d'où} \quad F.An = F'.Bm;$$

par conséquent

$$Rr = Ff + F'f'. \qquad \text{c. q. f. d.}$$

Même démonstration pour le second cas.

Remarque. — Le moment des forces parallèles par rapport à un plan peut être ramené au cas où le moment est considéré par rapport à un point.

Fig. 64.

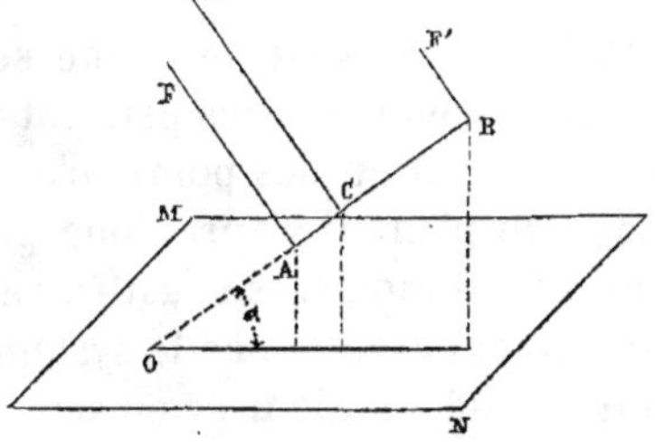

Supposons que les forces F, F' (*fig.* 64) aient leurs directions perpendiculaires à la droite qui unit les points d'application. Prolongeons cette droite jusqu'à la rencontre du plan des moments MN au point O. Considérant ce point O comme centre des moments, on a, d'après ce qui précède,

$$R . OC = F . OA + F' . OB.$$

Désignant par α l'angle de la droite AB avec le plan des triangles rectangles AOA', BOB', COC', on déduira

$$OA = \frac{f}{\sin \alpha}, \quad OB = \frac{f'}{\sin \alpha}, \quad OC = \frac{r}{\sin \alpha};$$

substituant dans l'égalité précédente,

$$\frac{R r}{\sin \alpha} = \frac{F f}{\sin \alpha} + \frac{F' f'}{\sin \alpha} \quad \text{ou} \quad R r = F f + F' f'.$$

Il est d'ailleurs visible que, les trois triangles considérés étant semblables, les distances OC, OA, OB peuvent être remplacées par les ordonnées r, f, f', qui leur sont proportionnelles.

79. *Extension du théorème des moments par rapport à un plan à plusieurs forces parallèles de même sens.* — Comme précédemment, les forces F, F', F'', F''',... peuvent être ramenées à deux forces dont la résultante sera égale à leur somme, et, par suite, le moment de cette résultante générale sera égale à la somme algébrique des moments des composantes. Désignant par R cette résultante et par r la distance du centre des forces parallèles au plan des moments, nous aurons

$$R r = F f + F' f' + F'' f'' + \ldots.$$

Comme toutes les forces sont de même sens, elles seront positives; mais les perpendiculaires peuvent être positives ou négatives, suivant la position des points d'application au-dessus ou au-dessous du plan. Il y aura donc généralement des moments positifs et des moments négatifs, ce qui signifie que certaines forces tendent à entraîner le système dans un sens, tandis que d'autres tendent à le tirer en sens opposé.

80. *Forces parallèles de sens contraires.* — *Le moment de la résultante de deux forces parallèles de sens contraires par* *rapport à un plan est égal à la différence ou à la somme des moments des composantes, selon que les points sont ou ne sont pas situés d'un même côté du plan (fig. 65).*

Fig. 65.

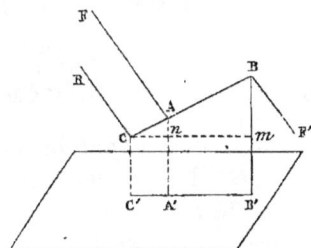

Soient F, F′ deux forces parallèles de sens contraires dont les points d'application A, B sont situés d'un même côté du plan des moments MN. Par le point d'application de la résultante, menons *cm* parallèle à la projection de AB :

$$R = F - F';$$

multipliant par *r*,

$$Rr = Fr - F'r.$$

Or

$$r = f - An \quad \text{et} \quad r = f' - Bm;$$

substituant,

$$Rr = Ff - F.An - F'f' + F'.Bm;$$

mais

$$\frac{F}{F'} = \frac{CB}{AC} \quad \text{et} \quad \frac{CB}{AC} = \frac{Bm}{An},$$

d'où

$$\frac{F}{F'} = \frac{Bm}{An} \quad \text{et} \quad F.An = F'.Bm;$$

par suite,

$$Rr = Ff - F'f'.$$

Même démonstration pour le second cas.

Conséquence. — Si le corps est sollicité par un système de forces parallèles agissant les unes dans un sens et les autres en sens contraire, la composition des forces de chaque groupe conduirait à deux résultantes partielles dont la somme algé-

brique des moments serait le moment de la résultante générale, ce qui signifie que le moment de cette résultante générale
est égal à la somme des moments des forces qui agissent
dans un sens, diminuée de la somme des moments des forces
agissant en sens opposé. Ainsi l'équation

$$R r = F f + F' + F'' f'' + F''' f'''$$

exprime, dans toute sa généralité, le théorème des moments.

81. *Application à la détermination du centre des forces
parallèles.* — La théorie des moments par rapport à un plan
peut servir à trouver le centre des forces parallèles. A cet
effet, considérons trois plans rectangulaires $x A y$, $x A z$, $y A z$

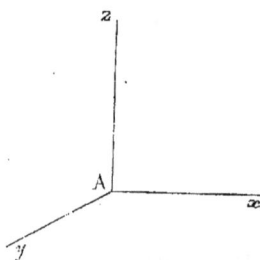
Fig. 66.

($fig.$ 66) et un système de forces parallèles F, F', F'', F'''. Désignons par
X, Y, Z les coordonnées du centre
des forces parallèles par rapport aux
trois plans; par f, f', f'',... les coordonnées des points d'application des
composantes par rapport au premier
plan $x A y$; par p, p', p'',... les coordonnées des mêmes forces par rap-
port au second plan, et enfin par q,
q', q'', q''', ... les coordonnées par
rapport au troisième plan. Il viendra, en représentant par R
la résultante générale,

$$XR = F f + F' f' + F'' f'' + F''' f''' + \ldots,$$
$$YR = F p + F' p' + F'' p'' + F''' p''' + \ldots,$$
$$ZR = F q + F' q' + F'' q'' + F''' q''' + \ldots,$$

d'où, en remarquant que $R = F + F' + F'' + \ldots,$

$$X = \frac{F f + F' f' + F'' f'' + F''' f''' + \ldots}{F + F' + F'' + F''' + \ldots},$$

$$Y = \frac{F p + F' p' + F'' p'' + F''' p''' + \ldots}{F + F' + F'' + F''' + \ldots},$$

$$Z = \frac{F q + F' q' + F'' q'' + F''' q'' + \ldots}{F + F' + F'' + F''' + \ldots}.$$

Les trois plans pourront toujours être choisis de manière

que les coordonnées soient positives. La connaissance des coordonnées X, Y, Z servira donc à déterminer le centre des forces parallèles; car, si l'on mène aux trois plans des coordonnées des plans parallèles à des distances égales aux coordonnées, leur intersection commune, qui est un point, se confondra avec le centre des forces parallèles, puisqu'il est éloigné des trois plans de longueurs respectivement égales aux coordonnées X, Y, Z.

Cas singulier. — Supposons les forces F, F', F'', F''',... égales. Dans ce cas, les équations deviennent

$$X = \frac{F(f + f' + f'' + \cdots)}{nF} = \frac{f + f' + f'' + \cdots}{n},$$

$$Y = \frac{p + p' + p'' + p''' + \cdots}{n},$$

$$Z = \frac{q + q' + q'' + q''' + \cdots}{n},$$

ce qui nous apprend que la distance du centre des forces parallèles à un plan quelconque, quand ces forces sont égales, est la moyenne arithmétique entre les distances au même plan des points d'application des forces composant le système. Dans ce cas particulier, le centre des forces parallèles porte le nom de *centre des moyennes distances.*

Généralement, étant donné un système de points situés dans l'espace d'une manière quelconque, on appelle *centre des moyennes distances du système* un point dont la distance à un plan quelconque est la moyenne entre les distances de tous les points au plan.

Nous ferons observer que ces distances doivent être affectées de signes contraires lorsqu'elles sont relatives à des points de l'espace situés de différents côtés du plan.

Voici comment le centre des moyennes distances peut être obtenu :

Soient A, B, C, D,... (*fig.* 67) un système de points quelconques de l'espace. Joignons le point A au point B, et prenons le milieu *a* de cette droite. Prenons, à partir de *a*, une longueur égale au tiers de *a*C qui unit le point *a* au point C. Joignant le point *b* au point D, prenant le quart *bd* de *b*D et continuant ainsi de suite, le dernier point obtenu sera le centre des moyennes distances. En effet, d'après ce qui a été

Fig. 67.

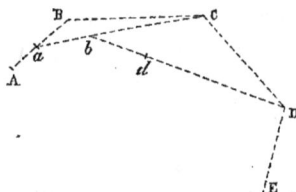

dit plus haut, on peut concevoir que ces points soient sollicités par des forces égales, parallèles et de même sens. On est ainsi ramené à la composition d'un système de forces parallèles. Or le point d'application de la résultante des forces qui agissent aux points A et B est au milieu a de la droite AB, et, comme la résultante est égale à la somme des composantes, la force appliquée au point a sera double de celle qui agit au point C. Le point d'application de la seconde résultante se trouvera donc, d'après ce que nous avons vu sur la position géométrique de ce point, au tiers de la ligne bD à partir du point D. Pareillement, le point d'application des forces appliquées aux points b et D sera au quart de bD à partir du point b, et ainsi de suite pour tous les autres points que nous pourrions considérer.

82. *Application de la théorie des moments à l'équilibre des forces.* — 1° Les forces sont concourantes. Considérons la relation

$$R\,r = F\,f + F'f' + F''f'' + F'''f''' + \dots;$$

le premier membre de cette équation peut devenir nul de deux manières différentes, en faisant $r = 0$ ou $R = 0$. Quand la résultante est nulle, il est évident qu'il y a équilibre, puisque toutes les forces du système considéré se détruisent, et comme, dans ce cas, r a une certaine valeur, le centre des moments n'est pas situé sur la résultante. Si $r = 0$, le point des moments sera situé sur la résultante et comme, dans les deux hypothèses, on a

$$F\,f + F'f' + F''f'' + \dots = 0,$$

cette équation ne pourra être satisfaite que si certains bras de levier sont positifs et d'autres négatifs ; donc, lorsqu'un point matériel est soumis à l'action de plusieurs forces concourantes, l'équilibre existera si le moment de la résultante par rapport à un point est nul. En d'autres termes, la somme des moments des forces qui tendent à faire tourner le point dans un sens doit être égale à celle des forces qui tendent à le faire tourner en sens contraire.

2° Les forces sont parallèles et de même sens. Dans l'équation

$$\mathrm{R}r = \mathrm{F}f + \mathrm{F}'f' + \mathrm{F}''f'' + \ldots,$$

qu'il s'agisse des moments des forces par rapport à un point ou par rapport à un plan, la résultante ne peut jamais devenir nulle ; conséquemment l'équation

$$\mathrm{F}f + \mathrm{F}'f' + \mathrm{F}^x f'' + \ldots = 0$$

ne sera satisfaite que dans l'hypothèse $r = 0$, c'est-à-dire que la résultante doit passer par le centre des moments ou que le point d'application de cette résultante doit être situé sur le plan des moments.

3° Les forces parallèles sont de sens contraires. L'équation

$$\mathrm{F}f + \mathrm{F}'f' + \mathrm{F}''f'' + \mathrm{F}^x f''' + \ldots = 0$$

peut être satisfaite de deux manières différentes ; la résultante peut devenir nulle. Il est évident, en effet, que, en composant les deux groupes de forces qui forment le système, si la résultante des forces du premier groupe est égale et directement opposée à la résultante des forces du second groupe, l'équilibre existera.

La résultante n'étant pas nulle, la somme des moments ne pourra devenir égale à zéro que si la direction de la résultante générale passe par le plan des moments ou si le plan des moments passe par le point d'application de cette résultante.

Ainsi nous pouvons formuler, d'une manière générale, qu'*un système de forces parallèles sera en équilibre chaque fois que le moment de la résultante de ces forces, par rapport à un point ou par rapport à un plan, sera nul.*

CHAPITRE VII.

83. *Centre de gravité.* — D'après la notion que nous avons donnée de la constitution moléculaire d'un corps, toutes les parties élémentaires qui le composent sont sollicitées par des forces verticales, parallèles, constantes, dont l'intensité est tout à fait indépendante des positions relatives de ces parties. On conçoit que la composition de ces forces parallèles conduirait à une résultante qui serait égale à leur somme : c'est *le poids du corps. Ainsi le poids d'un corps est la résultante de toutes les actions que la pesanteur exerce sur les molécules de ce corps.* Il aurait pour mesure l'effort musculaire qu'il faut développer pour empêcher ce corps de tomber.

Le point d'application de cette résultante se nomme centre de gravité ; *en d'autres termes, le centre de gravité d'un corps est le centre des forces parallèles de la pesanteur.*

Le poids du corps peut donc être considéré conme concentré à ce point. Supposons que l'on fasse occuper différentes positions à un corps, par rapport à la verticale, sans que sa forme change. Les forces verticales dues à l'action de la pesanteur étant dans les mêmes conditions que si l'on faisait varier leurs directions autour de leurs points d'application, en conservant le parallélisme, la position du centre de gravité, par rapport aux autres points du corps, ne changera pas. Ainsi le centre de gravité d'un corps est de position invariable, relativement aux molécules qui le composent, quelle que soit la position qu'il occupe, pourvu que sa forme soit invariable, et le poids est toujours concentré à ce point.

84. *Déterminer expérimentalement le centre de gravité d'un corps.* — D'après ce qui vient d'être dit, le centre de gravité d'un corps étant rendu fixe, le corps sera en équilibre dans toutes les positions possibles autour de ce point; car, si nous supposons que le centre de gravité fasse partie intégrante du corps ou qu'il lui soit invariablement lié, la résultante de toutes les forces dues à la pesanteur passera toujours par ce point et sera détruite par la résistance qu'il oppose. Si le corps n'a pas de forme géométrique définie, la propriété caractéristique dont jouit le centre de gravité permet d'assigner sa position ; à cet effet, si l'on suspend le corps à un point fixe S, au moyen d'une corde attachée à un point de sa surface, quand l'état d'équilibre existera, la direction verticale de la corde prolongée suffisamment passera par le centre de gravité (*fig.* 68).

Fig. 68.

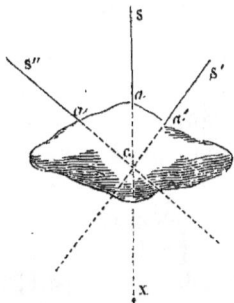

Avec un fil à plomb, on pourra donc déterminer sur le corps la trace d'un plan vertical, qui contiendra le centre de gravité. Si le corps est suspendu par deux autres points de la surface, on déterminera encore, de la même manière, les traces de deux plans verticaux passant par le centre de gravité; ce point, devant être situé à la fois sur les trois plans, se confondra avec leur intersection commune G. On peut encore placer le corps en équilibre sur une arête tranchante : le plan vertical qui passe par cette arête contiendra le centre de gravité. Si l'on place le corps en équilibre sur la même arête, en le faisant reposer par plusieurs faces différentes, l'intersection commune de tous les plans verticaux passant par cette arête sera le centre de gravité. Cette manière d'opérer offre la difficulté de ne pouvoir suivre rigoureusement, sur les faces et surtout dans l'intérieur du corps, les traces des plans verticaux contenant le centre de gravité. Elle est parfaitement applicable à un corps plat ou de faible épaisseur, par rapport aux autres dimensions; mais, en tout cas, elle donne une indication approximative de la position du centre de gravité.

85. *Principes généraux sur lesquels repose la recherche géométrique du centre de gravité.* — Un corps est dit *homogène* lorsque, dans toute l'étendue du volume qu'il occupe, la matière est uniformément répartie. L'observation montre que des volumes égaux ont des poids égaux; de là résulte que le poids d'un corps est égal au volume multiplié par un facteur constant, que les physiciens appellent le *poids spécifique* de la substance qui compose le corps. Dans toutes les relations que l'on établit pour la détermination du centre de gravité, ce facteur disparaît de lui-même, de sorte que la recherche de ce point devient un problème de Géométrie.

Un corps est dit *hétérogène* lorsqu'un même volume, pris dans des parties différentes de la masse, n'a pas le même poids et généralement ne jouit pas des mêmes propriétés.

Cela posé, désignons par v, v', v'', v''',... les volumes des différentes parties d'un corps; par V le volume total et par p, p', p'',... et P les poids correspondants. D'après ce qui a été dit sur le centre des forces parallèles, dont le centre de gravité n'est qu'un cas particulier, si d est le poids spécifique de la substance et si nous supposons le centre de gravité rapporté à trois plans rectangulaires, il viendra

$$p = vd, \quad p' = v'd, \quad p'' = v''d,\ldots, \quad P = Vd.$$

Désignant par X, Y, Z les coordonnées du centre de gravité par rapport aux trois plans et par x, x', x''; y, y', y''; z, z', z'' celles des points d'application des forces p, p', p'', p''' par rapport aux mêmes plans, nous aurons

$$V dX = v dx + v' dx' + v'' dx'' + \ldots,$$
$$V dY = v dy + v' dy' + v'' dy'' + \ldots,$$
$$V dZ = v dz + v' dz' + v'' dz'' + \ldots.$$

Supprimant le facteur d commun aux deux membres, on a

$$VX = \Sigma vx, \quad VX = \Sigma vy, \quad VZ = \Sigma vz.$$

Ce qui montre que le produit du volume total d'un corps par la distance du centre de gravité aux plans des coordonnées est égal à la somme des produits des volumes élémentaires, par leurs distances respectives aux mêmes plans.

Par analogie, la notion du centre de gravité est étendue aux surfaces et aux lignes, bien que mathématiquement elles n'aient ni matière, ni poids. Ce qu'on entend par *centre de gravité d'une surface* n'est donc que le centre des forces parallèles appliquées à toutes les parties élémentaires de cette surface, de manière que, à des aires équivalentes, soient appliquées des forces égales. Il en est de même pour le centre de gravité d'une ligne. La proposition que nous avons précédemment établie pour le centre de gravité d'un corps homogène s'applique donc aux surfaces et aux lignes; on le comprend facilement, en supposant que l'une des dimensions du corps, l'épaisseur, par exemple, devienne très-petite par rapport aux deux autres; si on la néglige, le volume se trouve réduit à une surface. Lorsque deux dimensions du corps deviennent à la fois très-petites par rapport à la troisième, le corps se réduit à une ligne et les formules précédentes peuvent encore être employées. Cette remarque explique suffisamment pourquoi, par extension, on dit *centre de gravité d'une surface et d'une ligne.*

On dit qu'un corps est divisé par un plan en parties symétriques, lorsque, isolant par la pensée une molécule située d'un côté du plan, il en existe une autre similaire, située de l'autre côté du plan et à la même distance que la première.

Tout plan qui divise un corps en deux parties symétriques contient le centre de gravité.

Pour le démontrer, considérons un corps partagé en deux parties symétriques par un plan XY (*fig.* 69). Concevons un système de droites parallèles situées dans ce plan et très-voisines les unes des autres, puis un second système de droites parallèles infiniment voisines et perpendiculaires aux premières. Si, par ces droites parallèles, on fait passer des plans perpendiculaires au plan de symétrie, le solide sera décomposé en une infinité de prismes droits, situés des deux côtés du plan de symétrie et ayant pour bases des rectangles placés sur ce plan. Si nous coupons les plans de tous ces prismes par des plans infiniment voisins les uns des autres d'un côté du plan de symétrie, et qu'on en fasse autant pour les prismes situés de l'autre, en ayant soin de prendre ces nouveaux plans sécants symétriques des premiers par rapport à XY, on aura ainsi décomposé le solide en éléments, qui seront tous symétriques, considérés deux à deux relativement au plan XY. Le corps étant homogène, ces solides élémentaires de même volume auront le même poids et, par suite, le point d'application de la résultante de deux éléments symétriques sera au milieu de la droite qui les unit, c'est-à-dire sur le plan de symétrie XY.

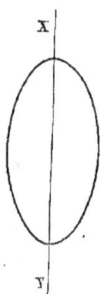

Fig. 69.

Opérant de même pour tous les éléments analogues dont la somme constitue le volume total du solide considéré, on obtiendra une série de résultantes partielles ayant toutes leurs points d'application sur le plan XY.

Donc le point d'application de la résultante générale, c'est-à-dire le centre de gravité du corps, sera situé sur le plan de symétrie.

Tout plan diamétral de la surface d'un corps contient le centre de gravité de ce corps.

Un plan diamétral d'une surface est un plan tel que toutes les droites parallèles à une direction donnée et limitées à la surface du corps sont divisées par ce plan en deux parties égales. Le plan diamétral diffère du plan symétrique en ce que les droites qu'il divise en deux parties égales, au lieu de lui être perpendiculaires, forment un angle quelconque. Le raisonnement que nous avons fait pour le plan de symétrie peut donc être étendu au plan diamétral, avec cette restriction que les prismes obtenus seront obliques et non droits. Quoi qu'il en soit, le solide sera toujours décomposé en éléments de même poids qui, considérés deux à deux, donneront des résultantes dont les points d'application seront sur le plan diamétral. Donc le point d'application de la résultante définitive, c'est-à-dire le centre de gravité, sera situé sur ce plan.

Si un corps ou une surface possède un axe de symétrie, le centre de gravité est situé sur cet axe; car l'axe de symétrie est l'intersection de deux plans de symétrie.

Si la surface d'un corps a un centre de figure, le centre de gravité se confond avec le centre de figure ; car le centre de figure est l'intersection de tous les plans des équations.

De ces principes généraux on déduit immédiatement les conséquences suivantes :

Le centre de gravité d'une ligne droite homogène est au milieu de cette droite.

Le centre de gravité d'un rectangle est à l'intersection des diagonales.

Le centre de gravité d'un parallélogramme est aussi à l'intersection des diagonales ; car le parallélogramme possède deux plans diamétraux passant par l'intersection des diagonales.

Le centre de gravité d'un cercle ou d'un polygone régulier est au centre de figure.

Le centre de gravité d'une ellipse est, au centre de figure, intersection des deux axes.

Le centre de gravité d'une sphère est, à son centre, intersection de tous les plans de symétrie.

86. *Trouver le centre de gravité du contour d'un triangle.* — Soit ABC le triangle donné (*fig.* 70). Le centre de gravité

Fig. 70.

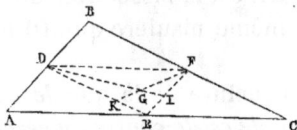

d'une ligne droite étant au milieu de cette droite, la question est ramenée à la composition de trois forces parallèles de même sens appliquées aux milieux D, E, F des droites AB, AC, BC, qui représentent les grandeurs de ces forces. Composons la force qui agit au point D avec celle qui agit au point E et soit K le point d'application de cette résultante partielle. Si nous composons la force appliquée au point K avec celle qui agit au point F, le point d'application de la résultante définitive ou le centre de gravité se trouvera sur la ligne KF. On aurait pu d'abord composer la force appliquée au point F avec la force appliquée au point E et si I est le point d'application de leur résultante, en composant cette résultante avec la force agissant au point D, le point d'application de la résultante générale serait situé sur la ligne ID; par conséquent, le centre de gravité du contour du triangle ABC sera au point G, intersection des deux lignes KF et DI. Pour caractériser la position géométrique, remarquons que, d'après la règle suivie pour composer la force appliquée au point D avec celle appliquée au point E, on a la relation suivante :

$$\frac{AB}{AC} = \frac{KE}{DK}.$$

Divisant par 2 les deux termes du premier rapport, il vient

$$\frac{AD}{AE} = \frac{KE}{DK};$$

mais la ligne DF, qui unit les milieux D et F des droites AB et BC, est égale à la moitié de AC; de même, la ligne FE est égale à la moitié de AB : donc, en substituant, il vient

$$\frac{EF}{DF} = \frac{KE}{DK}.$$

Donc la droite KE est la bissectrice de l'angle DFE. On démontrerait de la même manière que DI est la bissectrice de l'angle EDF.

On peut donc conclure de là que *le centre de gravité du contour d'un triangle est le centre du cercle inscrit à un autre triangle, que l'on obtient en joignant deux à deux les milieux des côtés du triangle considéré.*

87. *Centre de gravité d'un arc de cercle.* — Considérons un arc de cercle ABC (*fig.* 71) et, pour plus de simplicité, désignons par A sa longueur, par C la corde et par R le rayon. La perpendiculaire abaissée du centre O sur la corde étant un axe de symétrie contiendra le centre de gravité. Sa position sera évidemment déterminée si l'on connaît sa distance au centre de la circonférence dont il fait partie. Pour la déterminer, concevons un plan XX′ parallèle à la corde C et perpendiculaire au plan du cercle et décomposons cet arc en élé-

ments Aa, ab, bc,..., que l'on pourra considérer comme des parties de ligne droite très-petites. Concevons qu'on ait appliqué aux milieux de ces éléments des forces parallèles de même

Fig. 71.

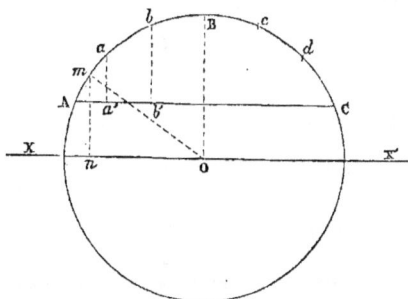

sens, représentées par leurs longueurs. Si nous rapportons au plan XX', considéré comme plan des moments, le point d'application de la force qui agit au point m, milieu de Aa, nous aurons

$$\text{mom.} A a = A a \times mn.$$

Du point a, abaissons la perpendiculaire aa' sur la corde C et joignons le point m au centre O. Les deux triangles Aaa' et mnO ayant les côtés perpendiculaires sont semblables et, par suite, nous aurons

$$\frac{A a}{R} = \frac{A a'}{mn}, \quad \text{d'où} \quad A a \times mn = A a' \times R ;$$

ainsi

$$\text{mom.} A a = A a' \times R.$$

Le moment de l'arc élémentaire est donc égal au produit de sa projection sur la corde par le rayon.

On aurait pareillement

$$\text{mom.} ab = a' b' \times R,$$
$$\text{mom.} bc = b' c' \times R,$$

$$\dots\dots\dots\dots\dots$$

Ajoutant membre à membre, on obtiendra le moment de

l'arc total A, par rapport au plan XX',

$$\text{mom. A} = \text{R}(\text{A}a' + a'b' + b'c' + \ldots) \quad \text{ou} \quad \text{mom. A} = \text{RC}.$$

Désignant par X la distance du centre de gravité de l'arc au centre du cercle, il viendra

$$\text{AX} = \text{RC}, \quad \text{d'où} \quad \text{X} = \frac{\text{RC}}{\text{A}}.$$

Il suit de là que *le centre de gravité d'un arc se trouve sur le rayon abaissé perpendiculairement sur la corde, à une distance du centre du cercle égale à une quatrième proportionnelle à l'arc, à la corde et au rayon.*

88. *Trouver le centre de gravité de la surface d'un triangle.* — Considérons un triangle ABC (*fig.* 72); si l'on conçoit ce

Fig. 72.

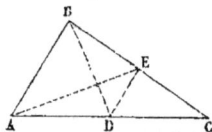

triangle décomposé en tranches infiniment minces par des parallèles au côté AC et que, par la médiane BD, on mène un plan diamétral, perpendiculaire à celui du triangle, toutes les lignes parallèles à AC seront divisées en deux parties égales, et, comme le centre de gravité d'une ligne droite est à son milieu, la médiane BD contiendra le centre de gravité du triangle. On verrait, de la même manière, que le centre de gravité doit se trouver sur la médiane AE; donc il est situé au point G, où se coupent ces médianes. Comme la médiane du point C passe aussi par le centre de gravité, on peut dire que *le centre de gravité de la surface d'un triangle se trouve à l'intersection des trois médianes.* Joignons le point E au point D, la ligne DE sera parallèle à AB et égale à sa moitié. Les deux triangles semblables GDE et ABG fourniront la proportion suivante :

$$\frac{\text{DE}}{\text{AB}} = \frac{\text{DG}}{\text{BG}}.$$

Puisque DE est la moitié de AB, DG sera la moitié de BG ou le tiers de BD ; on a d'ailleurs

$$\frac{1}{2} = \frac{DG}{BG},$$

$$\frac{2+1}{1} = \frac{DG + BG}{DG}, \quad \text{ou} \quad \frac{3}{1} = \frac{BD}{DG},$$

d'où

$$DG = \tfrac{1}{3} BD.$$

Ainsi *le centre de gravité de la surface d'un triangle est situé sur une médiane, au tiers de sa longueur à partir du côté coupé, ou aux deux tiers, à partir du sommet.*

Remarque. — *Le centre de gravité de la surface d'un triangle est le même que celui d'un système de trois masses égales, liées entre elles d'une manière invariable et ayant leurs centres de gravité respectifs aux trois sommets du triangle.*

À cet effet, supposons trois sphères de même poids P, dont les centres se confondent avec les trois sommets du triangle ABC (*fig.* 73). Composant les deux forces égales à P qui

Fig. 73.

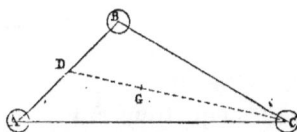

agissent aux points A et B, le point d'application de cette résultante partielle 2P sera au milieu D de la droite AB. On obtiendra le point d'application de la résultante générale ou le centre de gravité du système, en composant cette force double 2P avec la force P, appliquée au point C, ce qui conduit à diviser la droite DC en deux segments dans le rapport 1 à 2.

Les forces que nous avons appliquées aux trois sommets étant égales, il s'ensuit que *le centre de gravité de la surface d'un triangle est aussi le centre des moyennes distances des trois sommets à un plan quelconque.*

89. *Centre de gravité de la surface d'un trapèze.* — La position du centre de gravité sur la trace du plan diamétral

qui passe par les milieux des côtés parallèles du trapèze peut être déterminée par la considération du théorème des moments.

Soient A, B les deux bases du trapèze (*fig.* 74), *h* sa hauteur

Fig. 74.

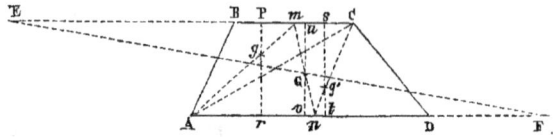

et X la distance du centre de gravité à la base inférieure : la diagonale AC décompose le trapèze en deux triangles ABC, ACD dont les centres de gravité sont élevés au-dessus de la base A des quantités gr, $g't$, respectivement égales à $\frac{2}{3}h$ et $\frac{1}{3}h$; pareillement, désignons par Y la distance du centre de gravité du trapèze à la base supérieure B et remarquons que les distances des centres de gravité des mêmes triangles sont éloignées de la base B des quantités gP et g'S égales à $\frac{1}{3}h$ et $\frac{2}{3}h$. Si donc nous concevons deux plans des moments perpendiculaires au plan du trapèze et passant par les deux bases, comme les forces parallèles agissant aux centres de gravité du trapèze et des triangles qui le composent sont proportionnelles aux aires de ces figures, en appliquant le théorème des moments, nous aurons les équations suivantes :

$$\tfrac{1}{2}(A + B)hX = \tfrac{1}{2}Bh \times \tfrac{2}{3}h + \tfrac{1}{2}Ah \times \tfrac{1}{3}h,$$

ou bien

$$(A + B)X = \tfrac{2}{3}Bh + \tfrac{1}{3}Ah.$$

Mettant $\dfrac{h}{3}$ en facteur commun, il viendra

$$(A + B)X = \frac{h}{3}(A + 2B).$$

En considérant les moments des forces qui agissent aux centres de gravité, par rapport au plan qui passe par la base supérieure, nous aurons

$$(A + B)Y = \frac{h}{3}(B + 2A);$$

divisant membre à membre, il vient

$$\frac{X}{Y} = \frac{A + 2B}{B + 2A}.$$

Les deux triangles semblables vGn et mGu donnent la relation

$$\frac{X}{Y} = \frac{Gv}{Gu} = \frac{Gn}{Gm}, \quad \text{d'où} \quad \frac{Gn}{Gm} = \frac{A + 2B}{B + 2A}.$$

Ainsi le centre de gravité du trapèze divise la droite qui unit les milieux des côtés parallèles en deux parties, qui sont entre elles comme la grande base, augmentée de deux fois la petite, est à cette dernière augmentée du double de la plus grande.

Pour trouver géométriquement ce point, prolongeons la base supérieure d'une longueur BE égale à la base inférieure et celle-ci en sens inverse d'une longueur DF égale à la base supérieure. La ligne qui unit les deux points E, F rencontrera mn au point G, qui sera le centre de gravité du trapèze. En effet, les deux triangles nGF, mGE étant semblables, on a

$$\frac{Gn}{Gm} = \frac{Fn}{Em} \quad \text{ou bien} \quad \frac{Gn}{Gm} = \frac{\dfrac{A}{2} + B}{\dfrac{B}{2} + A};$$

réduisant, il vient

$$\frac{Gn}{Gm} = \frac{A + 2B}{B + 2A}.$$

En combinant les termes de cette proportion, on obtient

$$\frac{Gn + Gm}{Gn} = \frac{A + 2B + B + 2A}{A + 2B} \quad \text{ou} \quad \frac{mn}{Gn} = \frac{3(A + B)}{A + 2B},$$

d'où l'on déduit

$$Gn = \frac{mn(A + 2B)}{3(A + B)}.$$

90. *Centre de gravité d'un quadrilatère quelconque.* — Pour trouver le centre de gravité du quadrilatère ABCD, tirons les deux diagonales AC, BD (*fig.* 75). Si nous composons les

10.

forces appliquées aux centres de gravité g, g' des deux triangles ABD, DBC, le point d'application de la résultante sera

Fig. 75.

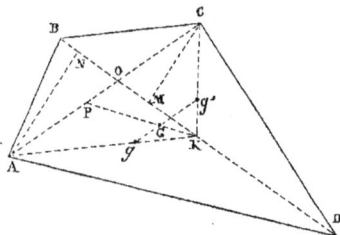

évidemment le centre de gravité cherché. Comme les forces
qui agissent aux centres de gravité g, g' sont proportionnelles
aux aires des triangles ABD, DBC, il faudra donc partager la
ligne gg' en parties inversement proportionnelles à ces aires.
Or les deux triangles ayant pour base commune la diagonale BD sont entre eux comme leurs hauteurs. Les deux segments de la ligne gg' seront donc aussi proportionnels aux
hauteurs AN, CM; mais remarquons que, les deux triangles
rectangles ANO, CMO étant semblables, on a la proportion
suivante :

$$\frac{AN}{CM} = \frac{AO}{OC}.$$

En définitive, la question se réduit à partager la droite gg',
qui unit le centre de gravité des deux triangles partiels, en
segments inversement proportionnels aux deux parties AO
et OC de la diagonale AC. A cet effet, à partir du point C, portons sur AC une longueur CP égale à AO. Il est clair que AP
sera égale à CO. Joignant le point P au point K, le point d'intersection de cette ligne avec la ligne gg' sera le centre de
gravité G du quadrilatère. En effet, la ligne gg', coupant les
deux côtés AK, KC du triangle AKC en parties proportionnelles, est parallèle au côté AC; par suite, nous aurons la
proportion

$$\frac{Gg}{Gg'} = \frac{AP}{PC}, \quad \text{ou bien} \quad \frac{Gg}{Gg'} = \frac{AP}{CP} = \frac{OC}{AO}.$$

91. *Centre de gravité de la surface d'un secteur.* — Soit
OABC le secteur dont il faut chercher le centre de gravité
(*fig.* 76). Désignons par R le rayon, par A la longueur de l'arc
développé, et par C la corde.

Fig. 76.

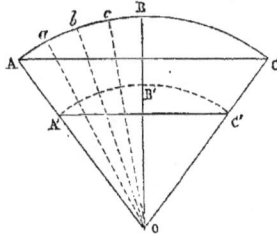

Décomposons l'arc A en éléments A*a*, *ab*, *bc*,...; nous
pourrons donc concevoir le secteur formé de secteurs infiniment petits, correspondant aux divers éléments de l'arc. Ces
secteurs élémentaires pourront aussi être regardés comme des
triangles. Or, comme le centre de gravité d'un triangle est
situé sur une médiane aux deux tiers à partir du sommet, tous
les centres de gravité appartiendront à un arc de cercle A′B′C′,
dont le rayon est les $\frac{2}{3}$ du rayon R de l'arc A. Le centre de
gravité du secteur donné sera donc le point d'application de
la résultante d'une infinité de forces parallèles et égales uniformément réparties sur l'arc A′B′C′. Ainsi on est ramené à
trouver le centre de gravité de cet arc. Si X représente la
distance du centre de gravité au centre de figure de l'arc A′B′C′,
R′ le rayon de cet arc et A′ sa longueur, nous aurons, d'après
ce qui précède,

$$X = \frac{R'C'}{A'}.$$

Les deux arcs semblables A′ et A sont proportionnels à leurs
cordes; donc $\frac{C'}{A'} = \frac{C}{A}$, et comme R′ $= \frac{2}{3}$, en substituant il
viendra

$$X = \tfrac{2}{3}R \times \frac{C}{A}.$$

Si nous faisons A $= \pi R$, on a

$$X = \tfrac{2}{3}R \times \frac{2R}{\pi R} = \frac{4}{3}\frac{R}{\pi}.$$

92. *Centre de gravité de la surface d'un segment.* — Considérons le segment ABC (*fig.* 77). La perpendiculaire abaissée du centre sur la corde, étant un axe de symétrie, passera par le centre de gravité du segment. Remarquons que la surface

Fig. 77.

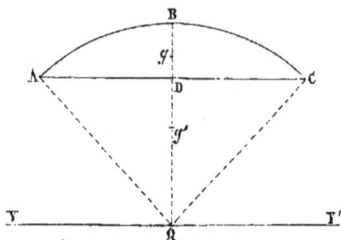

du segment ABC, étant égale à la surface du secteur ABCO, diminuée de la surface du triangle ACO, le moment du segment par rapport à un plan YY′ parallèle à la corde, et perpendiculaire au plan du segment, sera égal au moment du secteur diminué du moment du triangle. Comme les forces parallèles appliquées aux centres de gravité g, g' peuvent être représentées par les aires de ces figures, si nous désignons par S la surface du segment et par X la distance de son centre de gravité au plan, en appliquant le théorème des moments, nous aurons

$$SX = \tfrac{1}{2}A \times R \times \tfrac{2}{3}R \times \frac{C}{A} - \tfrac{1}{2}C \times OD \times \tfrac{2}{3}OD$$

ou, en faisant les réductions,

$$SX = \frac{R^2 C}{3} - \frac{C \times \overline{OD}^2}{3}.$$

Le triangle rectangle COD donne

$$\overline{OD}^2 = R^2 - \frac{C^2}{4}.$$

En substituant, on a

$$SX = \frac{R^2 C}{3} - \frac{C}{3}\left(R^2 - \frac{C^2}{4}\right) = \frac{C^3}{12}, \quad \text{d'où} \quad X = \frac{C^3}{12\,S}.$$

Supposons que le segment soit un demi-cercle. Dans ce cas, $S = \dfrac{\pi R^2}{2}$ et $C = 2R$; donc

$$X = \dfrac{8 R^3}{12 \dfrac{\pi R^2}{2}} = \dfrac{4}{3} \dfrac{R}{\pi}.$$

Ce résultat s'accorde avec celui que nous avons déjà trouvé pour le secteur dans l'hypothèse où l'arc est une demi-circonférence. Il est d'ailleurs évident qu'un secteur dont l'arc est de 180 degrés devient un segment.

93. *Centre de gravité d'un prisme triangulaire.* — Considérons le prisme triangulaire ABCDEF (*fig.* 78). Si par les points

Fig. 78.

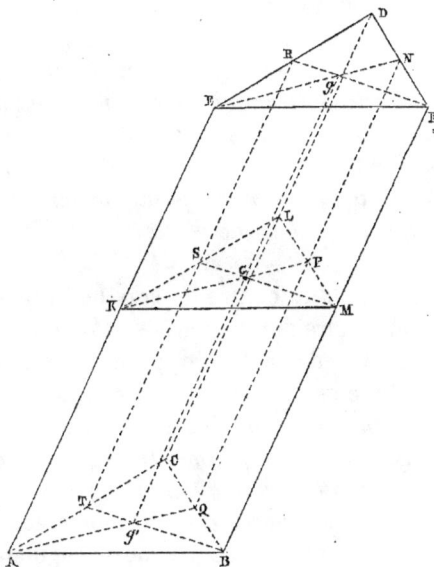

K, L, M milieux des arêtes AE, CD, BF nous faisons passer un plan, nous obtiendrons une section égale aux deux bases du prisme, et le plan dans lequel elle est située sera un plan diamétral correspondant aux droites parallèles à ces arêtes. Il contiendra donc le centre de gravité du prisme. Le plan EAQN,

passant par l'arête AE et le milieu N de DF, sera aussi un plan
diamétral correspondant aux parallèles à cette dernière arête.
Donc l'intersection de ce second plan avec le premier contiendra
le centre de gravité, et, de plus, cette intersection KP sera une
médiane du triangle KLN. En faisant passer un troisième plan
diamétral par l'arête FB et le milieu R de l'arête ED, le centre
de gravité se trouverait encore à l'intersection de ce plan avec
celui de la section parallèle aux bases. Comme cette section
est encore rencontrée suivant une seconde médiane MS, il
s'ensuit que le centre de gravité G du prisme se confondra
avec celui de la section. Or, comme les intersections de plans
parallèles par un troisième sont elles-mêmes parallèles, les
médianes correspondantes des deux bases et de la section
seront parallèles, et, par suite, toute droite menée parallèlement aux arêtes latérales et passant par le centre de gravité
de la section passera aussi par les centres de gravité des deux
bases. Cette droite étant d'ailleurs coupée en deux parties
égales par le plan de la section, on peut dire que *le centre de
gravité d'un prisme triangulaire est au milieu de la droite qui
unit les centres de gravité des deux bases, ou bien encore
qu'il se confond avec celui du triangle suivant lequel le prisme
est coupé par un plan mené parallèlement aux deux bases,
à égale distance de chacune d'elles.*

Remarque. — Si du centre de gravité du prisme on abaisse
une perpendiculaire sur une arête et qu'on la prolonge jusqu'à la rencontre de la face opposée à cette arête, on voit
aisément qu'elle est divisée en deux segments qui sont dans
le même rapport que ceux des médianes. Conséquemment, *le
centre de gravité d'un prisme triangulaire est distant de
chaque face latérale d'une quantité égale au tiers de la distance de la face considérée à l'arête opposée.*

Le centre de gravité d'un prisme triangulaire est le même
que celui d'un système de six masses égales dont les centres
de gravité coïncideraient avec les sommets du prisme. Ce
point est donc aussi le centre des moyennes distances des six
sommets à un plan quelconque.

La propriété du centre des moyennes distances ne saurait
être reconnue vraie pour un système quelconque. Elle n'est

pas applicable à un quadrilatère quelconque, ni même à un trapèze. Si, par exemple, on cherche pour le trapèze le centre des moyennes distances, on trouve que ce point est situé sur le milieu de la droite qui unit les milieux des bases, tandis que sur cette droite le centre de gravité occupe une position différente.

94. *Centre de gravité d'un prisme quelconque.* — Pour trouver le centre de gravité d'un prisme quelconque, on le décompose en prismes triangulaires au moyen de plans qu'on fait passer par une arête latérale. Tout plan mené parallèlement aux bases, à égale distance de chacune d'elles, contiendra le centre de gravité des prismes triangulaires partiels. Le centre de gravité du prisme total se confondra donc avec celui du polygone suivant lequel il a été coupé, et, comme ce polygone est égal à chacune des bases, si par le centre de gravité de la section on mène une parallèle aux arêtes latérales, elle passera aussi par le centre de gravité des bases. De là on peut encore conclure que *le centre de gravité d'un prisme quelconque est au milieu de la droite qui unit les centres de gravité des bases.*

95. *Centre de gravité d'un parallélépipède.* — Les plans qu'on fait successivement passer par deux arêtes opposées décomposant le parallélépipède en parties symétriques, comme ces plans considérés deux à deux se coupent suivant une diagonale, il est évident que l'intersection des diagonales sera un centre de figure. Ainsi, *le centre de gravité d'un parallélépipède est situé à l'intersection des diagonales ou au milieu de l'une d'elles.*

96. *Centre de gravité d'une pyramide triangulaire.* — Considérons la pyramide triangulaire SABC (*fig.* 79). Concevons cette pyramide décomposée en tranches infiniment minces parallèlement à la face ACB; le centre de gravité de chaque tranche se confondra avec celui du triangle qui lui sert de base. Or, comme tous ces triangles sont semblables, leurs centres de gravité seront des points homologues. Si donc nous joignons le sommet S au centre de gravité *g* de la base ABC, la ligne S*g* sera le lieu des centres de gravité de toutes

les tranches infiniment minces qui composent la pyramide, et par conséquent elle contiendra le centre de gravité de cette

Fig. 79.

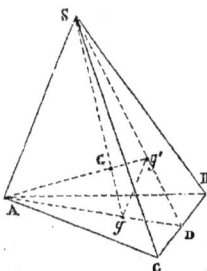

pyramide. En décomposant la pyramide en tranches infiniment minces parallèlement à la face ABC, on verrait pareillement que le centre de gravité de la pyramide se trouverait sur la droite Ag', qui unit le sommet A au centre de gravité g' de la face SBC. Les deux droites Sg et Ag' étant d'ailleurs contenues dans un même plan, leur intersection G sera le centre de gravité de la pyramide. Pour trouver la position de ce point, joignons le point g au point g'; comme cette ligne gg' divise les côtés AD, SD du triangle SAD en parties proportionnelles, elle sera parallèle à SA. De plus, puisque $gD = \frac{1}{3}DA$, la droite gg' sera égale au tiers de SA. Les deux triangles Ggg', SAG étant semblables, on a la proportion suivante :

$$\frac{gg'}{SA} = \frac{Gg}{GS}, \quad \text{ou bien} \quad \frac{1}{3} = \frac{Gg}{GS};$$

par conséquent, Gg sera le tiers de GS ou le quart de la ligne totale Sg. D'ailleurs, de cette proportion on déduit

$$\frac{4}{1} = \frac{Gg + GS}{Gg} = \frac{Sg}{Gg}, \quad \text{d'où} \quad Gg = \frac{1}{4}Sg.$$

Ainsi *le centre de gravité d'une pyramide triangulaire est situé sur la droite qui unit un sommet au centre de gravité de la face opposée, aux trois quarts à partir du sommet ou au quart à partir de la face.*

97. *Le centre de gravité d'une pyramide triangulaire est*

le même que celui de quatre masses égales dont les centres de gravité coïncident avec les sommets de la pyramide.

Supposons qu'on ait appliqué quatre sphères de même

Fig. 80.

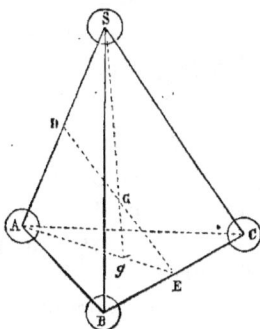

poids P aux quatre sommets S, A, B, C d'une pyramide (*fig.* 80), de manière que leurs centres se confondent avec les sommets de la pyramide. Si nous composons les trois forces égales agissant aux points A, B, C, le point d'application de la résultante sera le centre de gravité du triangle. Composant la force 3P appliquée au point g avec la force P appliquée au point S, le point d'application de cette nouvelle résultante divisera la droite Sg en deux segments qui seront entre eux comme 1 est à 3. Donc Gg sera le tiers de SG ou le quart de la longueur totale Sg, relation qui précise la position du centre de gravité.

Il est aisé de voir que le centre de gravité de la pyramide est le centre des moyennes distances des quatre sommets à un plan quelconque.

Quel que soit l'ordre dans lequel on compose les forces appliquées aux sommets de la pyramide, évidemment on doit toujours parvenir au même résultat. Or, si l'on compose la force qui agit au point S avec la force appliquée au point A, on obtiendra une force double dont le point d'application sera au milieu D de la droite SA. De même, la résultante des forces agissant aux points B et C sera encore une force double dont le point d'application E divisera la droite BC en deux parties égales. Enfin la résultante définitive aura son point d'application au milieu G de la droite BD, puisque les forces appliquées aux points D et E sont égales. Donc *le centre de gravité d'une pyramide triangulaire est au milieu de la droite qui unit les milieux de deux arêtes opposées quelconques.*

Cette conclusion, à laquelle conduisent les principes de la Mécanique, confirme ce théorème de Géométrie pure : *Dans un tétraèdre, les droites qui unissent les milieux des arêtes opposées concourent au même point et se divisent mutuellement en deux parties égales.*

98. *Centre de gravité d'une pyramide quelconque.* — Supposons que la pyramide considérée ait été décomposée en pyramides triangulaires au moyen de plans passant par le sommet et par les diagonales de la base. Toutes ces pyramides ayant même hauteur sont proportionnelles à leurs bases ou à des sections parallèles déterminées par un même plan sécant. Si donc on coupe ces pyramides par un plan parallèle à la base, mené au quart de la hauteur à partir de cette base, ce plan sécant contiendra les centres de gravité de toutes les pyramides triangulaires, lesquels sont les mêmes que ceux des triangles suivant lesquels les pyramides sont coupées. Il s'ensuit que le centre de gravité de la pyramide donnée se confond avec celui du polygone suivant lequel elle est coupée. Ce polygone déterminé par le plan sécant étant semblable à la base, si l'on joint le sommet de la pyramide au centre de gravité du polygone, cette droite passera aussi par le centre de gravité de la base, puisque ces deux points sont homologues. Or, comme elle est coupée par le plan sécant au quart de sa longueur à partir de la base, nous pouvons en conclure que *le centre de gravité d'une pyramide polygonale est situé sur la droite qui joint le sommet de la pyramide au centre de gravité de la base aux trois quarts en partant du sommet ou au quart en partant de la base.*

99. *Centre de gravité du tronc de pyramide triangulaire à bases parallèles.* — Pour trouver le centre de gravité, nous allons procéder d'une manière analogue à celle que nous avons employée dans la détermination du centre de gravité d'un trapèze par le théorème des moments. Soit ABCDEF (*fig.* 81) le tétraèdre tronqué. Comme pour la pyramide, on

comprend que le centre de gravité se trouvera sur la droite gg' qui joint les centres de gravité des deux bases. Par le procédé que donne la Géométrie, décomposons le tronc pyramidal en

Fig. 81.

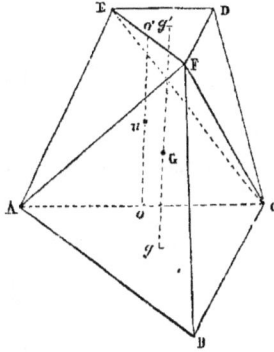

trois pyramides FACB, CDEF et FAEC. Considérons les plans des bases comme plans des moments, et désignons par X et Y les distances respectives du centre de gravité du tronc de pyramide à la base inférieure B et à la base supérieure B′. En vertu de la position géométrique du centre de gravité d'une pyramide, celui de la pyramide FACD sera distant de la base inférieure d'une quantité $\frac{h}{4}$, et de la base supérieure d'une quantité $\frac{3}{4}h$. De même, la distance du centre de gravité de la pyramide CDEF à la base inférieure sera $\frac{3}{4}h$, et à la base supérieure $\frac{h}{4}$. Quant à la troisième pyramide FAEC, comme elle a deux arêtes opposées AC, AE situées sur le plan des bases, son centre de gravité étant au point u milieu de la droite qui unit ces deux arêtes, il est clair que sa distance à chacune des bases sera $\frac{h}{2}$. Désignant par V le volume du tronc et rappelant que la base de la troisième pyramide est $\sqrt{BB'}$, le théorème des moments conduira aux équations suivantes :

$$VX = B\frac{h}{3} \times \frac{h}{4} + B'\frac{h}{3} \times \frac{3}{4}h + \frac{h}{3} \times \frac{h}{2}\sqrt{BB'},$$

ou bien

$$VX = \frac{B\,h^2}{12} + \frac{B'\,h^2}{4} + \frac{h^2}{6}\sqrt{BB'}.$$

Réduisant au même dénominateur et mettant $\frac{h^2}{12}$ en facteur commun,

$$VX = \frac{h^2}{12}\left(B + 3B' + 2\sqrt{BB'}\right).$$

On trouverait, en rapportant les centres de gravité des trois pyramides au plan de la base supérieure,

$$VY = \frac{h^2}{12}\left(B' + 3B + 2\sqrt{BB'}\right).$$

Divisant membre à membre,

$$\frac{X}{Y} = \frac{B + 3B' + 2\sqrt{BB'}}{B' + 3B + 2\sqrt{BB'}}.$$

Si G est la position du centre de gravité du tronc pyramidal sur la droite gg', on aura

$$\frac{X}{Y} = \frac{Gg}{Gg'}, \quad \text{d'où} \quad \frac{Gg}{Gg'} = \frac{B + 3B' + 2\sqrt{BB'}}{B' + 3B + 2\sqrt{BB'}}.$$

Comme les bases sont semblables, leur rapport peut être remplacé par celui des carrés de deux côtés homologues A et A'. Ainsi nous aurons

$$\frac{Gg}{Gg'} = \frac{A^2 + 3A'^2 + 2AA'}{A'^2 + 3A^2 + 2AA'}.$$

100. *Centre de gravité d'un tronc pyramidal à bases parallèles quelconques.* — En décomposant le tronc pyramidal à bases quelconques en tétraèdres tronqués, le rapport $\frac{X}{Y}$ des distances ne changera pas d'un tronc de tétraèdre à un autre. Par conséquent, les centres de gravité de tous ces troncs à bases triangulaires seront situés sur une même section parallèle aux deux bases, et seront les centres de gravité de tous les triangles dont la somme constitue la section. Si donc on compose les forces parallèles qui agissent à ces divers centres de gravité, on aura le centre de gravité de la section, et ce point se trouvera à la rencontre du plan de cette section avec la droite qui unit les centres de gravité des deux bases polygonales. Enfin le résultat obtenu précédemment pour un tétraèdre tronqué conviendra à un tronc de pyramide à bases quelconques, c'est-à-dire que le centre de gravité divisera la droite qui joint les centres de gravité des bases des deux segments qui seront entre eux dans le rapport que nous avons déjà trouvé.

101. *Centre de gravité d'un cylindre.* — Le centre de gravité d'un cylindre quelconque est au milieu de la droite qui unit les centres de gravité des bases, car un cylindre peut être considéré comme un prisme dont la base est un polygone infinitésimal. Si d'ailleurs on suppose le cylindre décomposé parallèlement aux bases en tranches infiniment minces, leurs centres de gravité se confondront avec ceux des sections, et, comme elles sont égales aux bases, on comprend que la droite qui unit les centres de gravité des bases passera aussi par les centres de gravité des sections. On pourra donc admettre que, sur cette droite, sont régulièrement distribuées des forces parallèles égales, et, par suite, le point d'application de la résultante sera situé au milieu de sa longueur.

102. *Centre de gravité d'un cône.* — Le centre de gravité d'un cône quelconque se trouve sur la droite qui unit le sommet au centre de gravité de la base, au quart en partant de cette base ou aux trois quarts à partir du sommet, car le cône peut être considéré comme une pyramide dont la base est un polygone infinitésimal.

103. *Centre de gravité d'un tronc de cône.* — Le tronc de cône peut aussi être assimilé à un tronc de pyramide dont les bases sont des polygones infinitésimaux; partant, la relation qui a été trouvée pour un tronc pyramidal à bases parallèles est applicable au tronc de cône. Si donc nous désignons par X, Y les distances du centre de gravité du tronc de cône aux plans des deux bases, et par R et R' les rayons de ces bases, nous aurons

$$\frac{X}{Y} = \frac{R^2 + 3R'^2 + 2RR'}{R'^2 + 3R^2 + 2RR'}.$$

104. *Trouver le centre de gravité d'une surface plane limitée par une droite et par une courbe quelconque.* — Soit une surface limitée par la droite AB et par la courbe ACB (*fig.* 82).

Fig. 82.

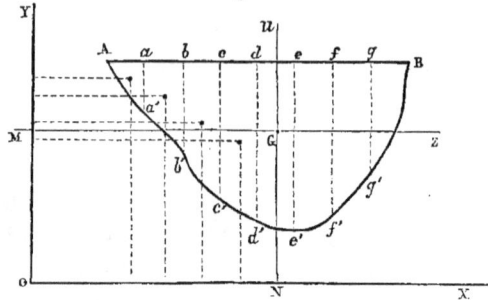

Dans le plan de cette surface, considérons deux axes rectangulaires **X**, **Y**, dont l'origine est au point O. Divisons la droite AB en un nombre pair de parties égales, assez grand pour que les ordonnées de ces points aa', bb', cc', dd',... décomposent la surface totale en surfaces partielles s, s', s'', s''',..., qui puissent, à la limite, être considérées comme des triangles, des rectangles et des trapèzes. Désignons par x, x', x'',... et y, y', y'',... les coordonnées des centres de gravité de ces surfaces partielles par rapport à deux plans rectangulaires passant par les deux axes et perpendiculaires à celui de la surface donnée. Si X_1 et Y_1 représentent les coordonnées du centre de gravité de la surface totale S par rapport à ces deux plans, en appliquant le théorème des moments, nous aurons les deux équations suivantes :

$$SX_1 = s\,x + s'\,x' + s''\,x'' + s'''\,x''' + \dots,$$
$$SY_1 = s\,y + s'\,y' + s''\,y'' + s'''\,y''' + \dots,$$

d'où l'on tire

$$X_1 = \frac{s\,x + s'\,x' + s''\,x'' + s'''\,x'''}{S},$$

$$Y_1 = \frac{s\,y + s'\,y' + s''\,y'' + s'''\,y'''}{S}.$$

La surface S étant évaluée par la méthode de quadrature de

Simpson, les coordonnées X_1, Y_1 seront complétement déterminées. Si donc à ces deux distances on mène des parallèles
MZ, NU, aux deux axes X, Y, leur intersection sera le centre
de gravité de la surface considérée.

105. *Trouver le centre de gravité d'un corps limité par une
surface courbe quelconque.* — Il est souvent utile dans la construction de déterminer le centre de gravité d'un corps ter-
miné par une surface courbe dont on ne connaît pas la loi géométrique. A cet effet, on décompose le corps en tranches
parallèles très-minces. Le corps étant homogène, les poids
de ces tranches seront proportionnels à leurs volumes, et il
suffira de rapporter les centres de gravité de ces solides partiels à trois plans rectangulaires. Soient X, Y, Z ces trois
plans (*fig.* 83), dont l'intersection commune est O. Désignons

Fig. 83.

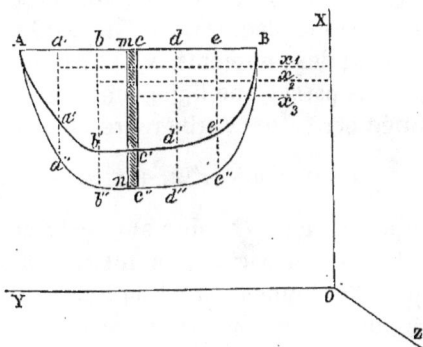

par v, v', v'', v''',... les volumes partiels dont la somme constitue le volume total V, par (x, y, z), (x', y', z'), (x'', y'', z'')
les coordonnées des divers centres de gravité, et par X_1, Y_1,
Z_1 les coordonnées du centre de gravité du corps. D'après le
théorème des moments, nous aurons

$$VX_1 = vx + v'x' + v''x'' + ...,$$
$$VY_1 = vy + v'y' + v''y'' + ...,$$
$$VZ_1 = vz + v'z' + v''z'' + ...;$$

d'où

$$X_1 = \frac{v\,x + v'\,x' + v''\,x'' + \dots}{V},$$

$$Y_1 = \frac{v\,y + v'\,y' + v''\,y'' + \dots}{V},$$

$$Z_1 = \frac{v\,z + v'\,z' + v''\,z'' + \dots}{V}.$$

Les coordonnées du centre de gravité du corps peuvent être déterminées par un tracé. La ligne AB étant divisée en un nombre pair de parties égales, Aa, ab, bc,....

Supposons que les sections qui décomposent le corps en tranches très-minces soient parallèles au plan X et perpendiculaires aux plans Y, Z. Désignons par s, s', s'', s''',... les aires de ces sections et par x_1, x_2, x_3,... leurs distances respectives au plan X. Sur les ordonnées des points a, b, c,..., portons des longueurs aa'', bb'', cc'',..., respectivement égales aux produits des sections correspondantes s, s', s'',... par leurs distances x_1, x_2, x_3,... au plan des moments X; et par les extrémités A, a'', b'',... faisons passer une ligne continue $A\,a''\,b''\,c''$... B. La surface limitée par cette courbe représenter la somme

$$s\,x_1 + s'\,x_2 + s''\,x_3 + s'''\,x_4 + \dots,$$

et par suite le moment VX_1 du volume du corps par rapport au plan X. En effet, à partir du point c, prenons un élément cm et menons l'ordonnée mn. A la limite la surface $c\,c''\,m\,n$ pourra être considérée comme un rectangle dont l'aire sera $cc''\,mn$; mais $cc'' = s''\,x_3$: donc la surface $c\,c''\,m\,n = s''\,x_3 \cdot mn$ ou $s''' \cdot mn\,x_3$. Or $s'' \cdot mn$ étant le volume élémentaire compris entre les deux sections infiniment rapprochées, le produit $s'' \cdot cm\,x_3$ sera le moment de ce volume par rapport au plan X; par conséquent, la somme de toutes les surfaces analogues à $cmnc''$, c'est-à-dire la surface totale $A\,a''\,b''\,c''$... B représentera la somme des moments $v\,x + v'\,x' + \dots$, ou le moment total VX_1.... Si nous désignons par S cette surface évaluée par la méthode de quadrature de Simpson, nous aurons

$$VX_1 = S, \quad \text{d'où} \quad X_1 = \frac{S}{V}.$$

On déterminerait de la même manière les coordonnées Y_1, Z_1 par rapport aux plans des moments Y, Z.

Ce théorème trouve son application dans la construction des vaisseaux ; mais dans ce cas, comme la coque est divisée en deux parties symétriques par le plan diamétral longitudinal, il suffit de considérer deux plans dont l'un est le plan de flottaison.

106. Théorème de Guldin. — I. *L'aire de la surface engendrée par une courbe plane, tournant autour d'un axe situé dans son plan, est égale au produit de la longueur de cette courbe par la circonférence que décrit son centre de gravité.*

II. *Le volume engendré par une aire plane, tournant autour d'un axe situé dans son plan, est égal au produit de cette aire par la circonférence que décrit son centre de gravité*

1° Soit une courbe plane tournant autour d'un axe XX′ (*fig.* 84). Dans le mouvement de rotation autour de l'axe, les éléments ab, bc, cd...., que nous désigne-rons par l, l', l'',..., engendreront les sur-faces latérales de troncs de cône dont les aires auront pour valeurs respectives

$$2\pi x l, \quad 2\pi x' l', \quad 2\pi x'' l'',...,$$

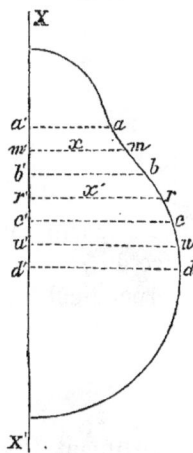

Fig. 84.

en représentant par x, x', x'',... les dis-tances des milieux de ces éléments à l'axe. Par conséquent l'aire totale sera exprimée par

$$2\pi x l + 2\pi x' l' + 2\pi x'' l'' + ...$$

ou

$$2\pi(x l + x' l' + x'' l'' + ...);$$

mais la somme des quantités renfermées dans la parenthèse est l'expression de la somme des moments de tous les éléments de la courbe génératrice par rapport à un plan passant par l'axe et perpendiculaire à celui dans lequel la courbe est contenue. Si L représente la longueur de cette courbe, X la distance de son centre de gravité à l'axe, et S la surface engendrée en vertu du théorème des moments, nous aurons

$$\mathbf{XL} = x l + x' l' + x'' l'' + ...$$

11.

et, en substituant,

$$S = 2\pi XL.$$

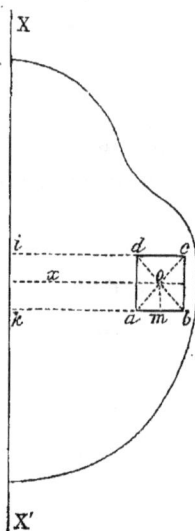

2° Considérons une figure plane quelconque tournant autour de l'axe XX' (*fig. 85*). Par des droites parallèles et perpendiculaires à l'axe, cette figure peut être décomposée en rectangles infiniment petits, tels que *abcd*; ou plutôt on peut y inscrire une série de rectangles analogues dont la somme a pour limite l'aire de la figure. Prolongeons les côtés *ab*, *dc* du rectangle jusqu'à la rencontre de l'axe aux points *k* et *i*. Dans le mouvement de rotation de la figure, le rectangle *abcd* engendrera un cylindre creux dont le volume *v* sera égal au volume du cylindre engendré par le rectangle *kbci* diminué du volume du cylindre engendré par le rectangle *kadi*. Donc

Fig. 85.

$$v = \pi \overline{kb}^2 . ki - \pi \overline{ka}^2 . ki,$$

ou

$$v = \pi ki \left(\overline{kb}^2 - \overline{ka}^2 \right)$$
$$= \pi ki (kb + ka)(kb - ka),$$
$$v = \pi ki . ab (kb + ka).$$

Désignant par x la distance du centre de gravité de la surface du rectangle infinitésimal au plan passant par l'axe, et perpendiculaire au plan de la surface génératrice, nous aurons

$$kb = x + mb, \quad ka = x - mb,$$

d'où

$$kb + ka = 2x;$$

substituant, il vient

$$v = \pi ki . ab . 2x = 2\pi x . ab . ki.$$

Or

$$ab . ki = s \text{ (surface élémentaire génératrice)} :$$

donc

$$v = 2\pi x . s.$$

Les volumes v, v', v'',.. des solides engendrés par des rectangles analogues seront exprimés de la même manière ; en désignant par x', x'', x''' les distances des centres de gravité à l'axe,

$$v' = 2\pi x' s', \quad v'' = 2\pi x'' s'', \quad v''' = 2\pi x''' s'''.$$

Ajoutant, nous aurons le volume total V, d'où

$$V = 2\pi(xs + x's' + x''s'' + x'''s''' + \ldots).$$

Désignant par X la distance du centre de gravité de la surface totale S à l'axe XX', nous aurons

$$V = 2\pi X.S.$$

Remarquons que, si la courbe ou l'aire plane n'opère pas une révolution entière autour de l'axe, on peut toujours obtenir l'aire ou le volume engendré, en multipliant la longueur de la courbe ou l'aire de la figure génératrice par la fraction de circonférence décrite autour de l'axe par le centre de gravité, quelle que soit la longueur de cette portion de circonférence. Le théorème de Guldin *peut donc être généralisé en disant que, si une ligne plane ou une aire plane est animée d'un mouvement de rotation autour d'un axe situé dans son plan, ou, en d'autres termes, si le plan de cette figure génératrice roule sans glisser sur une surface développable, l'aire ou le volume qu'engendre cette figure dans le mouvement de rotation s'obtient en multipliant la longueur ou l'aire de la figure génératrice par le chemin total que parcourt le centre de gravité.*

Si la figure génératrice n'était pas entièrement située du même côté de l'axe de rotation, en appliquant le théorème, on obtiendrait la différence et non la somme des aires ou des volumes engendrés par les deux parties suivant lesquelles la figure est partagée par cet axe. On comprend, en effet, que, les éléments de la figure étant situés de différents côtés du plan qui passe par l'axe, les moments pris d'un côté de cet axe sont positifs, tandis que ceux qui correspondent à des éléments situés de l'autre côté sont négatifs. Par suite, les aires ou les volumes élémentaires que l'on considère entrent dans l'expression de l'aire totale ou du volume total avec des signes opposés, suivant qu'ils se rapportent à des parties élémentaires situées d'un côté ou de l'autre de l'axe de rotation.

107. *Application du théorème de Guldin.* — 1° *Trouver la surface d'une sphère.*

D'après le mode de génération de la surface sphérique dans l'expression algébrique de la première partie du théorème

$$S = 2\pi XL,$$

il suffit de remplacer L par πR et X par $\dfrac{2R}{\pi}$. On aura ainsi

$$S = 2\pi \frac{2R}{\pi} \pi R = 4\pi R^2,$$

résultat qui s'accorde avec celui que fournit la Géométrie.

2° *Trouver le volume d'une sphère.*

Dans la formule $V = 2\pi XS$, il faudra remplacer X par sa valeur déjà trouvée $\dfrac{4}{3}\dfrac{R}{\pi}$ et S par πR^2; nous aurons

$$V = 2\pi \times \frac{4}{3}\frac{R}{\pi} \times \frac{\pi R^2}{2} = \frac{4}{3}\pi R^3.$$

Quelquefois le théorème de Guldin peut servir à trouver le centre de gravité d'une figure plane. Supposons que l'on fasse tourner un arc de cercle autour d'un diamètre parallèle à sa corde. Évidemment la surface engendrée sera une zone sphérique à deux bases dont la surface sera

$$2\pi R c,$$

R étant le rayon de la sphère et c la hauteur de la zone, qui dans ce cas est égale à la corde de l'arc générateur. Désignant par a la longueur de l'arc développé, en vertu du théorème précité, nous aurons

$$2\pi x a = 2\pi R c, \quad \text{d'où} \quad x = \frac{Rc}{a},$$

résultat qui peut être obtenu directement.

Le théorème étant vrai pour un déplacement très-petit du centre de gravité, il s'ensuit qu'il est applicable à tous les corps à section constante, notamment aux échiffres d'escalier. En effet, le volume du corps compris entre deux sections transversales très-voisines peut être considéré comme un solide de révolution ayant la section constante pour aire génératrice, l'axe étant l'intersection des plans qui contiennent les deux sections. Le volume total se composant de tous les volumes partiels analogues, comme chacun d'eux a pour expression le produit du profil transversal par le chemin très-petit que parcourt le centre de gravité dans le passage d'une section à l'autre, on peut dire que le volume total est égal au produit de la section par le chemin total que décrit le centre de gravité.

Ainsi, pour avoir le volume d'un échiffre d'escalier contourné en hélice, on fait une section perpendiculaire à l'hélice moyenne que l'on multiplie par la longueur de cette hélice.

Cette proposition trouve encore son application dans le calcul des déblais auxquels donne lieu la construction d'un canal ou d'un fossé à profil constant. Il en serait encore de même si l'on voulait déterminer le volume d'un serpentin.

108. *Équilibre d'un solide reposant sur un plan.* — Considérons un corps reposant par un point A d'un plan MN et sollicité par des forces F, F′, F″, F‴,..., qui se font équilibre (*fig.* 86). Si le corps n'était pas retenu par le plan que nous

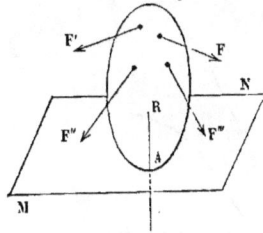

Fig. 86.

supposons inébranlable, le point A se mettrait en mouvement dans une direction contraire à la résistance que le plan oppose. Nous ne connaissons ni la grandeur ni la direction de cette résistance; mais, si nous la supposons appliquée au point A du corps, nous pouvons supprimer le plan d'appui, et le corps sera devenu libre. Donc, pour qu'il y ait équilibre, il faut que la résultante de toutes les forces sollicitant le corps soit égale et directement opposée à la résistance du plan, ce qui implique évidemment que cette résultante doit passer par le point d'appui. Il reste à trouver maintenant la direction de cette résultante par rapport au plan MN. Si elle est normale au plan, évidemment l'équilibre existera; car il n'y a pas de raison pour que le mouvement ait lieu d'un côté plutôt que d'un autre. Si au contraire la résultante de toutes les forces est oblique au plan d'appui, on pourra toujours la décomposer en deux autres forces : l'une normale, qui est détruite par la réaction du plan qui se manifeste en sens contraire; l'autre située dans ce plan, servant à faire glisser le corps, à moins que la surface plane n'oppose au glissement une résistance suffisante. *Donc, pour qu'un corps reposant par un seul point sur un plan inébranlable soit en équilibre, il faut que toutes les forces qui le sollicitent aient une résultante unique, qu'elle passe par le point d'appui et qu'elle soit normale au plan.*

Supposons que le corps repose sur le plan par deux points A et B (*fig.* 87). Le plan en chacun de ces points oppose des

Fig. 87.

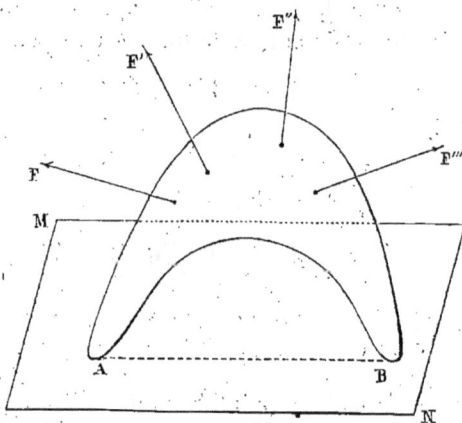

résistances normales. Or, comme elles sont parallèles et de même sens, leur résultante aura son point d'application situé sur la droite BA. Le corps étant sollicité par des forces quelconques, il faut pour l'équilibre qu'elles puissent être remplacées par une force unique, qui soit égale et directement opposée à la résultante des résistances qui se manifestent aux points d'appui A et B. Donc cette force unique passera par un point de la droite AB et sera normale au plan d'appui.

Ainsi, lorsqu'un corps sollicité par plusieurs forces repose sur un plan par deux points, pour qu'il soit en équilibre, il faut que toutes les forces puissent être réduites à une seule et que cette résultante soit normale au plan en un point de la droite qui unit les deux points d'appui.

Considérons le cas où le corps repose sur le plan par trois points ou un plus grand nombre. Soit un solide reposant sur le plan MN par les points A, B, C, D (*fig.* 88). Remarquons

Fig. 88.

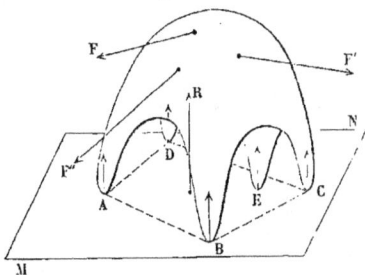

qu'aux points d'appui la réaction du plan inébranlable développe des résistances normales à ce plan et dirigées en sens contraire du mouvement que prendrait le corps s'il était libre. Il faut donc que la résultante de toutes les forces qui agissent sur lui soit directement opposée à la résultante de toutes les résistances qui se développent aux points d'appui. Or, ces résistances étant parallèles et de même sens, en les composant deux à deux, on arrive à une seule force, dont le point d'application se trouve dans l'intérieur du polygone, limité par les droites qui unissent les points d'appui. La résultante de toutes les forces qui sollicitent le corps passera donc par ce point.

Ainsi, lorsqu'un corps solide s'appuie par plusieurs points contre un plan inébranlable, pour qu'il y ait équilibre, il faut et il suffit que les forces qui sollicitent le corps aient une résultante unique, normale au plan et dont la direction passe dans l'intérieur du polygone, limité par les droites qui unissent les points d'appui.

109. *Cas où le corps reposant sur le plan est seulement sou-mis à l'action de la pesanteur.* — 1° Le corps s'appuie sur le plan par un point. Un corps solide soumis à la seule action de la pesanteur rentre évidemment dans le cas général que nous venons de traiter. En effet, si nous considérons un corps repo-sant sur le plan MN (*fig.* 89) par le point A, nous remarquons

Fig. 89.

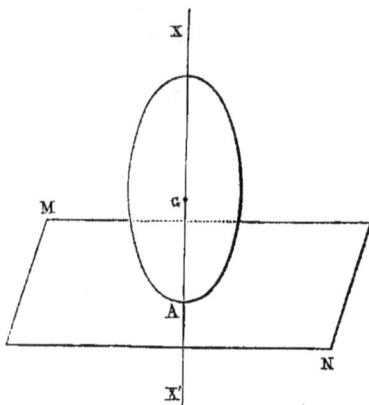

que l'équilibre ne peut avoir lieu que si la résistance normale du plan au point d'appui est égale et directement opposée à la somme de toutes les actions que la pesanteur exerce sur les différentes parties du corps. Or cette résultante, qui est le poids du corps, a son point d'application au centre de gravité et sa direction est verticale. Elle passera donc par le point d'appui. De là cette conclusion :

Lorsqu'un corps repose librement par un point sur un plan horizontal, l'équilibre aura lieu si la verticale du centre de gravité passe par le point d'appui. (Le poids du corps repré-sente la pression exercée sur le plan.)

2° Le corps repose sur le plan par deux points. Comme pré-cédemment, nous ferons observer que le poids du corps, c'est-à-dire la somme de toutes les actions de la pesanteur, doit être égal et directement opposé à la résultante des réactions per-pendiculaires au plan, qui ont lieu aux points d'appui. Or, cette résultante ayant son point d'application situé sur la droite AB

et le poids du corps agissant verticalement au centre de gravité, la verticale de ce point devra passer par le point d'application des résistances parallèles qui se produisent aux points
d'appui. *Donc, lorsqu'un corps, soumis à l'action seule de la
pesanteur, s'appuie par deux points sur un plan horizontal,
pour qu'il y ait équilibre, il faut que la verticale du centre
de gravité passe par un point de la droite qui unit les deux
points d'appui.*

Les pressions exercées aux points d'appui dépendent de
leurs positions par rapport au centre de gravité. En effet, les
réactions du plan aux points d'appui étant égales et directement opposées aux pressions exercées, comme ces pressions
sont des composantes parallèles du poids P et que le centre
de gravité peut être transporté au point C de la droite AB,

Fig. 90.

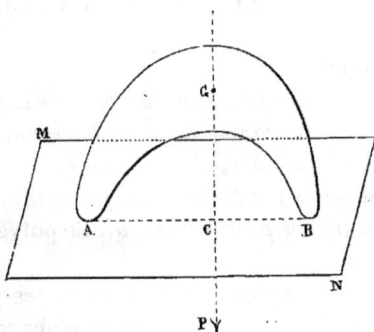

nous aurons, en désignant par p et p' les pressions exercées
aux points A et B (*fig.* 90),

$$\frac{p}{P} = \frac{CB}{AB}, \quad \frac{p'}{P} = \frac{AC}{AB},$$

d'où

$$p = \frac{P.CB}{AB} \quad \text{et} \quad p' = \frac{P.AC}{AB}.$$

3° Les forces reposent sur le plan horizontal par trois
points. Les réactions ou les résistances des points d'appui
étant perpendiculaires au plan ne pourront équilibrer le poids
du corps qu'autant que leur résultante sera égale et directe-

ment opposée à ce poids. Or la résultante des trois forces parallèles agissant aux points d'appui A, B, C (*fig.* 91) se trouve

Fig. 91.

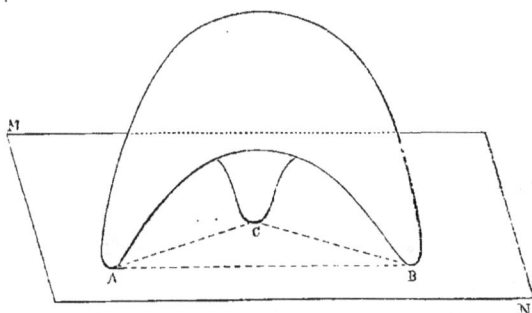

dans l'intérieur du triangle limité par les droites qui les unissent. Donc la verticale du centre de gravité devra passer par ce point.

De là cette conclusion :

Lorsqu'un corps solide s'appuie librement, par un nombre quelconque de points, contre un plan horizontal supposé inébranlable ; pour l'équilibre, il faut que la verticale du centre de gravité passe dans l'intérieur du polygone, limité par les droites qui unissent les points d'appui. Ce polygone se nomme *polygone d'appui.*

Proposons-nous, dans ce cas, de trouver les pressions exercées aux points d'appui et supposons d'abord que le corps s'appuie, par trois points, sur le plan horizontal. Si D est le point (*fig.* 92) où la verticale du centre de gravité perce ce

Fig. 92.

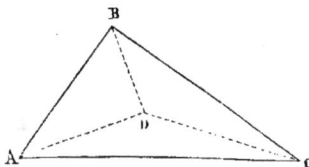

plan, la question se réduit à décomposer le poids total du corps P agissant au point D en trois composantes parallèles p, p', p'', appliquées aux points A, B, C.

Considérons un plan des moments vertical passant par la droite BC. Si x et y représentent les distances des points A et D à ce plan, c'est-à-dire au côté BC, nous aurons

$$P y = p x, \quad \text{d'où} \quad p = P \frac{y}{x}.$$

(Car, le moment de la résultante étant égal à la somme des moments des composantes, comme les points d'application B et C des forces p', p'' sont sur le plan, leurs moments sont nuls.)

Joignons le point D aux points B, C et remarquons que les deux triangles BDC, ABC de même base BC sont entre eux comme leur hauteur : donc

$$\frac{y}{x} = \frac{BDC}{ABC}, \quad \text{d'où} \quad p = P \frac{BDC}{ABC}.$$

De même, si par la droite AC nous faisons passer un plan des moments, en désignant par y', x' les distances des points D et B au côté AC, nous aurons

$$p' = P \frac{ADC}{ABC}.$$

En considérant enfin un troisième plan des moments passant par la droite AB, on trouvera

$$p'' = P \frac{ABD}{ABC}.$$

Quand le corps s'appuie contre le plan par un nombre de points supérieur à trois, il n'est plus possible de trouver les pressions exercées aux points d'appui par la seule connaissance de la verticale du centre de gravité et du point où elle rencontre le plan. Ainsi que nous l'avons déjà vu dans la décomposition des forces parallèles, il existe une infinité de systèmes de forces parallèles de même sens, ayant pour résultante commune le poids P du corps. Rappelons, en effet, qu'on peut prendre à volonté les valeurs de ces pressions, à l'exception de trois d'entre elles, sans toutefois dépasser certaines limites, et l'on en déduit facilement les valeurs de trois autres pressions, de telle sorte que la résultante générale de toutes les pressions soit égale au poids du corps. La même observation s'applique au cas où les points d'appui seraient situés en ligne droite.

Pour fixer les idées, considérons un prisme polygonal de poids P reposant sur un plan horizontal XX' par sa base ABCDE et sollicité par une force extérieure F (*fig.* 93). Le

Fig. 93.

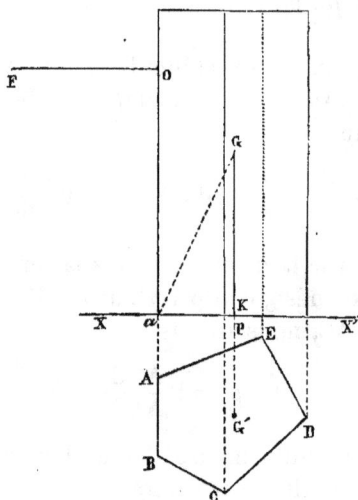

poids du corps agissant au centre de gravité tend à maintenir le corps contre le plan d'appui, tandis que la force horizontale tend à le faire tourner autour de l'arête AB. L'équation d'équilibre sera donc

$$P a K = F O a, \quad \text{d'où} \quad F = P \frac{a K}{O a}.$$

Ainsi, pour que le renversement puisse avoir lieu, il faut que le moment de la force de traction appliquée au corps soit égal au moment du poids du corps par rapport à l'arête AB. Ce renversement par rotation sera d'autant plus facile que le point où la verticale du centre de gravité rencontre le polygone d'appui sera plus rapproché du côté autour duquel on veut le produire. Le produit du poids par la distance de ce point au côté le plus rapproché se nomme le *moment de stabilité du corps;* c'est la valeur minima du moment de la force qui sollicite le corps pour produire son renversement sur le plan d'appui. Pour que la stabilité soit assurée, il faut donc que le moment du poids du corps soit supérieur au moment des forces qui tendent à le renverser.

La relation qui existe entre le poids du corps et la force qui tend à le renverser nous montre que cette force sera d'autant moindre que son point d'application sera plus élevé au-dessus du polygone d'appui. D'autre part, quand le corps est seulement soumis à l'action de la pesanteur, l'équilibre existera tant que la verticale du centre de gravité passera par un point situé dans l'intérieur de la base, quelle que soit la hauteur du centre de gravité au-dessus de cette base; seulement sa stabilité diminue à mesure que la hauteur devient plus grande. On comprend, en effet, que, le centre de gravité du prisme s'élevant de plus en plus, l'angle O *a* G, formé par le plan vertical qui contient l'arête AB avec le plan qui passe par la même arête et par le centre de gravité, devient de plus en plus petit et que ce point se rapproche de plus en plus du cas de l'instabilité, en tendant vers la limite au delà de laquelle ne saurait avoir lieu l'équilibre. Il est d'ailleurs visible que si le prisme repose sur le plan horizontal, par une face latérale, son poids étant constant, son moment de stabilité deviendra plus grand, puisqu'il a pour expression le produit de ce poids par un bras de levier supérieur à celui qui a été introduit dans l'équation d'équilibre, lorsque le prisme reposait sur le plan par sa base polygonale.

Dans les constructions qui reposent sur le sol, les forces extérieures autres que le poids des matériaux ont des grandeurs et des directions variables entre des limites souvent fort étendues, sans que l'état d'équilibre cesse d'exister. Il importe donc de les considérer et c'est dans l'application rigoureuse des lois de l'équilibre que consiste ce que l'on appelle *stabilité des constructions.*

L'équilibre d'un corps reposant sur un plan peut être *stable, instable* ou *indifférent.*

L'équilibre est dit *stable* lorsque le corps, étant un peu déplacé de sa position d'équilibre, tend à y revenir de lui-même.

Dans l'équilibre stable, le centre de gravité du corps est le plus bas possible, par rapport à sa configuration. Ce point ne saurait descendre au-dessous d'un certain niveau, en conservant néanmoins la faculté de pouvoir être élevé au-dessus pour un déplacement quelconque, si petit qu'il puisse être. Cet état d'équilibre se présente lorsqu'un corps repose sur un plan par une large base. Il en est de même encore si le centre de gravité, comme dans le pendule et le fil à plomb, est situé au-dessous d'un point fixe, autour duquel il peut tourner. Dans ce cas, le corps oscille autour de sa position d'équilibre et finit par s'y arrêter, dès que les forces retardatrices ont anéanti le mouvement.

L'équilibre est *instable* ou *instantané* si le corps, étant un peu éloigné de sa position première, tend à s'en écarter de plus en plus. Ce mode d'équilibre se rapporte au cas où le corps repose sur le plan d'appui par un seul point, par une arête ou par une base de peu d'étendue. Un cône posé sur sa pointe, un ellipsoïde de révolution placé sur le plan, dans une position telle que le grand axe soit vertical, sont en équilibre instable ou instantané.

L'équilibre est *indifférent* quand la forme et la position du corps sont telles que le centre de gravité peut se mouvoir horizontalement sur une ligne droite. Dans ce cas, pour le plus léger déplacement du corps, le centre de gravité ne tend ni à s'élever ni à descendre par rapport à sa position d'équilibre. Un cône, un cylindre, couchés sur une de leurs génératrices, et une sphère, même quand ils roulent sur le plan, sont autant d'exemples de l'équilibre indifférent. Généralement, tous les corps de révolution placés sur un plan et tournant autour de leurs axes rentrent dans le cas de l'équilibre indifférent.

THÉORÈME. — *Le travail d'une force agissant obliquement à la direction du chemin parcouru est égal au produit de cette force par la projection du chemin parcouru sur la direction de la force ou au produit du chemin par la projection de la force sur la direction de ce chemin.*

Soit une force F (*fig.* 94) agissant obliquement à la direction AX du chemin parcouru AE. Décomposons cette force en deux autres, l'une AE, dans la direction du chemin, et l'autre

AD perpendiculaire à cette direction. Puisqu'il n'y a pas de déplacement du point d'application dans le sens de la composante AD, le travail sera nul; mais, comme la composante AE

Fig. 94.

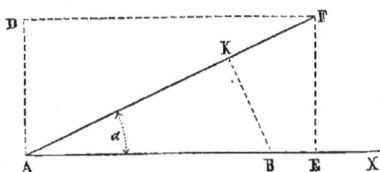

a la même direction que le chemin, nous aurons, pour la valeur du travail,

$$T = AE.AB.$$

Projetons le chemin AE sur la direction de la force F. Les deux triangles semblables FAE, KAB donneront la proportion suivante :

$$\frac{F}{AB} = \frac{AE}{AK}, \quad \text{d'où} \quad F.AK = AE.AB = F.AB \cos\alpha.$$

CHAPITRE VIII.

110. *Principe des travaux élémentaires.* — On appelle *travail élémentaire* ou *moment virtuel* d'une force le travail de cette force correspondant à un déplacement infiniment petit de son point d'application. D'après ce que nous avons vu plus haut, il a pour valeur le produit de cette force par l'élément de chemin que parcourt son point d'application et par le cosinus de l'angle que fait la direction de la force avec celle du chemin parcouru. Le chemin élémentaire a lui-même reçu le nom de *déplacement virtuel* ou de *vitesse virtuelle*. Le mot *virtuel* est surtout employé en Mécanique rationnelle. La vitesse virtuelle sert à désigner un déplacement idéal, purement hypothétique, d'un point matériel en repos, que l'on distingue ainsi du chemin infiniment petit réellement parcouru par le point quand il est en mouvement. Par analogie, le travail virtuel est un *travail imaginaire*, que l'on peut confondre avec le travail effectif d'une force, qui opérerait le déplacement infiniment petit du point d'application, pendant un temps infiniment court. Quelques géomètres ont employé la dénomination de *moment virtuel;* mais, comme le mot *moment* a déjà été consacré dans un autre ordre d'idées, le mot *travail* est préférable, ne serait-ce d'ailleurs qu'au point de vue sous lequel nous envisagerons la Mécanique appliquée.

Quand un point matériel est soumis à l'action de plusieurs forces dont la résultante est nulle, on dit qu'elles se font équilibre. Si le point matériel est en repos au moment où les forces lui sont appliquées, comme elles s'entre-détruisent, cet état ne sera pas changé; dans ce cas, l'équilibre est dit *statique*. Ainsi l'*équilibre statique* est l'état d'un point matériel ou d'un système de points matériels demeurant en repos sous l'action d'un système de forces. Si le point est animé d'une certaine vitesse, quand l'action des forces a commencé, et si la nature du mouvement n'est pas altérée, l'équilibre est *dynamique*.

Supposons que le système de forces appliquées au point matériel se compose de deux groupes, et que les forces du premier groupe aient une résultante nulle, tandis que celles du second auront une résultante de grandeur déterminée. Si le point matériel est en repos, évidemment le mouvement aura lieu en vertu des actions combinées des forces du second groupe. Si le point possède déjà une certaine vitesse, le mouvement réel sera un mouvement résultant dû à la vitesse initiale et à la résultante des forces du second groupe ; car, d'après un principe fondamental que nous avons exposé, les forces extérieures agissent sur un corps en mouvement comme s'il était en repos, de telle sorte que le mouvement dû à ces forces et le mouvement initial coexistent et se composent.

Les théorèmes qui suivent peuvent servir à l'intelligence du principe des vitesses virtuelles.

1° *Lorsqu'un point matériel est soumis à l'action de deux forces qui tendent à lui imprimer un mouvement de transport dans le même sens, le travail élémentaire de la résultante est égal à la somme des travaux élémentaires des composantes.*

Considérons un point matériel A soumis à l'action de deux forces F, F' tendant à lui imprimer un mouvement de transport suivant la direction AX (*fig.* 95). Désignons par *a* le dé-

Fig. 95.

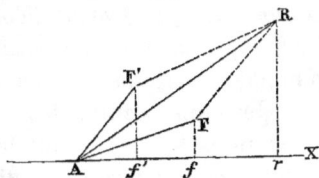

placement élémentaire du point d'application et par *f*, *f'*, *r* les projections des deux forces F, F' et de leur résultante R.

Pour obtenir ces projections, on mène par l'extrémité de chaque force un plan perpendiculaire à la direction AX et joignant les points où ces plans rencontrent cette direction aux extrémités des droites correspondantes qui représentent

12.

les grandeurs des forces; on a ainsi trois lignes perpendiculaires à AX. Donc Af, Af', Ar sont les projections des forces F, F' et de leur résultante R sur la direction du chemin parcouru. Or, dans la composition générale des forces, nous avons vu que la projection de la résultante est égale à la somme des projections des composantes; par suite nous aurons

$$r = f + f'.$$

Multipliant les deux membres de l'égalité par le chemin élémentaire a, il viendra

$$ra = fa + f'a.$$

Si le point matériel est soumis à l'action d'un nombre quelconque de forces F, F', F'', F''' tendant à entraîner le point matériel, comme la projection de la résultante, quel que soit le nombre de forces, est égale à la somme algébrique des projections des composantes, en désignant par $f, f', f'', \ldots, r$ les projections des forces et de leur résultante, on aura

$$r = f + f' + f'' + f''' + \ldots,$$

et, en multipliant par a, il viendra

$$ra = fa + f'a + f''a + f'''a + \ldots.$$

2° *Lorsqu'un point matériel est soumis à l'action de deux forces concourantes tendant à lui imprimer un mouvement de transport en sens contraires, le travail élémentaire de la résultante est égal à la différence des travaux des composantes.*

Conservons les mêmes notations que dans le cas précédent et remarquons que, les composantes des forces F, F' représentées par les projections Af, Af' étant de sens opposés, la projection de la résultante sera égale à la différence des projections des composantes (*fig.* 96). Ainsi $r = f - f'$ et, en multipliant par a,

$$ra = fa - f'a.$$

Si le point matériel est soumis à l'action d'un système de forces divisé en deux groupes, les forces F, F', F''..., du premier groupe tendant à entraîner le point matériel dans un sens, et celles du second P, P′, P″,... en sens contraires, le travail élémentaire de la résultante définitive est égal à la somme des travaux élémentaires des forces tendant à faire

Fig. 96.

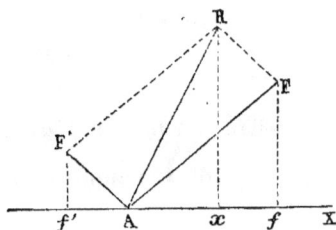

mouvoir le point dans un sens diminué de la somme des travaux élémentaires des forces tendant à le déplacer en sens contraires; en d'autres termes, le travail élémentaire de la résultante est égal à la somme algébrique des travaux des composantes. En effet, désignant par S et S′ les résultantes respectives des forces composant chaque groupe, et par R la résultante générale des forces S et S′, d'après ce qui précède, nous aurons

$$\mathfrak{C}_r R = \mathfrak{C}_r S - \mathfrak{C}_r S'.$$

(La notation $\mathfrak{C}_r R$ signifie travail de la résultante, c'est-à-dire le produit de sa projection par le chemin élémentaire, et de même pour les forces S, S′). Remplaçant les travaux des deux résultantes partielles par la somme des travaux de leurs composantes, nous aurons

$$\mathfrak{C}_r R = \mathfrak{C}_r F + \mathfrak{C}_r F' + \mathfrak{C}_r F'' - (\mathfrak{C}_r P + \mathfrak{C}_r P' + \mathfrak{C}_r P'' + \cdots)$$

ou

$$\mathfrak{C}_r R = \Sigma \mathfrak{C}_r F - \Sigma \mathfrak{C}_r P.$$

3° *Lorsqu'un point matériel est sollicité par deux forces concourantes qui tendent à lui imprimer un mouvement de rotation dans le même sens autour d'un axe, le travail élémentaire de la résultante est égal à la différence des travaux élémentaires des composantes.*

Soient F, F′ les deux forces qui tendent à faire tourner le

plan de la figure autour d'un axe projeté suivant le point 0 (*fig.* 97). Le théorème des moments donne la relation suivante :

$$R r = F f + F' f'.$$

Multipliant les deux membres de l'égalité par a, longueur de l'axe élémentaire décrit à l'unité de distance dans un temps infiniment petit, on aura

$$R r a = F f a + F' f' a.$$

Remarquons que le point d'application A commun aux trois forces peut être transporté pour la force F au point m,

Fig. 97.

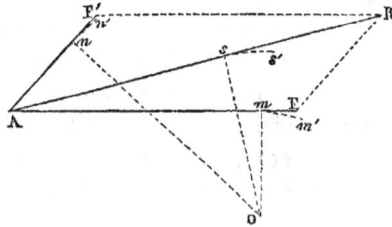

pour la force F' au point n et pour leur résultante au point s. Or, si nous imprimons un léger mouvement de rotation au système autour de l'axe O, les points d'application m, n, s des trois forces F, F', R décriront, dans un temps infiniment court, des arcs semblables mm', nn', ss' ayant respectivement pour rayons Om, On, Os, c'est-à-dire les bras de levier des forces. Comme les directions de ces forces restent tangentes aux chemins curvilignes parcourus, elles agissent dans la direction propre de ces chemins, et les trois travaux élémentaires seront

$$F.mm', \quad F.nn', \quad R.ss'.$$

Or

$$mm' = fa, \quad nn' = f'a \quad \text{et} \quad ss' = ra.$$

Donc le travail de la résultante aura pour valeur $R r a$ et les travaux des composantes seront $F f a$, $F' f' a$. En nous reportant à la relation déduite de la théorie des moments, nous voyons bien que le travail élémentaire de la résultante est égal à la somme des travaux élémentaires des composantes.

Ce théorème peut être étendu au cas où le point matériel serait sollicité par plusieurs forces situées dans le même plan; car le système de forces peut toujours être réduit à deux forces dont la résultante générale développe un travail élémentaire égal à la somme des travaux élémentaires des composantes.

4° *Lorsqu'un point matériel est sollicité par deux forces tendant à imprimer au plan de la figure un mouvement de rotation en sens inverse autour d'un axe, le travail élémentaire de la résultante est égal à la différence des travaux élémentaires des composantes.*

Dans ce cas, la projection O de l'axe de rotation (*fig.* 98)

Fig. 98.

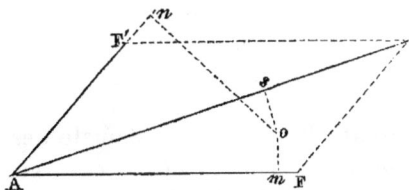

étant située dans l'angle formé par les directions des forces, la relation entre le moment de la résultante et ceux des composantes par rapport à ce point sera

$$R r = F f - F' f'.$$

Multipliant par a, déplacement curviligne d'un point à l'unité de distance pendant un temps infiniment petit, nous aurons

$$R r a = F f a - F' f' a.$$

On déduit de là que : *Lorsqu'un point est sollicité par un système de forces partagé en deux groupes, les forces du premier groupe tendant à faire tourner le plan de la figure dans un sens et celles du second en sens contraire, le travail élémentaire de la résultante est égal à la somme des travaux élémentaires des forces du premier groupe, diminué de la somme des travaux élémentaires du second.*

Soient F, F', F″, F‴,... les forces du premier groupe et P, P', P″, P‴,... les forces du second. Composons les deux forces $\mathbf{F}$, $\mathbf{F'}$; si r représente leur résultante, on aura

$$\mathfrak{C}_r\, r = \mathfrak{C}_r \mathbf{F} + \mathfrak{C}_r \mathbf{F'}.$$

Désignant par r', r'', r''',... les autres résultantes partielles des forces $\mathbf{F}$, $\mathbf{F'}$, $\mathbf{F''}$,..., combinées deux à deux, et par S la résultante définitive de ce groupe de forces, il viendra

$$\mathfrak{C}_r\, r' = \mathfrak{C}_r \mathbf{F''} + \mathfrak{C}_r\, r\, ;$$

en remplaçant $\mathfrak{C}_r\, r$ par sa valeur, il vient

$$\mathfrak{C}_r\, r' = \mathfrak{C}_r \mathbf{F} + \mathfrak{C}_r \mathbf{F'} + \mathfrak{C}_r \mathbf{F''}$$

et, par des substitutions successives,

$$\mathfrak{C}_r\, S = \mathfrak{C}_r \mathbf{F} + \mathfrak{C}_r \mathbf{F'} + \mathfrak{C}_r \mathbf{F''} + \dots.$$

Désignant par S' la résultante définitive des forces du second groupe, on aura encore

$$\mathfrak{C}_r\, S' = \mathfrak{C}_r \mathbf{P} + \mathfrak{C}_r \mathbf{P'} + \mathfrak{C}_r \mathbf{P''} + \dots.$$

Si R représente la résultante générale des forces du système, c'est-à-dire la résultante des forces S et S', comme elles tendent à faire tourner le plan de la figure en sens contraires, nous aurons pour résultat définitif

$$\mathfrak{C}_r\, \mathbf{R} = \mathfrak{C}_r\, S - \mathfrak{C}_r\, S',$$

ou

$$\mathfrak{C}_r\, \mathbf{R} = \mathfrak{C}_r \mathbf{F} + \mathfrak{C}_r \mathbf{F'} + \mathfrak{C}_r \mathbf{F''} + \dots - (\mathfrak{C}_r \mathbf{P} + \mathfrak{C}_r \mathbf{P'} + \mathfrak{C}_r \mathbf{P''} + \dots)$$
$$\mathfrak{C}_r\, \mathbf{R} = \Sigma\, \mathfrak{C}_r \mathbf{F} - \Sigma\, \mathfrak{C}_r \mathbf{P}\, ;$$

ce qui nous montre que le théorème peut être ainsi énoncé : *Lorsqu'un point matériel est soumis à l'action d'un système de forces situées dans un même plan et tendant à imprimer un mouvement de rotation au plan de la figure, le travail élémentaire de la résultante est égal à la somme algébrique des travaux des composantes.*

Les considérations précédentes ne s'appliquent qu'à des travaux élémentaires ; mais comme la relation existe pour tous les éléments du travail de la résultante et pour les éléments correspondants du travail des composantes, il est évident qu'elle se rapportera aussi à la somme des travaux élémentaires de la résultante générale et à la somme des travaux élémentaires de chaque composante, ou, en d'autres termes, le théorème est encore applicable au travail total développé pendant un temps déterminé. Ainsi, quand il s'agit du travail continu d'un système de forces quelconques, il suffit de regarder le chemin curviligne décrit comme divisé en éléments rectilignes et les forces comme constantes pendant le temps infiniment court qui correspond à chaque déplacement élémentaire.

Ce raisonnement nous conduit à cette conclusion remarquable :

Lorsqu'un point matériel, sollicité par des forces variables, décrit une courbe quelconque, le travail total de la résultante variable est égal à la somme algébrique totale des travaux des composantes.

Les divers théorèmes que nous avons démontrés sont relatifs au cas où les forces se rencontrent; ils subsistent encore dans le cas où les directions sont parallèles. Cela doit être, puisque la démonstration que nous avons donnée est tout à fait indépendante des directions relatives des forces, et que, d'ailleurs, le parallélisme des forces rentre dans le cas général des forces concourantes.

Conséquences. — Nous avons vu qu'un point matériel soumis à l'action de plusieurs forces ne peut être en équilibre que si la résultante de toutes ces forces est nulle. Cette condition implique évidemment que le travail de la résultante doit être nul pour tout déplacement infiniment petit du point d'application, car, cette résultante étant nulle, son travail doit aussi être nul, quel que soit le chemin parcouru par le point d'application; mais, comme le travail élémentaire de la résultante est égal à la somme des travaux élémentaires des composantes, on doit en conclure que, pour qu'un point matériel soit en équilibre, il faut et il suffit que la somme des travaux élémentaires des forces qui le sollicitent soit nulle.

Le même raisonnement pouvant être fait pour tous les déplacements élémentaires dont la somme constitue le chemin total parcouru par le point matériel, cette conséquence des principes que nous venons d'établir peut être ainsi formulée :

Quand un point matériel est sollicité par un système de

forces qui se font équilibre sur tous les éléments du chemin parcouru par ce point, la somme de leurs travaux est constamment nulle.

Si les forces étaient appliquées à un système de points matériels invariablement liés entre eux, comme l'équilibre de tout le système ne peut exister qu'autant que toutes ses parties sont elles-mêmes en équilibre, la somme des travaux élémentaires des forces qui agissent sur chaque point doit être nulle, et par suite *la somme des travaux de toutes les forces appliquées à tous les points matériels du système doit être égale à zéro.*

Les forces que nous avons considérées étant toutes situées dans un même plan, le corps ne sortira pas de ce plan, et le mouvement qui aura lieu sera un mouvement de translation, ou un mouvement de rotation, ou bien un mouvement de translation combiné avec un mouvement de rotation.

Le mouvement de translation pouvant être décomposé en deux autres mouvements suivant deux directions quelconques, situées dans le plan des forces, d'après ce que nous avons vu, si les mouvements relatifs suivant les deux directions sont uniformes, le mouvement réel le sera aussi. *Donc, pour qu'un mouvement de translation soit uniforme, il faut et il suffit qu'il soit aussi uniforme suivant deux directions situées dans le plan des forces qui sollicitent le point matériel, ou en d'autres termes que le travail des forces qui tendent à accélérer le mouvement soit égal à celui des forces qui tendent à le retarder.*

Telle est la condition de l'équilibre dynamique. Or, comme il ne peut y avoir égalité entre les deux travaux que si la résultante générale est nulle, on peut dire que le mouvement de translation d'un point matériel sollicité par plusieurs forces situées dans un même plan sera uniforme lorsque les sommes des composantes, suivant deux directions quelconques situées dans ce plan, seront séparément égales à zéro.

Pareillement, dans le mouvement de rotation autour d'un axe, pour qu'il y ait *équilibre dynamique,* c'est-à-dire pour que le mouvement soit uniforme, il faut et il suffit que la somme des travaux des forces qui tendent à faire tourner le point matériel dans un sens soit égale à la somme des travaux *des forces tendant à le faire tourner en sens contraire*, ou bien *que la somme des moments des forces du premier groupe soit égale à la somme des moments des forces du second, le centre de rotation étant pris pour point des moments, ce qui signifie encore que la somme des travaux de toutes les forces, de même que celle de leurs moments, doit être égale à zéro.*

Les mêmes principes peuvent aussi être étendus au cas où le point matériel est sollicité par des forces non situées dans un même plan. Généralement le mouvement se compose d'une translation et d'une rotation. Dans la composition et la décomposition des forces ayant des directions quelconques, nous avons vu qu'une force peut toujours être décomposée en trois autres parallèlement à trois axes rectangulaires : donc, pour que le mouvement réel du point matériel soit uniforme, il faut que les mouvements composants suivant ces trois axes le soient, condition qui, pour être satisfaite, implique que les sommes des travaux suivant chaque axe, considérées isolément, soient nulles.

Le mouvement de rotation pouvant lui-même être décomposé en trois rotations suivant trois axes passant par le centre de rotation et parallèles à ceux qui ont servi dans le mouvement de translation, la condition de l'uniformité du mouvement sera satisfaite si ces trois mouvements composants sont eux-mêmes uniformes; mais comme, dans ces mouvements, les rayons seuls n'ont pas la même valeur et qu'on peut faire abstraction du déplacement élémentaire du point situé à l'unité de distance qui entre dans l'expression du travail, cette seconde condition comprend encore que les sommes des moments des forces respectivement parallèles à deux axes par rapport au troisième doivent être nulles, ce qui donnera lieu à trois relations.

En résumé, lorsqu'un point matériel est soumis à l'action de plusieurs forces non situées dans un même plan, l'équilibre aura lieu si les conditions suivantes sont satisfaites :

1° Les sommes des travaux développés par ces forces suivant trois axes rectangulaires, ou les sommes des composantes de ces forces dans le sens des mêmes axes, sont égales à zéro.

2° La somme des moments de toutes les forces qui agissent sur le point par rapport à chacun des axes doit être nulle.

La première condition est suffisante lorsque le point n'est animé que d'un mouvement de translation.

En Mécanique appliquée, le travail positif se nomme *travail moteur* ou *travail des puissances*, et le travail négatif est appelé *travail résistant* ou *travail des résistances*.

Aussi le principe des *travaux élémentaires* ou des *vitesses virtuelles* peut être énoncé de la manière suivante :

Lorsqu'une machine est en équilibre dynamique, c'est-à-dire douée d'un mouvement uniforme, le travail des puissances est égal à celui des résistances, et réciproquement, si le travail des puissances est égal à celui des résistances, le mouvement est uniforme.

Les principes généraux que nous avons développés sont tout à fait indépendants de la rapidité du mouvement uniforme qui correspond à l'état d'équilibre dynamique; ils ne cesseront donc pas de subsister si nous faisons décroître de plus en plus la vitesse. Quand elle est devenue égale à zéro, on retombe dans le cas de l'équilibre statique, et l'on retrouve exactement les résultats auxquels on est directement parvenu. Cela doit être évident, puisque l'équilibre statique n'est qu'un cas particulier du mouvement uniforme dont la vitesse est nulle.

Pour qu'un système quelconque de forces soit en équilibre, il n'est pas nécessaire que le corps soit en repos ou doué d'un mouvement uniforme, car il peut être animé d'un mouvement d'une nature quelconque sous l'action d'un autre système de forces différentes des premières, et c'est uniquement pour les forces qui se font équilibre que la somme des travaux doit être nulle. Toutefois il ne faut pas perdre de vue que, si le point matériel est en équilibre ou doué d'un mouvement uniforme, c'est la somme des travaux de toutes les forces indistinctement qui doit être égale à zéro.

111. *Machines en général.* — On donne généralement le nom de *machine* à tout système de corps destiné à transmettre le travail des forces. Les corps dont l'ensemble constitue les machines étant inertes par eux-mêmes reçoivent le mouvement d'un agent qui prend le nom de *moteur* ou de *puissance motrice*. Les corps sur lesquels la machine agit développent une réaction que l'on nomme *résistance*. D'après cela, les machines servent à équilibrer, au moyen de forces nommées *puissances*, certaines forces nommées *résistances*, qui ne sont ni égales ni directement opposées aux premières. Il est facile de comprendre que, pour satisfaire à cette condition, les organes divers dont se composent les machines sont toujours gênés dans leurs mouvements par des obstacles fixes.

Une machine est dite *simple* quand elle est formée d'un seul corps solide et que l'obstacle qui le gêne dans son mouvement est un point fixe, un axe fixe ou un plan fixe.

D'après cette définition, il n'y aurait, à proprement parler, que trois machines simples : *le levier assujetti à tourner autour d'un point fixe, le treuil qui peut tourner autour d'un axe fixe* et *le plan incliné le long duquel un corps peut glisser*.

On donne aussi le nom de *machine simple* à d'autres machines qui s'y rattachent ou qui en dérivent immédiatement. Ainsi les *balances* qui se rattachent au levier, les *poulies* ou *moufles* qui sont une application du treuil, le *coin* qui dérive du plan incliné, la *vis* qui se rapporte à la fois au plan incliné et au treuil sont considérés comme des machines simples. Le *polygone funiculaire* rentre encore dans cette classe de machines.

Une machine composée est une combinaison de machines simples réagissant les unes sur les autres.

112. *Théorie du levier.* — Le levier, dans son acception la plus générale, est un corps solide de forme quelconque, mobile autour d'un point fixe et sollicité par plusieurs forces pouvant toujours être réduites à deux, dont l'une est la puissance et l'autre la résistance. Le plus souvent on lui donne la forme d'une barre droite ou courbe rigide, inflexible, pouvant se mouvoir dans un plan autour du point fixe que l'on nomme aussi *centre de rotation*.

On distingue trois espèces de levier :

1° Un levier est dit du *premier genre* lorsque le point d'appui est situé entre le point d'application de la puissance et celui de la résistance (*fig.* 99). Le balancier d'une machine à vapeur, le fléau d'une balance ordinaire, le gouvernail d'un navire sont des leviers du premier genre. Les ciseaux, les tenailles sont des leviers doubles du premier genre.

Fig. 99.

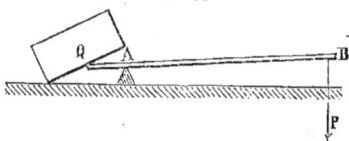

2° Quand le point d'application de la résistance est placé entre le point fixe et le point d'application de la puissance, le levier est du *second genre* (*fig.* 100). L'aviron est un levier du

Fig. 100.

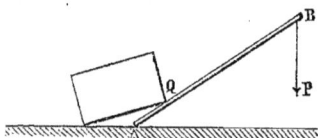

second genre, car la résistance de l'eau offre à l'extrémité de l'aviron un point d'appui, tandis que l'effort musculaire développé par le rameur peut être assimilé à une force propulsive, au point où l'aviron repose sur le plat-bord de la barque. La brouette est une application du levier du second genre. Enfin ce genre de levier se trouve encore dans le balancier d'une pompe à incendie.

3° Un levier est du troisième genre quand le point d'application de la puissance est situé entre le point fixe et le point d'application de la résistance (*fig.* 101). Le levier de la sou-

Fig. 101.

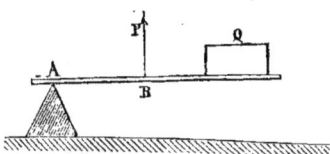

pape de sûreté d'une machine à vapeur appartient à ce genre. Les pincettes sont un levier double du troisième genre. La pédale du rémouleur, celle de l'harmonium rentrent dans le levier du troisième genre. On le trouve encore dans l'organisme de l'homme. Ainsi, lorsque la main soutient un objet à bras tendu, le poids de cet objet, qui fait office de résistance, tend à faire tourner le bras autour de l'épaule considérée comme point d'appui. Si l'équilibre existe, il est dû à la force musculaire agissant comme puissance. Or le point où elle se concentre est plus près de l'articulation claviculaire que la main. Le point d'application de la puissance est donc placé entre le point d'appui et la résistance. Quel que soit le genre de levier que l'on considère, la théorie est toujours la même.

Soit un levier ACB (*fig.* 102) sollicité par deux forces P, Q.

Fig. 102.

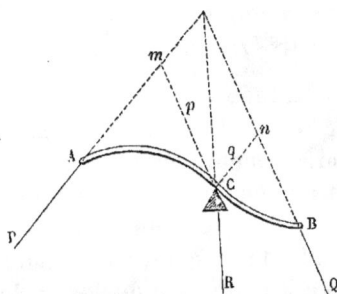

Du point fixe C abaissons les perpendiculaires C*m*, C*n* sur les directions des forces, et désignons-les par *p* et *q*. Si le levier est en équilibre, il faut que la résultante R des forces P et Q soit détruite par la réaction du point d'appui C. La résultante sera donc égale et directement opposée à cette réaction, d'où il suit que les deux forces P, Q et le point d'appui *doivent être situés dans un même plan*. Considérant le point d'appui comme point des moments, pour l'équilibre, il faut que la somme algébrique des moments des forces agissant sur le levier soit égale à zéro. Or, le moment de la résultante R étant nul, puisqu'elle passe par le centre des moments, il faut encore que la somme des moments des forces P et Q soit nulle, ce qui ne pourra avoir lieu que si l'un des moments est positif et l'autre négatif, condition qui implique *évidemment que les deux forces doivent tendre à faire tourner le levier en sens contraires*. On aura donc

$$P p - Q q = 0, \quad \text{et} \quad P p = Q q,$$

d'où

$$\frac{P}{Q} = \frac{q}{p};$$

ce qui signifie que les forces qui sollicitent le levier doivent être en raison inverse de leurs distances respectives au point d'appui. Ces distances, mesurées par les longueurs des perpendiculaires abaissées du point fixe sur les directions des forces, se nomment *bras de levier*.

En résumé, pour qu'un levier soit en équilibre, il faut : 1° *que la puissance, la résistance et le point fixe soient situés dans un même plan;* 2° *que ces forces tendent à faire tourner le levier en sens contraires;* 3° *qu'elles soient inversement proportionnelles à leurs bras de levier.*

Remarque. — La théorie précédente ne saurait être rigoureusement vraie que si le point fixe existe réellement dans une position parfaitement déterminée. Dans la pratique, ce cas se rencontre rarement. Presque toujours la surface de contact du levier et de son appui est assez étendue pour qu'il ne soit pas permis de la considérer comme un point fixe; d'autre part, avec l'inclinaison du levier, le point de contact varie de position et le levier peut tendre à glisser. Les trois conditions que nous avons établies sont insuffisantes. *Il faut, en outre, que la résultante des forces qui agissent sur le levier soit normale à la surface de contact.* Quand nous aurons étudié les lois du frottement, on verra facilement comment on pourra tenir compte de cette nouvelle résistance.

Lorsque les deux forces P et Q qui sollicitent le levier sont situées dans un même plan vertical, il est facile de faire intervenir le poids du levier. A cet effet, ce poids étant considéré comme une résistance, on le compose avec la résistance Q. Si Q′ représente la résultante de ces deux résistances, comme elle rencontre en un point la direction du levier, la question rentre dans le cas où l'on fait abstraction du poids, c'est-à-dire qu'il faudra considérer la relation d'équilibre entre les forces P, Q′ et la réaction du point d'appui.

113. *Pression supportée par le point d'appui.* — La charge du point d'appui doit être égale à la résultante générale de

toutes les forces qui sollicitent le levier. Dans le cas où ces forces sont réduites à deux, nous aurons

$$R^2 = P^2 + Q^2 + 2PQ\cos(P, Q),$$

d'où

$$R = \sqrt{P^2 + Q^2 + 2PQ\cos(P, Q)}.$$

Si les deux forces sont parallèles, l'angle $(P, Q) = 0$, et $\cos(P, Q) = 1$; donc

$$R^2 = P^2 + Q^2 + 2PQ = (P + Q)^2, \quad \text{d'où} \quad R = P + Q.$$

La charge est maxima, et, comme le point par lequel passe la résultante est compris entre la puissance et la résistance, cette condition se réalise dans le levier du premier genre.

Si les deux forces sont parallèles et de sens contraires, il vient

$$R^2 = P^2 + Q^2 - 2PQ, \quad \text{d'où} \quad R = \pm(P - Q).$$

Alors la pression exercée sur le point fixe est minima, et, comme les points d'application des deux forces qui sollicitent le levier sont situés d'un même côté du point d'appui, ce cas se présente dans le levier du deuxième et du troisième genre.

114. *Comparaison des trois genres de leviers.* — Dans l'équilibre du levier, et généralement dans l'équilibre d'une machine, on dit qu'*il y a avantage en faveur de la puissance* lorsqu'on peut équilibrer une certaine résistance au moyen d'une puissance moindre.

Considérons la relation d'équilibre $\frac{P}{Q} = \frac{q}{p}$, qui s'applique aux trois genres de leviers.

Pour que cette relation soit satisfaite, dans l'hypothèse où la puissance P est moindre que la résistance Q, il faut qu'on ait $q < p$ ou $p > q$. Donc, dans le levier du premier genre, il y aura avantage en faveur de la puissance, si son bras de levier est plus grand que celui de la résistance.

Dans le levier du second genre, le point d'application de la puissance étant plus éloigné du point d'appui que celui de la résistance, l'avantage sera toujours en faveur de la puissance. Enfin, dans le levier du troisième genre, le contraire ayant lieu, la puissance sera toujours plus grande que la résistance qu'elle doit équilibrer.

Méc. D. — I.

13

Ce serait une erreur grave de croire que, par des combinaisons de leviers, on pourrait augmenter l'effet dynamique d'une machine ou opérer la multiplication du travail. Si a et b sont les déplacements élémentaires des points d'application de la puissance et de la résistance, nous aurons

$$Pa = Qb;$$

or

$$\frac{P}{Q} = \frac{q}{p} = \frac{b}{a}.$$

Si p est plus grand que q, la puissance P sera moindre que la résistance Q; mais, par compensation, puisque l'équation d'équilibre doit être satisfaite, le déplacement a de la puissance sera plus grand que celui de la résistance. De là cet aphorisme employé en Mécanique : *Ce que l'on gagne en force, on le perd en vitesse.* Ainsi, au point de vue de l'économie du travail, l'emploi du levier est tout à fait illusoire, puisqu'il faut qu'à la fin de chaque période de mouvement le travail des puissances soit égal au travail des résistances. Ces considérations nous montrent l'utilité du levier, soit pour équilibrer momentanément de grandes résistances, soit pour élever de lourds fardeaux à de petites hauteurs, suivant la relation qu'on aura établie entre les bras de levier de la puissance et de la résistance.

115. *Balance ordinaire.* — La balance ordinaire est une application du levier du premier genre. Elle a pour objet de peser des corps, c'est-à-dire de comparer leurs poids à ceux d'autres corps étalonnés.

Elle est constituée par un levier métallique nommé *fléau,* aux extrémités duquel sont suspendus deux bassins ou plateaux destinés à recevoir, l'un les corps à peser, l'autre les poids étalonnés. Ce fléau est traversé en son milieu, perpendiculairement à sa longueur, par un couteau d'acier fortement trempé qui repose par une arête sur deux petits plans d'agate, de corindon ou d'acier, enchâssés à la partie supérieure d'une colonne qui supporte l'appareil. Aux extrémités du fléau sont adaptés deux autres couteaux, recevant sur leurs arêtes vives tournées vers le haut les crochets qui servent, au moyen de

tiges, de chaînes ou de fils métalliques, à suspendre les plateaux au fléau. Au milieu du fléau et au-dessus ou au-dessous
de l'axe, est adaptée une aiguille qui lui est perpendiculaire
et qui sert à indiquer sur un limbe circulaire l'angle d'inclinaison du fléau. Quand l'appareil est en équilibre, l'aiguille
doit être verticale et passer par le point zéro du limbe. Pour
se servir d'une balance, on met le corps à peser dans l'un des
bassins, tandis que dans l'autre on met des poids étalonnés
en quantité suffisante pour que le fléau puisse se maintenir
en équilibre, c'est-à-dire pour que la droite qui unit les
points de suspension des bassins reste horizontale. Quand
cet équilibre existe, l'ensemble des poids étalonnés mis dans
l'un des plateaux représente le poids du corps qu'on a mis
dans l'autre.

116. *Conditions auxquelles doit satisfaire une balance.* —
Une bonne balance doit être *juste* et *sensible*. Pour qu'une
balance soit juste, le fléau doit conserver sa position horizontale d'équilibre lorsqu'on met des poids égaux dans les plateaux, quelle que soit leur valeur commune. Il faudra donc
qu'il en soit de même lorsque les poids seront nuls, ce qui
revient à dire que les poids des plateaux doivent aussi être
égaux.

Désignons par P le poids de chaque plateau chargé; par l, l'
les deux bras du fléau; par q le poids de ce fléau, et par r la
distance du centre de gravité à la verticale du point d'appui.
Comme pour l'équilibre la somme des moments des forces
qui agissent sur le fléau doit être nulle, nous aurons (*fig.* 103)

$$Pl - Pl' + qr = 0 \quad \text{ou} \quad P(l - l') + qr = 0.$$

Évidemment cette équation sera satisfaite si $l = l'$ et $r = 0$.

Donc, pour qu'une balance soit *juste*, il faut : 1° *que les deux
bras du fléau soient égaux;* 2° *que la verticale de son centre
de gravité passe par le point d'appui, ce qui implique évidemment que les poids des plateaux doivent être égaux.* Pour
réaliser ces deux conditions, on construit le fléau de manière
qu'il soit symétrique par rapport à un plan mené perpendiculairement par le point d'appui à la droite qui unit les points
de suspension des plateaux. Si donc le fléau est horizontal, le
plan de symétrie sera vertical; et, comme le centre de gravité

doit se trouver dans ce plan, la pesanteur ne tendra pas à le faire sortir de ce plan d'un côté plutôt que de l'autre.

Fig. 103.

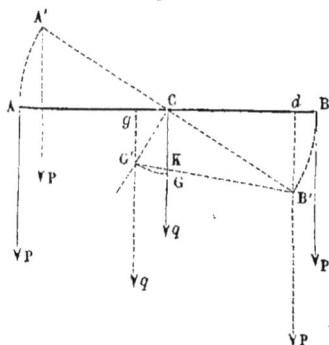

Pour qu'une balance soit juste, la position du centre de gravité du fléau sur la verticale du point d'appui ne doit pas être quelconque. Si le fléau vient à être déplacé de sa position horizontale d'équilibre, il importe qu'il tende à y revenir de lui-même; en d'autres termes, l'équilibre doit être stable. Enfin il faut que l'inégalité des poids placés dans les deux plateaux soit indiquée par une nouvelle position d'équilibre stable formant un certain angle avec l'horizontale passant par le centre de rotation. On peut facilement comprendre qu'il ne saurait en être ainsi qu'autant que le centre de gravité du fléau est situé au-dessous du point d'appui (*fig.* 103).

En effet, supposons que, dans les deux plateaux, on ait placé deux poids égaux P, et qu'on imprime un léger mouvement au fléau; le point de suspension A, après avoir décrit un arc de cercle, occupera la position A', le point B la position B', et le centre de gravité G, que nous supposons au-dessous du point d'appui, viendra au point G', après avoir décrit un arc semblable aux deux arcs égaux décrits par les points de suspension des plateaux. Les deux poids, pendant le mouvement, étant toujours égaux, leur résultante ne cessera pas de passer par le point fixe milieu de AB, et sera détruite par la résistance qu'il oppose. Remarquons que, le centre de gravité étant passé du côté de la verticale opposé au bras du fléau qui est au-dessous de l'horizontale du point d'appui, le poids du fléau concentré à ce point tendra à le ramener à sa première position en lui imprimant, à droite et à gauche de la verticale, un mouvement oscillatoire qui, au bout d'un certain temps, sera détruit par le frottement et la résistance de l'air. Le centre de gravité sera donc revenu sur la verticale du point d'appui, et l'équilibre sera stable.

Présentement, plaçons dans le bassin suspendu au point B un poids additionnel *p* qui rompra l'équilibre. En vertu de cet excédant de charge, le fléau s'inclinera pour occuper la position A′ B′ (*fig.* 103), en même temps que le centre de gravité G prendra la position G′ en s'élevant. Le poids du fléau, qui agit constamment à ce point, tendra à le ramener à sa première position. On comprend donc qu'il se produira un nouvel état d'équilibre sous l'influence des forces *q*, poids du fléau, et *p*, poids additionnel, et que la résultante de ces deux forces devra être détruite par la fixité du point d'appui. Or, comme cette résultante doit être verticale et qu'elle doit passer par un point de la droite B′G′, son point d'application sera au point K, intersection de B′G′ et de la verticale du point d'appui. D'ailleurs, à mesure que le fléau s'incline de plus en plus, le moment du poids additionnel diminue, tandis que le moment du poids du fléau augmente, puisque le point de suspension B se rapproche de la verticale et que le centre de gravité s'en éloigne. Il est évident que les deux poids égaux n'exercent aucune influence, puisque leur résultante passe toujours par le point d'appui, quelle que soit l'inclinaison du fléau. Dans cet état, l'équation d'équilibre sera

$$p . C d = q . g C.$$

Si le fléau dépasse la position assignée par cette relation, il y sera ramené par l'action permanente de son poids.

Quand le centre de gravité du fléau est au-dessus du point d'appui (*fig.* 104), il n'en est pas de même. Le fléau sera alors en équilibre instable ; car, quelque petit que soit son déplacement, il ne pourra se relever, puisque son poids passera du même côté que le bras du fléau qui est au-dessous de l'horizontale du point d'appui, et, par suite, contribuera à lui donner une plus grande inclinaison. Physiquement, il serait impossible que le fléau conservât la position horizontale. Dans ce cas la balance est dite *folle*.

Fig. 104.

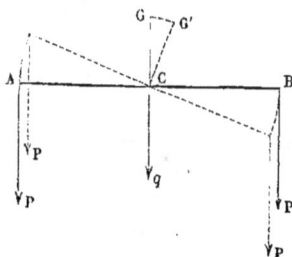

Enfin si le centre de gravité coïncide avec le point fixe, sous l'action de deux poids égaux, le fléau sera en équilibre sous toutes les inclinaisons. On exprime cet état d'équilibre en disant que la balance est *indifférente*.

Par l'addition d'un petit poids, le fléau serait complétement renversé. Une telle balance ne pourrait servir à aucun usage.

117. *Sensibilité de la balance.* — Les conditions précédentes doivent être réalisées, mais elles ne suffisent pas; il faut encore que la balance soit sensible, c'est-à-dire qu'elle accuse de très-légères différences de poids ou, en d'autres termes, qu'elle trébuche sous l'action d'un petit poids additionnel.

La sensibilité d'une balance ne peut être obtenue qu'en apportant de grands soins dans sa construction. Dans les raisonnements que nous avons faits, nous avons supposé d'une manière absolue que le point d'appui et les deux points de suspension des plateaux étaient en ligne droite. Or, dans la construction de la balance, il est fort difficile d'obtenir un alignement parfait de ces points et, d'autre part, il est en quelque sorte impossible qu'il se conserve rigoureusement, à cause des flexions qu'éprouve le fléau par l'action des charges qu'il supporte. Examinons donc ce qui se passe lorsque ces trois points ne sont pas en ligne droite sans que les points de suspension cessent toutefois d'être symétriques par rapport à la verticale du point fixe.

Supposons que le fléau soit un levier coudé ACB dont le

point fixe est C (*fig.* 105). Désignons par *l* la longueur de chacun des bras égaux entre eux AC, CB, par *l'* la distance du centre de gravité G au point fixe, par *q* le poids du fléau et par β l'angle des bras avec l'horizontale. Si, dans les plateaux, nous mettons deux poids égaux P, la balance sera en équilibre stable et la verticale du point d'appui passera par le centre

Fig. 105.

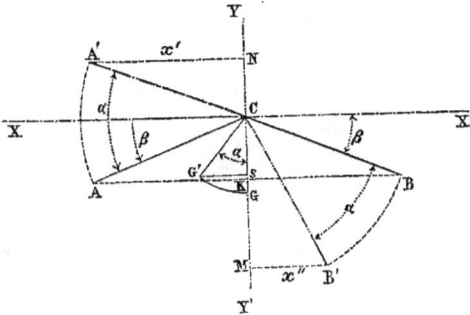

de gravité du fléau. Par l'addition d'un poids *p* au plateau dont B est le point de suspension, le fléau tournera jusqu'à ce qu'il soit parvenu à sa nouvelle position d'équilibre, et le centre de gravité G décrira, dans ce mouvement, un arc de cercle GG'. Il est évident que les bras de levier des forces P et P + *p* ne seront pas égaux; car, pendant le mouvement de rotation, le point de suspension B s'est rapproché du plan vertical YY' considéré comme plan des moments, tandis que le point A s'en est éloigné. En vertu du théorème des moments, l'équation d'équilibre sera

$$P \times A'N + q \times G's = (P + p) B'M.$$

Désignant par α l'angle dont les deux bras du fléau ont tourné autour du point fixe, nous aurons

$$A'N = l\cos(\alpha - \beta), \quad B'M = l\cos(\alpha + \beta), \quad G's = l'\sin\alpha.$$

Substituant, il viendra

$$P l\cos(\alpha - \beta) + q l'\sin\alpha = (P + p)\, l\cos(\alpha + \beta),$$

ou bien

$$Pl(\cos\alpha\cos\beta + \sin\alpha\sin\beta) + ql'\sin\alpha = (P + p)l(\cos\alpha\cos\beta - \sin\alpha\sin\beta),$$

$$Pl(\cos\alpha\cos\beta + \sin\alpha\sin\beta) + ql'\sin\alpha - (P + p)l(\cos\alpha\cos\beta - \sin\alpha\sin\beta) = 0.$$

Mettant $\cos\alpha$ et $\sin\alpha$ en facteur commun, on aura

$$\cos\alpha[\mathrm{P}l\cos\beta-(\mathrm{P}+p)l\cos\beta]+\sin\alpha[\mathrm{P}l\sin\beta+(\mathrm{P}+p)l\sin\beta+ql']=0.$$

Effectuant les calculs indiqués entre les parenthèses

$$\cos\alpha(\mathrm{P}l\cos\beta-\mathrm{P}l\cos\beta-pl\cos\beta)+\sin\alpha(\mathrm{P}l\sin\beta+\mathrm{P}l\sin\beta+pl\sin\beta+ql')=0.$$

Réduisant, on aura

$$-\cos\alpha\,pl\cos\beta+\sin\alpha(2\mathrm{P}l\sin\beta+pl\sin\beta+ql')=0,$$

d'où

$$\sin\alpha(2\mathrm{P}l\sin\beta+pl\sin\beta+ql')=\cos\alpha\,pl\cos\beta.$$

Divisant par $\cos\alpha$ et déduisant $\tan g\,\alpha$, il vient

$$\tan g\,\alpha=\frac{pl\cos\beta}{2\mathrm{P}l\sin\beta+pl\sin\beta+ql'}.$$

Divisant le numérateur et le dénominateur par $pl\cos\beta$,

$$\tan g\,\alpha=\frac{1}{\dfrac{2\mathrm{P}\tan g\,\beta}{p}+\tan g\,\beta+\dfrac{ql'}{pl}}.$$

Au moyen de cette formule, on peut déterminer l'inclinaison du fléau, quand on met dans l'un des plateaux un poids additionnel p. La balance sera d'autant plus sensible que l'angle α sera plus grand pour une même valeur du poids additionnel. Ainsi $\tan g\,\alpha$ peut être considéré comme la mesure de la sensibilité de la balance.

Remarquons que, P étant une quantité variable, puisque c'est le poids des corps à peser, la sensibilité de l'appareil variera avec la charge commune des deux plateaux, c'est-à-dire qu'elle diminuera lorsque cette charge augmentera. La balance sera donc d'autant moins sensible que le poids du corps sera considérable. Si l'on veut que la sensibilité de la balance soit la même, quelle que soit la charge des deux plateaux, il faut que la valeur P n'entre pas dans l'expression de $\tan g\,\alpha$, ce qui aura lieu si $\beta=0$, c'est-à-dire si le point d'appui et les deux points de suspension des plateaux sont sur une même ligne droite. Quand cette condition est remplie, la formule devient

$$\tan g\,\alpha=\frac{pl}{ql'}.$$

Il est aisé de voir que la balance présentera le même degré de sensibilité, quels que soient les poids des corps que l'on pèse. La formule nous apprend encore que la balance sera d'autant plus sensible que la longueur des deux bras du fléau sera grande.

De plus, nous voyons que la sensibilité de la balance est inversement proportionnelle au poids du fléau et à la distance de son centre de gravité au point d'appui. Si la distance l' est grande, la balance est peu sensible, c'est-à-dire que, si le poids additionnel est petit, le fléau prend une position d'équilibre qui s'éloigne peu de la position normale. Dans ce cas la balance est dite *paresseuse*.

Si les deux points de suspension A et B des plateaux étaient situés au-dessus de l'horizontale du point d'appui, le calcul conduirait, par le même raisonnement, à l'équation suivante :

$$\tan g\,\alpha = \frac{pl\cos\beta}{-\sin\beta(2\,\mathrm{P}+p)+ql'}.$$

Dans ce cas, le dénominateur décroîtrait et le degré de sensibilité deviendrait de plus en plus grand, c'est-à-dire que la balance serait folle. D'ailleurs, sans refaire le calcul pour un fléau de cette forme, il est aisé de voir que son poids, concurremment avec le poids additionnel, sert à le faire basculer.

De ces considérations théoriques, il résulte que le constructeur de balances doit chercher à réaliser les conditions suivantes :

1° *Donner une grande longueur au fléau, et faire les deux bras égaux ;*

2° *Établir en ligne droite le point fixe et les points de suspension des plateaux ;*

3° *Réduire le poids du fléau dans les limites du possible, et lui donner une forme telle, que son centre de gravité soit au-dessous du point d'appui et à une très-petite distance, sans toutefois que ces deux points puissent se confondre.*

Dans la construction d'une balance, pour satisfaire à cette double condition, au lieu d'employer un fléau long et léger, on lui donne la forme d'un losange évidé, et, comme il doit avoir en même temps une rigidité qui le rendra capable de résister à la flexion, les côtés du losange sont intérieurement reliés par des supports transverses qui les soutiennent. Pour faire occuper au centre de gravité une position convenable au-dessous du point d'appui, à l'arête supérieure du fléau et suivant la verticale de ce point, on a adapté une vis d'un très-petit pas. Deux boutons filetés, placés l'un au-dessus de l'autre, peuvent se mouvoir sur cette vis. Le bouton inférieur a un poids plus grand que le bouton supérieur, de sorte que, lorsqu'on abaisse ou qu'on élève ces boutons, le centre de gravité du fléau s'abaisse ou s'élève beaucoup si c'est le bouton inférieur que l'on fait tourner, et très-peu si l'on déplace le bouton supérieur. Au moyen de ce mécanisme, le centre de gravité étant devenu mobile, on peut à volonté rendre la balance plus ou moins sensible.

118. *Vérification des balances.* — Une balance affectée aux usages de la science ou du commerce doit toujours être soumise à quelques épreuves qui mettent en évidence ses qualités ou ses défauts. Ces épreuves doivent varier avec la nature de l'appareil. Ainsi la balance du chimiste doit avoir une précision qu'on ne saurait exiger de la balance ordinaire du commerce. On verra aisément en quoi doit consister l'examen des balances, suivant les cas, quand on connaîtra celui auquel doit être soumise une balance de précision. Voici comment on procède :

1° On doit s'assurer que le corps (agate ou acier) sur lequel doit reposer l'axe du fléau présente une surface parfaitement plane. A cet effet, on dispose cette surface horizontalement et, en y appliquant un niveau à bulle d'air en plusieurs sens, on voit si elle remplit cette condition.

2° On examine si les tranchants des trois couteaux du fléau sont droits, perpendiculaires entre eux et perpendiculaires à l'axe longitudinal du fléau ; puis on met ce fléau en place, sans les plateaux, et l'on examine si, étant en équilibre, l'aiguille dont il est muni correspond au point zéro du limbe. En retournant le fléau, il doit en être de même dans l'autre sens.

3° On met les plateaux en place, et l'on cherche expérimentalement quel est le poids qui fait basculer le fléau. Cela fait, on s'assure que la sensibilité de l'appareil est la même pour tous les poids, depuis le plus faible jusqu'au plus fort.

4° On fait une pesée, puis on change de bassin les poids qui se font équilibre et, l'on examine si, après cette transposition, l'équilibre existe encore. Cette épreuve a pour but de reconnaître si les deux bras du fléau sont égaux.

119. *Méthode des doubles pesées.* — Nous avons vu qu'une balance doit satisfaire à la double condition d'être *juste* et *sensible*. Quand les deux bras du fléau ne sont pas égaux, elle cesse d'être juste ; mais, si elle est sensible, elle peut encore servir à faire des pesées. Seulement ce n'est pas par une seule pesée qu'on peut obtenir le poids exact d'un corps. On emploie alors un procédé aussi simple qu'ingénieux dû à Borda. Il est désigné sous la dénomination de *méthode des doubles pesées.* A cet effet, on met le corps dont on cherche le poids dans l'un des plateaux et on l'équilibre en mettant dans l'autre de la grenaille de plomb, du sable ou une autre substance. Cela fait, on enlève le corps et on le remplace par des poids étalonnés en quantité suffisante pour que l'équilibre existe de nouveau. La somme de ces poids numérotés exprime exactement le poids du corps, puisque dans des conditions identiques, c'est-à-dire avec le même bras de levier, ils font équilibre à une même force représentée par le poids de la matière qui sert de tare. Pour des pesées très-délicates, même avec des balances de précision, le physicien et le chimiste emploient toujours cette méthode, car, dans la pratique, il est excessivement difficile, sinon impossible, d'obtenir rigoureusement l'égalité des deux bras du fléau.

Il existe encore une autre méthode des *doubles pesées*, qui offre l'avantage de faire connaître le poids du corps et le rapport des deux bras du fléau, mais elle est moins simple que la première.

Soient l, l' les deux bras inégaux du fléau et P le poids inconnu du corps que l'on veut peser. On le met d'abord dans le bassin suspendu au point A et on lui fait équilibre au moyen de poids numérotés mis dans le bassin suspendu au point B. Si Q représente la somme de ces poids, l'équation d'équilibre sera

$$P\,l = Q\,l'.$$

On place ensuite le corps de poids P dans le bassin où était le poids Q, et, comme les deux bras du fléau sont inégaux, le poids Q' qu'il faudra mettre dans le bassin suspendu au point A ne sera pas égal à Q. Pour l'équilibre, nous aurons encore

$$P\,l' = .Q'\,l.$$

Multipliant membre à membre, il viendra

$$P^2 ll' = QQ'\,ll'.$$

Divisant par ll', il reste

$$P^2 = QQ', \quad \text{d'où} \quad P = \sqrt{QQ'}.$$

Ainsi le poids du corps est une moyenne proportionnelle par quotient entre les poids qui ont successivement servi aux deux pesées.

Divisant membre à membre les deux équations d'équilibre, il vient

$$\frac{P\,l}{P\,l'} = \frac{Q\,l'}{Q'\,l}.$$

Divisant les deux membres par le rapport $\dfrac{l'}{l}$: on a

$$\frac{l^2}{l'^2} = \frac{Q}{Q'}, \quad \text{d'où} \quad \frac{l}{l'} = \frac{\sqrt{Q}}{\sqrt{Q'}},$$

c'est-à-dire que les longueurs des bras du fléau sont proportionnelles aux racines carrées des poids placés dans les plateaux qui correspondent à ces bras.

120. *Balance romaine. Graduation.* — La balance romaine est aussi une application du levier du premier genre. Elle diffère de la balance ordinaire par l'inégalité des deux bras du fléau. Cet appareil se compose d'une partie massive et d'une partie effilée (*fig.* 106). On suspend, à l'extrémité A de la première, soit avec un crochet, soit au moyen d'un plateau de balance ordinaire, le corps que l'on veut peser. Le long de la partie effilée, on peut faire glisser un anneau qui supporte un poids constant. On cherche par tâtonnement le point où cet anneau doit être placé pour que le levier prenne sa position horizontale d'équilibre. Le levier repose sur un couteau adapté à une chape terminée par un anneau ou un crochet servant à soutenir l'appareil à la main ou à le fixer à un obstacle. Le

Fig. 106.

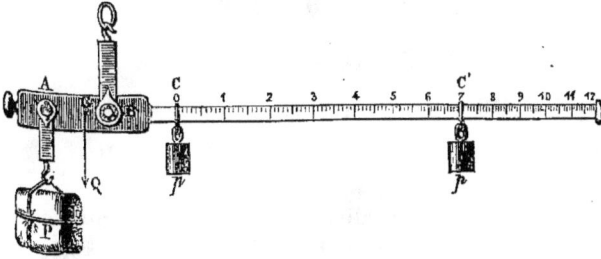

fléau doit être construit de manière que son centre de gravité G, quand il est débarrassé du poids constant et de la chape, soit situé entre le couteau de la chape B et le point de suspension A du plateau ou du crochet. Cet instrument, comme on le voit, n'exige pas l'emploi de poids numérotés. Quand un corps de poids quelconque aura été placé dans le plateau ou suspendu au crochet, si la partie du levier que doit parcourir le poids mobile a été préalablement graduée, une simple lecture fera connaître le nombre de kilogrammes ou de grammes représentant ce poids.

Désignons par Q le poids du fléau, abstraction faite du poids mobile p et du poids de la chape, et soit C le point du levier où devra être amené le curseur pour qu'il y ait équilibre quand aucun corps n'est suspendu au crochet ou placé dans le bassin. Dans cette position, puisque le poids du fléau est appliqué au centre de gravité, l'équation d'équilibre sera

$$Q.BG = p.BC.$$

Si au crochet nous suspendons un corps de poids P, l'équilibre sera rompu. Pour le rétablir, il faudra augmenter le bras de levier, c'est-à-dire faire glisser le curseur jusqu'à ce qu'il occupe une nouvelle position C', telle que le moment du poids mobile p par rapport au point fixe B où la chape est adaptée au levier soit égal à la somme des moments du poids du fléau et du poids du corps en suspension par rapport au même point.

On aura donc
$$P.AB + Q.GB = pBC'.$$

Or
$$BC' = BC + CC';$$

donc
$$P.AB + Q.GB = p(BC + CC'),$$

ou
$$P.AB + Q.GB = pBC + pCC'.$$

Puisque $Q.GB = pBC$, il reste

$$P.AB = pCC', \quad \text{d'où} \quad CC' = \frac{P}{p} AB.$$

Ce qui montre que la distance à laquelle il faut éloigner le poids constant du point zéro de la graduation varie proportionnellement au poids du corps placé dans le bassin ou suspendu au crochet. D'après cela, pour graduer l'appareil, on marque zéro au point où le curseur doit être amené lorsque le poids constant p n'a à équilibrer que le poids du fléau; puis on suspend au crochet le poids que l'on prend pour unité, 1 kilogramme par exemple, et l'on cherche par tâtonnement le point où le curseur devra être arrêté pour que l'équilibre soit rétabli.

A ce point on marquera 1, et si, à partir du point zéro, on porte successivement sur le levier des longueurs égales à deux fois, trois fois, etc., la longueur oC, on aura les positions du poids mobile correspondant à des poids de 2, 3, 4 kilogrammes suspendus au crochet.

Cette balance est fréquemment employée dans le commerce pour les pesées qui n'exigent pas une grande précision. Pour éviter de donner à la partie effilée du fléau une trop grande longueur, on adapte souvent à la partie massive deux anneaux de suspension : celui qui est le plus éloigné du point où est suspendu le plateau sert pour les corps dont le poids est peu considérable et auxquels il n'est pas nécessaire de donner un petit bras de levier; l'autre sert pour des corps plus lourds. On a ainsi deux systèmes de divisions qui sont indiquées sur deux arêtes opposées du levier; mais, quand on change de graduation, il faut avoir soin de retourner l'appareil. La romaine peut, comme la balance ordinaire, être folle, paresseuse ou indifférente, quand le centre de gravité n'est pas convenablement placé; pour qu'elle puisse donc servir à faire des

pesées, il faut qu'elle soit *juste, sensible, oscillante*. Elle rem-
plira ces conditions si le centre de gravité est au-dessous et
très-près de l'axe de suspension, et si les couteaux de cet axe,
ceux du crochet et les encoches servant à arrêter le poids
mobile sont dans un même plan. Cette précaution, que le constructeur ne doit pas négliger, a pour objet de conserver toujours la même valeur aux rapports qui existent entre les bras
de levier quand la romaine fonctionne.

L'usage d'une romaine non oscillante est formellement in-
terdit par les règlements; car il suffit d'une fausse manœuvre
qui l'ait fait trébucher pour qu'elle conserve son inclinaison,
sans que l'on puisse reconnaître l'erreur.

Les romaines les mieux construites ne sont pas toujours
très-sensibles. Elles sont autorisées quand leur degré de sensibilité est mesuré par $\frac{1}{300}$ du poids à peser. Dans les usages
ordinaires de la vie, les romaines servent pour un poids
maximum de 30 kilogrammes.

121. *Balance de Quintenz.* — Cet appareil, ainsi appelé du
nom de son inventeur, est encore désigné sous les noms de
bascule, de *balance décuple* et de *balance de Strasbourg*. Il
est employé dans le commerce pour peser de lourds fardeaux.

Fig. 107.

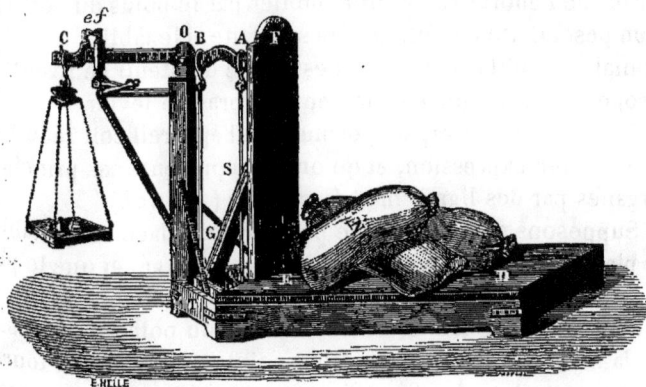

Voici quelle est sa constitution organique : à l'extrémité C
d'un fléau ABC, mobile autour d'un axe O, est suspendu un
plateau dans lequel on met des poids numérotés qui doivent
faire connaître le poids du corps à peser. Celui-ci est placé sur

un tablier horizontal DE auquel est adapté en avant un cadre
en bois EF servant à prémunir la balance contre le choc des
fardeaux (*fig.* 107). L'une des extrémités du tablier est rendue
solidaire du fléau au moyen d'une petite bielle articulée au
point B et d'une traverse horizontale T, fixée à une autre traverse oblique SG nommée *fourche*. L'autre extrémité du tablier
repose au moyen d'un couteau sur un levier du troisième
genre dont le point fixe est sur le sol et relié au fléau par une
autre bielle articulée au point A de ce fléau. Quand le tablier
ne supporte aucun fardeau, le fléau doit être horizontal, ce qui
est indiqué par une pointe *e* qui doit se trouver en regard
d'une autre pointe *f* fixée au bâti de l'appareil. On obtient ce
résultat en mettant un poids nommé *tare* dans une coupe placée au-dessus des chaînes de suspension du plateau. Pour
éviter que les couteaux ne se fatiguent pas quand l'appareil
ne fonctionne pas, on fait baisser au moyen d'une manette le
levier sur lequel repose le tablier. De cette manière le tablier
descend et vient reposer sur les bords d'une caisse en bois qui
renferme le levier du troisième genre dont le point fixe est
sur le sol.

122. *Théorie du mécanisme.* — Toute l'économie de l'appareil consiste dans la transmission intégrale, en un point du
fléau, de l'effort exercé sur le tablier par le poids du corps que
l'on pèse. Cette condition sera satisfaite si le tablier reste horizontal lorsqu'il est chargé. Il est facile d'obtenir ce résultat en
proportionnant convenablement les bras de levier.

Pour le démontrer, supposons que l'appareil soit réduit à sa
plus simple expression, et qu'on ait représenté ses principaux
organes par des lignes mathématiques (*fig.* 108).

Supposons qu'un corps de poids P soit placé sur le tablier,
le plateau suspendu au fléau n'étant pas chargé, et que le point
D s'abaisse d'une quantité *h*. L'extrémité K du couteau sur
lequel repose le tablier étant solidaire du point D s'abaissera
de la même quantité et tous les points du levier LM tourneront autour du point fixe. Si *x* représente le déplacement de
l'extrémité L, on obtiendra sa valeur par la relation

$$\frac{x}{h} = \frac{LM}{KM}, \quad \text{d'où} \quad x = h\,\frac{LM}{KM}.$$

Le point A, étant relié au point L par la bielle AL, se déplacera de haut en bas de la quantité x en tournant autour de l'axe O

Fig. 108.

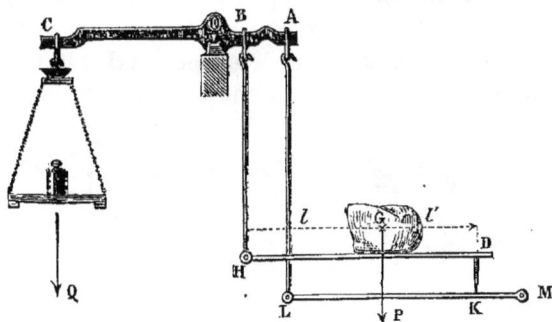

du fléau. Désignant par y la quantité dont le point B se déplace dans le même sens, nous obtiendrons sa valeur en fonction de x par la relation

$$\frac{y}{x} = \frac{OB}{OA}, \quad \text{d'où} \quad y = x\,\frac{OB}{OA}.$$

Remplaçant x par sa valeur,

$$y = h\,\frac{LM}{KM}\,\frac{OB}{OA}.$$

Comme le point H est relié au point B par la bielle BH, il se déplacera de la même quantité y que le point B. Évidemment, dans le mouvement de descente, le tablier aura conservé l'horizontalité si $y = h$, puisque, par hypothèse, le point D s'est abaissé de la quantité h. Nous aurons donc

$$h\,\frac{LM}{KM}\,\frac{OB}{OA} = h \quad \text{ou} \quad \frac{LM.OB}{KM.OA} = 1,$$

d'où

$$LM.OB = KM.OA.$$

On déduit de cette égalité la proportion suivante :

$$\frac{LM}{KM} = \frac{OA}{OB}.$$

Telle est la relation fondamentale qui doit présider à la construction de l'appareil.

Présentement, désignons par l, l' les distances respectives du point du tablier où agit le poids P aux deux extrémités H et D. Cette force P se décompose en deux autres x_1, y_1, parallèles et de même sens, appliquées aux points H et D. Les valeurs de ces deux composantes s'obtiendront par les relations suivantes :

$$\frac{x_1}{P} = \frac{l'}{l + l'}, \quad \text{d'où} \quad x_1 = \frac{P\,l'}{l + l'},$$

$$\frac{y_1}{P} = \frac{l}{l + l'}, \quad \text{d'où} \quad y_1 = \frac{P\,l}{l + l'}.$$

Faisant $l + l' = L$, on a

$$x_1 = \frac{P\,l'}{L} \quad \text{et} \quad y_1 = \frac{P\,l}{L}.$$

Remarquons que l'effort x_1 se transmet intégralement au point B du fléau par l'intermédiaire de la bielle BH et que l'effort y_1 qui se transmet au point K du levier LM subit une décomposition en deux autres x'_1 et y'_1, appliqués aux points L et M. Celui qui est transmis au point M est détruit par la résistance inébranlable de ce point fixe; de sorte qu'il ne reste à considérer que l'effort x'_1 qui se transmet aussi au point A du fléau au moyen de la tringle AL. Nous obtiendrons sa grandeur par la proportion

$$\frac{x'_1}{y_1} = \frac{KM}{LM}, \quad \text{d'où} \quad x'_1 = y_1 \frac{KM}{LM}.$$

Remplaçant y_1 par sa valeur, il vient

$$x'_1 = \frac{P\,l}{L} \frac{KM}{LM}.$$

Pour rétablir l'équilibre, mettons dans le plateau un poids Q. Le théorème des moments fournira l'équation suivante :

$$Q.CO = x_1 OB + x'_1 OA.$$

Remplaçant par leurs valeurs x_1 et x'_1, on a

$$Q.CO = \frac{P\,l'}{L} OB + \frac{P\,l}{L} \frac{KM}{LM} OA.$$

Déduisant la valeur de OB de la relation fondamentale, on trouve

$$OB = \frac{KM}{LM} \, OA.$$

En substituant dans l'équation d'équilibre, on aura

$$Q . CO = \frac{P \, l''}{L} \, OB + \frac{P \, l}{L} \, OB.$$

Mettant P.OB en facteur commun,

$$Q . CO = P . OB \, \frac{(l'' + l)}{L} \quad \text{ou} \quad Q . CO = P . OB,$$

d'où

$$Q = P \, \frac{OB}{CO}.$$

En définitive, l'effet produit sur l'appareil par le corps à peser est le même que si le poids était intégralement transporté au point B du fléau. Nous voyons de plus qu'avec ce système de leviers articulés le poids mis dans le plateau pour maintenir l'équilibre est tout à fait indépendant de la position que le corps à peser occupe sur le tablier. Dans les bascules du commerce, le rapport $\frac{OB}{CO} = \frac{1}{10}$. Il suffit donc de multiplier par 10 les poids numérotés mis dans le plateau pour avoir le poids du corps. Pour prévenir les erreurs qui pourraient être commises par ceux qui font les pesées, on emploie des poids dont l'indication numérique est décuple de leur valeur réelle.

123. *Bascule romaine des chemins de fer.* — Cet appareil, employé depuis plusieurs années dans les gares des chemins de fer et dans les messageries, présente, sur la bascule ordinaire, de grands avantages dus aux perfectionnements de M. Béranger, habile constructeur de Lyon. C'est une imitation des ponts à bascule, sauf les dimensions, qui, naturellement, doivent être moindres. On évite l'emploi des poids numérotés pour les pesées qui ne dépassent pas 100 kilogrammes. A cet effet, le fléau supérieur TC est gradué de la même manière que celui d'une romaine ordinaire. Un poids curseur P,

ayant la forme d'un manchon, peut glisser à frottement doux
sur la partie effilée et occuper une position convenable pour
établir l'équilibre. Au moyen d'un contre-poids T adapté à
l'une des extrémités, on obtient l'horizontalité du fléau,
lorsque le poids curseur est au point zéro de la graduation et
que le tablier de l'appareil ne supporte aucun fardeau. Le ta-

Fig. 109.

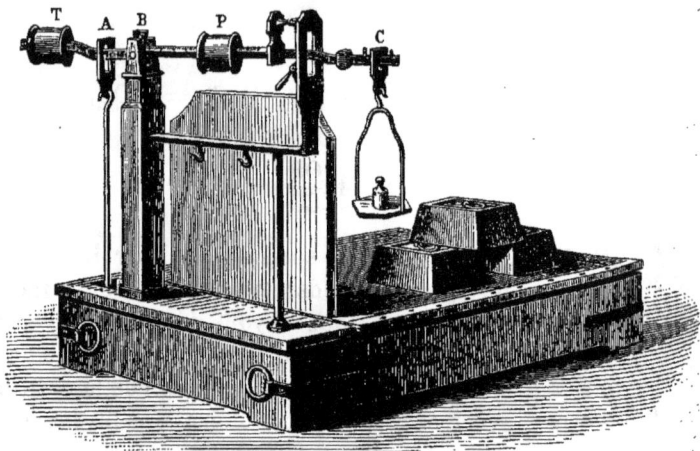

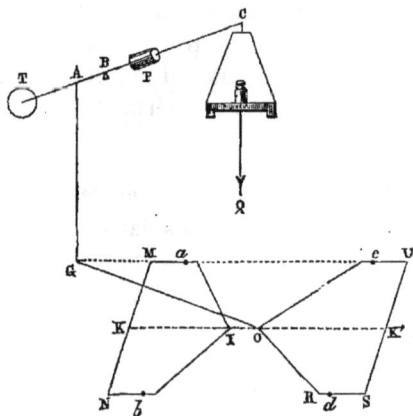

blier repose sur quatre couteaux a, b, c, d, faisant partie de deux
leviers bifurqués MIN, UOR (*fig.* 109), qui sont réunis l'un

au-dessus de l'autre au point O par une bride centrale OI solidaire du fléau au moyen d'une barre OG et d'une tringle GA,
dite *tringle de puissance.* Enfin, les deux leviers bifurqués
n'étant pas indépendants l'un de l'autre, le mouvement de
rotation s'opère autour des deux barres parallèles MN, US.

Cela posé, désignons par P le poids du corps placé sur le
tablier et par p, p', p'', p''' les pressions transmises sur les couteaux a, b, c, d. La droite MN étant l'axe des moments, la
pression p se transmettra au point O où les leviers se réunissent avec une intensité x, que nous déduirons de la relation

$$x\,\mathrm{OK} = p\,\mathrm{M}a, \quad \text{d'où} \quad x = p\,\frac{\mathrm{M}a}{\mathrm{OK}}.$$

De même, la pression p' exercée au point b pourra être remplacée par une autre pression x' exercée au point O et ayant
pour valeur

$$x' = p'\,\frac{\mathrm{N}b}{\mathrm{OK}}.$$

Désignant par x'', x''' les pressions transmises en O, provenant de celles exercées aux points c, d par le poids du fardeau, nous aurons

$$x'' = p''\,\frac{c\,\mathrm{U}}{\mathrm{OK'}}, \quad x''' = p'''\,\frac{d\,\mathrm{S}}{\mathrm{OK'}}.$$

Ainsi la pression totale X exercée au point O sur la bride
centrale sera $x + x' + x'' + x'''$, ou bien

$$\mathrm{X} = p\,\frac{\mathrm{M}a}{\mathrm{OK}} + p'\,\frac{\mathrm{N}b}{\mathrm{OK}} + p''\,\frac{c\,\mathrm{U}}{\mathrm{OK'}} + p'''\,\frac{d\,\mathrm{S}}{\mathrm{OK'}};$$

or $\mathrm{M}a = \mathrm{N}b = c\,\mathrm{U} = d\,\mathrm{S}$ et $\mathrm{OK} = \mathrm{OK'}$: donc

$$\mathrm{X} = \frac{\mathrm{M}a}{\mathrm{OK}}(p + p' + p'' + p''') \quad \text{ou} \quad \mathrm{X} = \frac{\mathrm{M}a}{\mathrm{OK}}\,\mathrm{P}.$$

Cet effort X peut encore être transporté au point G, où la
bride centrale est reliée à la tringle de puissance, et, comme le
mouvement de rotation tend à s'opérer autour de la barre US,
nous déduirons sa grandeur Y de la relation

$$\mathrm{Y}.\mathrm{GU} = \frac{\mathrm{M}a}{\mathrm{OK}}\,\mathrm{P}.\mathrm{OK'};$$

OK étant égal à OK′, il vient

$$Y = P \frac{M a}{GU}.$$

Remarquons que cet effort Y se transmet sans altération au point A du fléau et que, pour rétablir l'équilibre, il faudra placer dans le plateau un poids Q. Le théorème des moments donnera immédiatement

$$Q.BC = P \frac{M a}{GU} AB, \quad \text{d'où} \quad Q = P \frac{M a}{GU} \frac{AB}{BC}.$$

Les deux rapports $\frac{M a}{GU}$ et $\frac{AB}{BC}$ étant égaux à un $\frac{1}{10}$, on a

$$Q = \frac{P}{100}.$$

Ainsi le poids mis dans le plateau, avec ces proportions données aux différents bras de levier, sera la centième partie du poids du fardeau placé sur le tablier de l'appareil.

124. *Balance de Roberval* (système Béranger de Lyon). — Depuis quelques années, M. Béranger, à qui l'on doit la plupart des perfectionnements apportés aux instruments de pesage, construit une balance à plateaux supérieurs, exempte du défaut que l'on remarque dans la balance de Roberval ordinaire. Par une heureuse combinaison de leviers, qui offre une grande analogie avec le mécanisme de la balance de Quintenz, la position verticale des tiges latérales est bien mieux assurée. Le fléau inférieur est supprimé et les tiges sont rendues solidaires d'une plate-forme horizontale qui participe à tous les mouvements du fléau, absolument de la même manière que le tablier de la bascule que nous avons précédemment décrite. Elle se compose d'un fléau double, dont les branches parallèles sont représentées verticalement (*fig.* 110) par AB et horizontalement par les droites parallèles A′B′, A″B″. Les deux bras du fléau sont égaux et parfaitement symétriques par rapport au point fixe O. Les plateaux K sont supportés par des tiges verticales, reliées à deux lames E u, F u, bifurquées et représentées horizontalement par A′u′A″, B′u″B″. Les extrémités E, u de chaque lame sont soutenues par deux brides AE, *su*, dont l'une au moyen d'un crochet est suspendue au fléau, tandis que l'autre est articulée à un levier *ms*, nommé *levier de transmission*. Ce levier s'appuie au point *m*, et au moyen d'une

Fig. 110.

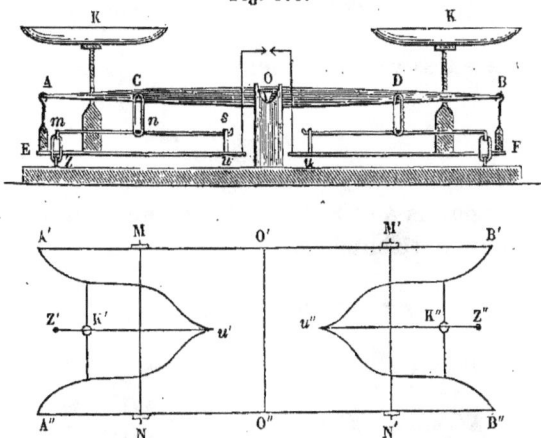

autre bride *n*C il est fixé au fléau. Enfin deux tringles, représentées horizontalement par MN, M'N', servent à conserver le parallélisme des deux branches du fléau et à y rattacher la bride *n*C. Quand les deux parties parallèles du fléau oscillent autour de la tige O'O" qui les réunit, le parallélogramme A'A"B"B' se meut également et les côtés opposés ont des mouvements parfaitement identiques. Comme dans la balance décuple, la condition fondamentale qui doit présider à la construction de l'appareil exige que la plate-forme dans laquelle sont implantées les tiges latérales conserve l'horizontalité en montant ou en descendant. Les deux parties de la balance situées à droite et à gauche du point d'appui O étant composées de la même manière, le raisonnement que nous ferons sur l'une est applicable à l'autre.

Supposons que, sous l'action d'un poids P mis dans le bassin de gauche, l'extrémité A du fléau s'abaisse d'une quantité *h* : le point E s'abaissera de la même quantité.

Si nous désignons par *x* le déplacement de la bride *n*C, nous aurons

$$\frac{x}{h} = \frac{CO}{AO}, \quad \text{d'où} \quad x = h\,\frac{CO}{AO}.$$

Nous obtiendrons le déplacement y de la bride su ou de ses deux points extrêmes, au moyen de la relation suivante :

$$\frac{y}{x} = \frac{ms}{mn}, \quad \text{d'où} \quad y = x\,\frac{ms}{mn};$$

substituant à x sa valeur, il vient

$$y = h\,\frac{\mathrm{CO}}{\mathrm{AO}}\,\frac{ms}{mn}.$$

Comme les points A et E s'abaissent d'une quantité h, la plate-forme restera horizontale si

$$y = h \quad \text{ou} \quad h = h\,\frac{\mathrm{CO}}{\mathrm{AO}}\,\frac{ms}{mn}.$$

De là on déduit

$$\mathrm{AO}\,mn = \mathrm{CO}\,ms \quad \text{ou bien} \quad \frac{\mathrm{AO}}{\mathrm{CO}} = \frac{ms}{mn}.$$

Présentement, remarquons que le poids P mis dans le bassin se décompose en trois pressions exercées aux points A′, A″, u' (*projection horizontale de l'appareil*). Les pressions partielles p, p' agissant aux deux premiers points se transmettent intégralement sur le fléau. Quant à la troisième composante p'' agissant au point u', et qui a pour direction verticale su (*projection verticale de l'appareil*), elle se décompose en deux autres, l'une agissant au point fixe m du levier ms et détruite par la résistance qu'il oppose et l'autre au point n. Si nous désignons par x' l'intensité avec laquelle elle se transmet en ce point, nous aurons

$$x'\,mn = p''\,ms, \quad \text{d'où} \quad x' = p''\,\frac{ms}{mn}.$$

Cet effort x', transmis au point n, se répartit également aux points M, N, où la traverse MN réunit le levier de transmission aux deux branches du fléau. Ainsi au point M la grandeur de l'effort est $\dfrac{p''}{2}\,\dfrac{ms}{mn}$ et au point N elle a aussi la même valeur.

Remarquons encore que l'effort $\dfrac{p''}{2}\dfrac{ms}{mn}$ se transmet aux points A', A'' avec une intensité x'', qu'il est aisé de connaître en considérant les points O', O'' comme points des moments, car

$$x''\,\mathrm{A'O'} = \frac{p''}{2}\frac{ms}{mn}\,\mathrm{MO'};$$

et, puisque A'O' = AO et MO' = CO, on a

$$x''\,\mathrm{AO} = \frac{p''}{2}\frac{ms}{mn}\,\mathrm{CO}, \quad \text{d'où} \quad x'' = \frac{p''}{2}\frac{ms}{mn}\frac{\mathrm{CO}}{\mathrm{AO}}.$$

De la condition fondamentale de la construction de la balance trouvée précédemment $\dfrac{ms}{mn} = \dfrac{\mathrm{AO}}{\mathrm{CO}}$, tirons la valeur de CO; on a

$$\mathrm{CO} = \frac{mn\,\mathrm{AO}}{ms};$$

substituant dans la valeur de x'', il vient

$$x'' = \frac{p''}{2}\frac{ms}{mn}\frac{mn\,\mathrm{AO}}{ms\,\mathrm{AO}} \quad \text{ou} \quad x'' = \frac{p''}{2}.$$

En définitive, au point A', la somme des efforts transmis est égale à $p + \dfrac{p''}{2}$ et au point A'' elle a pour valeur $p' + \dfrac{p''}{2}$.

Or $p + \dfrac{p''}{2} + p' + \dfrac{p''}{2} = p + p' + p'' = \mathrm{P}$. Comme les deux systèmes de forces agissent toujours avec des bras de levier A'O', A''O'' et que, d'après la constitution de l'appareil, A'O' = A''O'' = AO, la somme des moments sera toujours égale à P.AO. Si donc nous mettons dans le second plateau un poids Q, capable de rétablir l'équilibre, nous aurons

$$\mathrm{P.AO} = \mathrm{Q.BO};$$

puisque AO = BO, le poids P sera égal au poids Q.

Cette théorie nous montre que la pesée est tout à fait indépendante de la position que le corps occupe dans le plateau et que le fléau se trouve exactement dans les mêmes conditions que celui d'une balance ordinaire, à l'extrémité duquel est suspendu le bassin dans lequel on met le corps à peser.

125. *Peson.* — Le peson est une balance employée dans les filatures pour peser la laine et le coton. C'est encore une application du levier du premier genre (*fig.* 111).

Fig. 111.

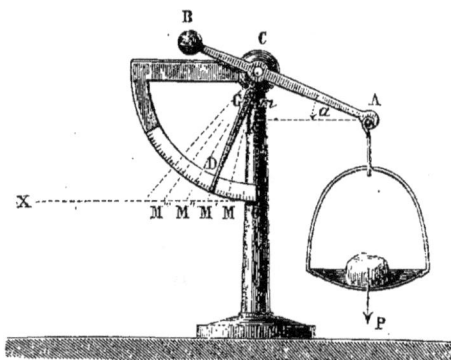

Il se compose d'un levier ACB mobile autour d'un axe horizontal C et muni d'une aiguille CD, formant avec ce levier un angle droit. A l'une des extrémités A est suspendu un bassin de balance ordinaire, dans lequel on place les corps que l'on veut peser, tandis qu'à l'autre extrémité B est un contre-poids servant à équilibrer le plateau quand il est vide. Les différentes parties de cet appareil doivent être proportionnées, de manière que le centre de gravité du fléau, du contre-poids et du plateau se trouve en un point de l'aiguille sur la verticale passant par le point fixe du levier. L'extrémité de cette aiguille parcourt un quart de cercle gradué, adapté au support de l'appareil. Quand le plateau est vide, la pointe de l'aiguille correspond au zéro du limbe. Pour obtenir le poids des corps mis dans le plateau, il faut trouver les positions successives de l'aiguille qui correspondent à des poids ayant différentes valeurs. La question se réduit donc à graduer le quart de cercle.

Désignons par p le poids du fléau et par P le poids du corps placé dans le bassin; supposons que sous l'action de ce poids P, le fléau ait tourné d'un angle CAK, que nous représenterons par α. L'aiguille étant invariablement fixée au levier sera évidemment déplacée de la même quantité angulaire. De l'extrémité A du fléau et de la nouvelle position du centre de gravité abaissons les perpendiculaires AK, Gm sur la verticale du point d'appui ; en vertu du principe des moments, nous aurons l'équation suivante :

$$P.KA = p.Gm.$$

Désignant par L la longueur du bras CA et par l la distance du centre de gravité du levier au point fixe, les deux triangles rectangles CAK, CGm donnent immédiatement

$$KA = L\cos\alpha \quad \text{et} \quad Gm = l\sin\alpha ;$$

substituant dans l'équation d'équilibre, il vient

$$PL\cos\alpha = p.l\sin\alpha,$$

d'où

$$\frac{\sin\alpha}{\cos\alpha} = \frac{PL}{\rho l} \quad \text{ou} \quad \tan g\alpha = \frac{PL}{pl}.$$

Les quantités L, p, l étant constantes, la tangente de l'angle formé par l'aiguille avec la verticale croît proportionnellement au poids du corps que l'on place dans le plateau. D'après cela, il est facile de graduer le quart de cercle : on chargera, par exemple, le bassin de 1 décagramme. Supposons que CM soit la direction que prendra l'aiguille. A partir du point zéro du limbe, on prendra OM' = 2OM, OM″ = 3OM, OM‴ = 4OM et ainsi de suite ; puis, joignant les points M, M', M″, M‴,... au centre de rotation C, on détermine les traces sur le limbe et par suite les différentes positions que devra occuper l'aiguille pour des poids de 1, 2, 3,... décagrammes placés dans le plateau. Les positions intermédiaires de l'aiguille pour des subdivisions du gramme se déterminent absolument de la même manière. Nous ferons observer que si, pour des poids égaux, la tangente croît de quantités égales, il n'en est pas de même pour l'arc correspondant. Les divisions de l'arc ont de moins en moins d'étendue pour les mêmes accroissements de poids, et il est assez difficile de les obtenir exactement à mesure que les poids deviennent plus considérables. Cet inconvénient a peu de gravité quand il est employé comme *pèse-lettres;* car, dans ce cas, il s'agit de classer les lettres par leur poids plutôt que d'estimer ce que chacune d'elles pèse réellement. Dans les filatures on l'emploie surtout à cause de l'avantage qu'il offre de pouvoir peser rapidement les diverses sortes de fil ou de coton, dont le numérotage se fait d'après le poids d'une longueur déterminée.

CHAPITRE IX.

126. *Cordes.* — On désigne sous le nom de *cordes* un assemblage de fibres végétales réunies ensemble par la torsion. Les cordes d'un grand diamètre se nomment *câbles*.

La *tension* d'une corde est la force appliquée à l'une des extrémités, tandis que l'autre extrémité est rendue fixe.

D'après cela, lorsqu'une corde est sollicitée à ses deux extrémités par deux forces égales, de même direction et de sens contraires, sa tension est mesurée par l'une des forces; car, l'équilibre ayant lieu, l'une des extrémités peut être considérée comme fixe.

Si deux forces inégales agissent aux deux extrémités de la corde en sens contraires, la tension est égale à la plus petite des forces, car l'excès de la plus grande sur la plus petite sert à mettre la corde en mouvement.

127. *Équilibre d'une corde sollicitée par trois forces.* — Supposons qu'une corde soit soumise à l'action de trois forces F, F′, P, ayant pour directions respectives AF, AF′, AP (*fig.* 112). D'après ce que nous avons vu, chaque force

Fig. 112.

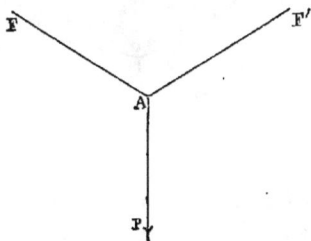

doit être égale et directement opposée à la résultante des deux autres. Cette condition générale renferme implicitement que *les directions des forces sont situées dans un même plan et que chacune d'elles est proportionnelle au sinus de l'angle formé par les directions des deux autres.* Nous aurons donc

$$\frac{F}{\sin(P,\,F')} = \frac{F'}{\sin(F,\,P)} = \frac{P}{\sin(F,\,F')}.$$

Si les extrémités des brins AF, AF′ sont rendus fixes, les rapports que nous venons d'établir serviront à trouver les efforts que ces points supportent, en vertu de l'action de la force P, ou bien les tensions des deux parties de la corde.

128. *Polygone funiculaire.* — On appelle *polygone funiculaire* (du mot latin *funiculum*, petite corde ou cordon) la figure formée par un assemblage de cordes ou de cordons flexibles, inextensibles, sollicités par des forces de directions quelconques, en des points nommés *nœuds d'articulation* (*fig.* 113). La figure formée par un pareil système peut être plane ou gauche. Ainsi, F, F′ étant deux forces appliquées aux extrémités A, E d'une corde et P, P′, P″ d'autres forces agissant respectivement aux points intermédiaires B, C, D, l'ensemble du système constituera ce que nous avons appelé *polygone funiculaire.*

129. *Conditions d'équilibre du polygone funiculaire.* — Le polygone funiculaire étant en équilibre (*fig.* 113), toutes ses

Fig. 113.

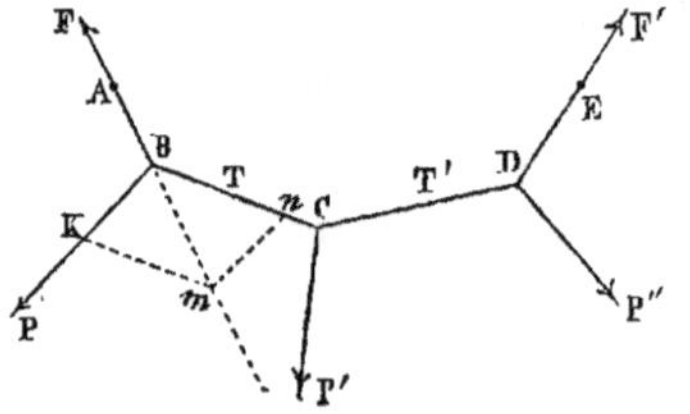

parties doivent l'être également. La tension du cordon AB est évidemment égale à la force F; de même, la tension exercée sur le côté DE est égale à la force F′. Désignons par T et T′ les tensions des côtés intermédiaires BC, CD. Remarquons que le nœud d'articulation B est sollicité par trois forces, la tension F du côté AB, la tension T du côté BC et la force P de direction quelconque. Or, pour l'équilibre, l'une d'elles doit être égale et directement opposée à la résultante des deux autres. Donc le cordon BC doit être situé dans le plan des deux forces P et F, et dirigé suivant le prolongement de la diagonale du parallélogramme, qui représente la résultante de ces deux forces. Le même raisonnement étant applicable aux forces qui sollicitent un nœud d'articulation quelconque, on peut en déduire cette conclusion :

Un polygone funiculaire est en équilibre lorsque chaque force agissant aux nœuds d'articulation est située dans un même plan avec les côtés adjacents et que l'une quelconque des forces appliquées à ces nœuds est égale et directement opposée à la résultante des deux autres.

D'après ce qui a été vu plus haut, ces conditions peuvent être interprétées algébriquement par les relations suivantes :

$$\frac{F}{P} = \frac{\sin(P, T)}{\sin(F, T)}, \qquad \frac{P'}{T'} = \frac{\sin(T, T')}{\sin(T, P')},$$

$$\frac{P}{T} = \frac{\sin(F, T)}{\sin(F, P)}, \qquad \frac{T'}{P''} = \frac{\sin(F', P'')}{\sin(T', F')},$$

$$\frac{T}{P'} = \frac{\sin(P', T')}{\sin(T, T')}, \qquad \frac{P''}{F'} = \frac{\sin(T', F')}{\sin(T', P'')}.$$

Au moyen de ces relations, on peut construire le polygone funiculaire, connaissant les grandeurs des forces, leurs directions et les longueurs des côtés. En effet, au point B, appliquant les deux forces F et P dans leurs directions respectives, on en déduira facilement, soit par le calcul, soit par une construction géométrique, la direction du côté BC du polygone funiculaire, et, comme sa longueur est donnée, on obtiendra le nœud C. En procédant de la même manière pour tous les autres nœuds, on voit qu'il sera facile de construire le polygone avec les données que nous venons d'indiquer.

Ces conditions d'équilibre, étant indépendantes des longueurs des côtés du polygone funiculaire, ne cesseront pas d'exister si, par la pensée, on fait décroître de plus en plus ces longueurs. A la limite, toutes les forces sollicitant le polygone auront été transportées en un point. Si l'équilibre a lieu,

la résultante de ce système équivalent de forces doit être
égale à zéro. Les conditions d'équilibre du polygone funiculaire peuvent donc être ainsi formulées :

Un polygone funiculaire est en équilibre lorsque toutes les forces qui le sollicitent, transportées en un même point, s'entre-détruisent.

On peut parvenir à la même conclusion d'une manière plus directe.

En effet, le nœud d'articulation C étant en équilibre, la résultante des trois forces T, T′, P′ qui le sollicitent est égale à zéro. Or la tension T est la résultante des forces F, P qui agissent au point A : donc au point C nous pouvons substituer à la tension T les deux forces F et P, et comme la tension T′ est la résultante de la tension T et de la force P′, au point D nous pouvons remplacer la tension T′ par les forces F, P, P′. Pareillement, la force F′ étant la résultante des deux forces T′ et P″ sera aussi celle du système de forces F, P, P′, P″, puisque l'effet de la tension T′ agissant au point D est le même que celui des forces F, P, P′. Si donc la résultante des forces F, P, P′, P″, F′ appliquées au point D est égale à zéro, il y aura équilibre.

Les conditions d'équilibre du polygone funiculaire peuvent encore être établies par une construction géométrique. Par un point quelconque O de l'espace (*fig.* 114) menons une

Fig. 114.

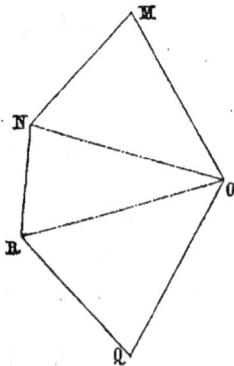

droite OM égale et parallèle à celle qui représente la force F, et dans le sens suivant lequel cette force agit. De même, par le point M extrémité de cette droite, menons une autre droite MN égale et parallèle à celle qui exprime la grandeur de la force P. Joignant le point O au point N, la droite ON sera parallèle au cordon BC et égale à la résultante des deux forces F et P. En effet, puisque dans l'état d'équilibre du polygone funiculaire la force F est la résultante de la tension T et de la force P, si par le point *m* pris sur sa direction (*fig.* 113) on mène des parallèles K*m*, *mn* aux directions de ces deux

forces, les parties interceptées BK, Bn leur seront proportionnelles et comme les deux angles KBm, NMO (*fig.* 113 et 114)
sont égaux comme ayant les côtés parallèles et l'ouverture
dirigée dans le même sens, les triangles seront semblables,
et par suite nous aurons la relation suivante :

$$\frac{MO}{B\,m} = \frac{MN}{KB} = \frac{NO}{K\,m} \quad \text{ou} \quad \frac{F}{B\,m} = \frac{P}{KB} = \frac{NO}{K\,m}.$$

Par conséquent, NO sera la résultante des deux forces F, P
ou la tension du cordon BC. De la similitude des triangles
résulte que l'angle MON = l'angle BmK, et comme MO est
parallèle à Bm, ON le sera à Km ou au côté BC. De même, si
l'on mène NR égale et parallèle à P', la droite RO sera parallèle au cordon CD et représentera sa tension. Enfin, si l'on
mène RQ égale et parallèle à P'', la droite OQ doit être égale
et parallèle à la droite qui représente la grandeur de la force F'.
Donc, si l'on mène par le point Q une droite égale et parallèle à F', le polygone étant en équilibre, l'extrémité de cette
droite devra se confondre avec le point de départ O. Il suit
de là que, si d'un point quelconque de l'espace on mène
des droites OM, NM, NR, RQ, QO respectivement égales et
parallèles aux forces F, P, P', P'', F', *pour qu'il y ait équilibre,*
l'extrémité de la dernière parallèle doit coïncider avec le
point de départ et les diagonales ON, OR *du polygone ainsi*
formé sont respectivement parallèles aux côtés du polygone
funiculaire compris entre les côtés extrêmes. Quant aux tensions de ces cordons intermédiaires, elles sont représentées,
à l'échelle adoptée, par les longueurs des diagonales qui leur
correspondent.

La même construction géométrique fait voir que, si les forces
intermédiaires P, P', P'' sont parallèles entre elles, quelles que
soient d'ailleurs les directions des forces extrêmes F, F', les
côtés du polygone auxiliaire sont en ligne droite. Dans ce cas
ce polygone affecte la forme d'un triangle situé dans un plan
parallèle à celui du polygone funiculaire.

Considérons, à cet effet, le polygone funiculaire ABCDE
(*fig.* 115). Par le point O (*fig.* 116) pris arbitrairement dans
l'espace, menons une droite OM égale et parallèle à celle qui
représente la force F et par l'extrémité M une seconde droite

Méc. D. — I.   15

égale et parallèle à la force P. Il est visible que la droite menée
parallèlement à la direction de P′ sera dans le prolongement
de MN et qu'il en sera de même de celle menée par le point R

parallèlement à P″. Enfin, en vertu des considérations précédentes, les droites NO, RO, QO seront parallèles aux cordons
BC, CD, DE et représenteront leurs tensions à l'échelle convenue. Puisque les côtés du polygone auxiliaire, sauf les deux
côtés MO, QO, correspondant aux tensions extrêmes, sont di-
rigés suivant une même droite, la figure sera évidemment un
triangle. De cette construction on peut déduire la conclusion
suivante : *Un polygone funiculaire dont les nœuds d'articulation sont sollicités par des forces parallèles étant en équilibre
pour trouver les tensions exercées sur les cordons, il suffit de
porter, à la suite les unes des autres, sur une parallèle aux
directions des forces, des longueurs représentant à une certaine échelle leurs intensités respectives et de mener par leurs
extrémités des parallèles aux différents côtés du polygone.
Ces parallèles concourent au même point et représentent à
l'échelle adoptée les tensions des côtés correspondants du polygone funiculaire.*

Ces considérations purement géométriques, dues à Poncelet,
nous permettent donc de trouver les efforts de traction exercés
sur les cordons d'un polygone funiculaire, et par suite de
donner à ces cordons une grosseur proportionnée à la grandeur des efforts qu'ils ont à supporter.

Au lieu de mener par le point de l'espace une suite de parallèles aux directions des forces qui sollicitent le polygone
funiculaire, on peut arriver au même résultat par des perpendiculaires abaissées sur les cordons du polygone funiculaire. Comme cette méthode est plus commode pour le calcul
des ponts suspendus, nous croyons devoir l'exposer.

Supposons d'abord que les forces appliquées aux nœuds
d'articulation aient des directions quelconques. Considérons
le polygone funiculaire ABCDE (*fig.* 117), et soient F, F' les

Fig. 117.

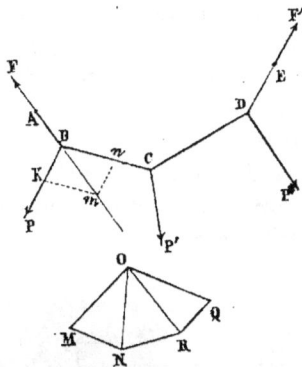

tensions des cordons extrêmes et P, P', P'' les forces qui agissent aux nœuds d'articulation. D'un point O de l'espace, abaissons sur la direction de la force F une perpendiculaire égale
à la droite qui représente l'intensité de cette force. De l'extrémité M, menons une droite MN perpendiculaire et égale à la
force P. La droite ON représentera la tension du cordon BC. En
effet, la force F étant la résultante de la force P et de la tension T
du cordon BC, si par le point m pris sur sa direction on mène
les parallèles mn, Km à la force P et à la tension T dont la direction est BC, les parties interceptées BK, Bn leur seront proportionnelles, et comme les triangles OMN et Bmn sont semblables, ON sera l'effort de traction exercé sur le cordon BC. De
même, du point N abaissons sur la direction de la force P' une
perpendiculaire NR égale à la droite qui représente la grandeur
de cette force, en joignant le point R au point O nous aurons

15.

une droite OR qui sera perpendiculaire au cordon CD et exprimera sa tension. Pareillement encore au point R menons une droite RQ perpendiculaire et égale à P″, la ligne OQ qui unit le point O au point Q représentera la force F′ et sera perpendiculaire à sa direction.

Dans le cas où les forces P, P′, P″ qui sollicitent les nœuds d'articulation sont parallèles entre elles, les points M, N, R sont situés sur une même droite perpendiculaire aux directions de ces forces et le polygone auxiliaire est un triangle dont l'un des sommets est le point de concours de toutes les droites dont les longueurs représentent les tensions des différents côtés du polygone funiculaire. Il suit de là que, *pour trouver les tensions des côtés du polygone funiculaire, il faut prendre sur une perpendiculaire aux directions des forces parallèles sollicitant les nœuds d'articulation des longueurs égales aux droites qui représentent les intensités respectives de ces forces, puis des différents points de division abaisser des perpendiculaires sur les directions des cordons du polygone; ces perpendiculaires concourant au même point, leurs longueurs comprises entre le point de concours et la perpendiculaire aux directions des forces représenteront, à l'échelle adoptée, les tensions des côtés auxquels ces lignes ainsi menées seront respectivement perpendiculaires.*

130. *Conditions algébriques d'équilibre quand les forces sont parallèles.* — Il est facile de voir *à priori*, sans avoir recours à la considération du triangle auxiliaire, que toutes les parties du polygone funiculaire, quand les forces agissant sur les nœuds sont parallèles, doivent être situées dans un même plan, car le cordon BC et la force P déterminent un plan qui contient la force F, d'après les conditions générales d'équilibre, et comme la force P′ est parallèle à la force P et qu'elle rencontre le cordon BC au point C, elle sera aussi contenue dans ce plan; il en est de même pour les autres cordons et les autres forces. Si les forces sont verticales, comme cela a lieu dans le cas particulier des ponts suspendus, le polygone funiculaire est contenu dans un plan vertical. Désignant par T, T′ les tensions des cordons intermédiaires BC, CD, nous aurons, en considérant successivement les forces qui agissent aux nœuds d'articulation,

$$\frac{F}{P} = \frac{\sin(P, T)}{\sin(F, T)}, \qquad \frac{P'}{T'} = \frac{\sin(T, T')}{\sin(T, P')},$$

$$\frac{P}{T} = \frac{\sin(F, T)}{\sin(F', P)}, \qquad \frac{T'}{P''} = \frac{\sin(F', P'')}{\sin(T', F')},$$

$$\frac{T}{P'} = \frac{\sin(P', T')}{\sin(T, T')}, \qquad \frac{P''}{F'} = \frac{\sin(T', F')}{\sin(T', P'')}.$$

Multipliant ces égalités membre à membre et remarquant que, les angles tels que (P, T), (T, P') étant supplémentaires, leurs sinus sont égaux et de même signe, il viendra, toutes réductions faites,

$$\frac{F}{F'} = \frac{\sin(F', P'')}{\sin(F, P)},$$

ce qui montre que, lorsque les forces agissant aux nœuds d'articulation sont parallèles, *les tensions des cordons extrêmes sont inversement proportionnelles aux sinus des angles que ces cordons forment avec la direction des forces parallèles et que, dans le cas particulier des forces verticales, ces tensions sont inversement proportionnelles aux sinus des angles qu'elles font avec la verticale.*

Dans le cas où les cordons extrêmes seraient attachés, cette relation ferait connaître le rapport qui existe entre les efforts exercés aux points d'attache. D'autre part, remarquons que les tensions extrêmes F, F', étant situées dans un même plan, se rencontreront en un point, et, comme elles supportent tout le poids du système, leur résultante devra être égale et directement opposée à la résultante des forces parallèles P, P', P'' sollicitant les nœuds d'articulation. De là cette conclusion : *Le point de concours des tensions extrêmes est situé sur la verticale passant par le centre de gravité du polygone funiculaire.*

131. *Équilibre d'une corde attachée à deux points fixes.* — Considérons une corde pesante ABC (*fig.* 118) en équilibre et fixée aux points A, B. Évidemment son axe peut être considéré comme un fil sans pesanteur sur lequel des poids égaux sont uniformément répartis. Ce que nous avons dit sur le polygone funiculaire, dont les nœuds sont sollicités par des

forces parallèles, est donc parfaitement applicable à ce cas particulier.

Ainsi : 1° *la corde, étant en équilibre, doit être située dans le plan vertical passant par les deux points d'attache;* 2° *les tangentes à la courbe affectée par la corde, menées aux points de suspension* A, B, *doivent se rencontrer en un point de la verticale passant par le centre de gravité de cette corde;* 3° *les tensions extrêmes seront en raison inverse des sinus des angles que leurs directions respectives font avec la verticale.*

Fig. 118.

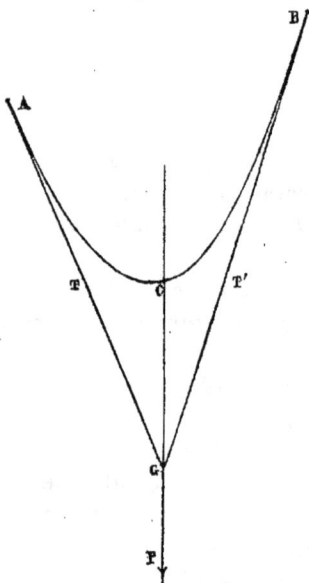

Cette dernière condition peut être exprimée par la relation suivante :

$$\frac{T}{T'} = \frac{\sin(T', P)}{\sin(T, P)}.$$

On peut aisément trouver ces tensions en fonction du poids P de la corde. Remarquons, à cet effet, qu'au point de concours G des tensions extrêmes nous avons trois forces P, T, T', et que pour l'équilibre chacune d'elles doit être proportionnelle au sinus de l'angle formé par les directions des deux autres. Nous aurons donc les proportions

$$\frac{T}{P} = \frac{\sin(T', P)}{\sin(T, T')}, \quad \frac{T'}{P} = \frac{\sin(T, P)}{\sin(T, T')};$$

d'où l'on déduit

$$T = \frac{P\sin(T', P)}{\sin(T, T')}, \quad T' = \frac{P\sin(T, P)}{\sin(T, T')}.$$

132. *Chaînette.* — Concevons un fil inextensible et parfaitement flexible attaché par ses deux extrémités. Si ce fil est homogène, des longueurs égales auront le même poids, et si, dans l'état d'équilibre, on le suppose divisé en une infinité d'éléments, nous pouvons considérer ces divers éléments comme étant les côtés d'un polygone infinitésimal suivant lesquels le fil est dirigé. Désignant par *p* le poids de chaque élément, on comprend que, au lieu de regarder la pesanteur comme sollicitant sur leur longueur les différentes parties, on peut admettre que le polygone infinitésimal ainsi formé est soumis à une série de forces égales à *p* appliquées aux différents sommets. La forme affectée par ce polygone constitue ce que l'on appelle *une chaînette. Ainsi la chaînette est la courbe affectée par un fil ou une corde homogène, et parfaitement flexible sous l'action de la pesanteur.*

La chaînette est souvent employée, dans la construction, pour la forme à donner aux voûtes, mais dans ce cas la courbe est une chaînette renversée. On en voit une application au dôme du Panthéon.

133. *Tension en un point quelconque de la chaînette.* — D'après ce qui vient d'être dit sur la constitution de la chaînette, la question d'équilibre n'est qu'un cas particulier de l'équilibre du polygone funiculaire; car, les forces appliquées aux différents sommets du polygone infinitésimal étant toutes parallèles entre elles, ce polygone doit être entièrement situé dans un plan vertical passant par les points d'attache, et de plus le point de concours des tensions extrêmes doit se trouver sur la verticale du centre de gravité. Ainsi le procédé géométrique employé pour trouver les tensions exercées sur les différents côtés d'un polygone funiculaire quelconque peut être

étendu à la chaînette. Considérons, à cet effet, une chaînette
ACB suspendue à deux points fixes A et B (*fig.* 119). Si nous
traçons une horizontale A′B′ représentant le poids de la
chaînette, et si nous la divisons en parties égales A′a′, a′b′,
b′c′,... très-petites, ces parties représenteront les poids d'é-
léments égaux de la chaînette. En se reportant à ce qui a été
dit sur le polygone funiculaire, on voit qu'il existe un point S

Fig. 119.

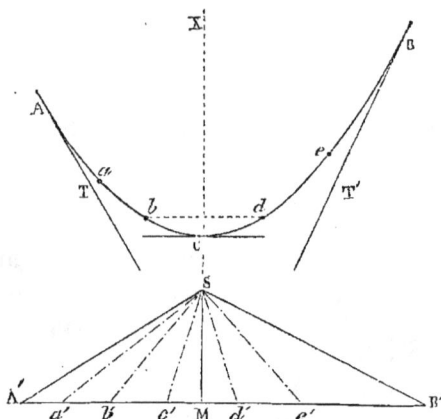

tel, que toutes les droites menées de ce point à tous les points
de division de l'horizontale A′B′ seront perpendiculaires aux
éléments correspondants de la chaînette et représenteront
leurs tensions à l'échelle adoptée. La chaînette étant construite,
ce point de concours pourra être obtenu en abaissant des
points A′, B′ des perpendiculaires sur les directions des tensions extrêmes T, T′.

Évidemment la tension minima sera donnée par la plus
courte distance du point de concours S à l'horizontale A′B′, et
comme cette droite SM est verticale, elle sera perpendiculaire
à l'élément horizontal de la chaînette, qui correspond au point
le plus bas ; *donc dans une chaînette la tension minima a lieu
au point le plus bas.*

Les tensions devenant de plus en plus grandes à mesure
que les obliques s'éloignent du pied de la perpendiculaire SM,
il est aisé de voir que les tensions des divers éléments de la

chaînette sont d'autant plus grandes que ces éléments sont plus éloignés de l'élément horizontal. Or, comme les obliques qui s'éloignent le plus du pied de la perpendiculaire mesurent les tensions aux points d'attache, on en conclut que *la tension maxima s'exerce au point le plus élevé.* Deux tensions égales étant représentées par deux obliques qui s'écartent également du pied de la perpendiculaire SM appartiennent évidemment à deux éléments situés à égale distance du point le plus bas, et puisque ces éléments sont également inclinés sur la verticale CX passant par ce point, ils correspondent à une horizontale, telle que *bd*, passant par leurs milieux; de même pour tous les points de la chaînette pris à égale distance du point le plus bas. *Ainsi la chaînette est une courbe qui possède un axe de symétrie passant par le point le plus bas. Il en résulte encore que, si les points de suspension d'une chaînette sont à la même hauteur, les tensions extrêmes sont égales et que le point de concours de toutes les droites qui mesurent les tensions des différents éléments est situé sur la perpendiculaire élevée au milieu de l'horizontale qui représente le poids total de la chaînette.*

134. *Mesure directe de la tension en un point quelconque de la chaînette.* — Considérons une chaînette suspendue aux

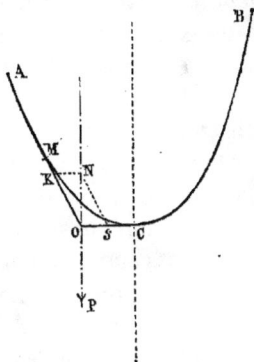

points A et B (*fig.* 120). Soit M le point où l'on veut connaître la tension exercée. La chaînette entière étant en équilibre, cet état ne sera pas altéré en supposant le point M fixe, ce qui revient à supprimer la portion de chaînette AM. Pareillement, la partie MCB étant aussi en équilibre, la partie MC, comprise entre le point M et le point le plus bas C, le sera aussi, et l'on peut encore supprimer la portion BC. De cette manière les points M et C deviennent les points de suspension. Or l'équilibre exige que le point de concours O des tensions T, T' exercées respectivement aux points M, C se trouve sur la verticale passant par le centre de gravité de la partie de chaînette MC. Au point O nous avons donc trois forces, savoir : le poids P de la portion de chaînette considérée et les deux tensions T, T'. L'une quelconque des forces devant être égale et directement opposée à la résultante des deux autres, si nous prenons une longueur ON égale au poids P, le parallélogramme des forces fera connaître les grandeurs OK, OS des tensions exercées aux points M, C, et par conséquent OK sera égale à la résultante des forces P et T' représentées par les longueurs ON, OS, ou en d'autres termes P et T' sont les composantes de la force T. De là cette conclusion : *La tension en un point quelconque de la chaînette a deux composantes, l'une horizontale, représentant la tension minima, et l'autre verticale, ayant pour valeur le poids de la portion de chaînette comprise entre le point considéré et le point le plus bas.*

135. *Ponts suspendus.* — Dans ce système de ponts, deux chaînes en fer, ou deux câbles en fil de fer, s'enroulent sur deux cylindres creusés en gorge, placés au sommet de piliers solidement établis sur le sol. Les extrémités de ces chaînes sont fixées à des bâtis en maçonnerie nommés *massifs d'amarre.* Le tablier du pont est suspendu aux deux chaînes situées dans des plans verticaux parallèles au moyen de tiges nommées *suspensoires,* qui se correspondent sur les deux chaînes. Chaque couple de suspensoires est réuni par des traverses horizontales dans lesquelles ces suspensoires sont boulonnées, et qui supportent dans le sens de la longueur du pont des poutrelles nommées *longrines,* que l'on recouvre de madriers. Les suspensoires sont équidistantes et chaque couple supporte le poids d'une travée, car on peut le regarder comme chargé de la moitié de la travée qui précède et de la moitié de celle

qui suit, y compris la charge d'épreuve répartie sur une travée. Les ponts suspendus présentent une curieuse application
des principes que nous avons établis sur la chaînette. Nous
allons d'abord déterminer la nature de la courbe affectée par
les chaînes de suspension. Habituellement on se donne la hauteur du tablier au-dessus du niveau des plus hautes eaux, la
longueur du pont, la distance entre deux suspensoires consécutives, la hauteur des piliers ou l'ordonnée du point le plus
bas de la courbe, le poids du tablier et la charge d'épreuve.
Évidemment, si nous parvenons à déterminer la distance des
points d'attache des diverses suspensoires sur le câble au point
le plus bas, la forme du polygone funiculaire sera connue.

Par la théorie de Poncelet, ce problème peut facilement
être résolu. Supposons d'abord, comme c'est le cas le plus
général, que le polygone funiculaire ait un côté horizontal ;
or, si ce côté repose sur le garde-fou, la distance comprise
entre chaque point articulé et le point le plus bas devra être
augmentée de la hauteur de ce garde-fou pour avoir la véritable longueur de chaque suspensoire.

Fig. 121.

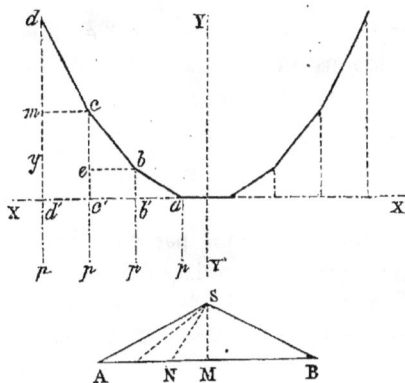

La distance verticale du premier point articulé au-dessus du
point le plus bas est égale à bb' (fig. 121). Or

$$cc' = ce + ec' = ce + bb'$$

et

$$dd' = dm + md' = dm + ce + bb',$$

ce qui montre que *la hauteur du point d'attache, sur le câble,
d'une suspensoire quelconque au-dessus du côté horizontal
est égale à la hauteur de ce point au-dessus du précédent
augmentée de la hauteur de celui-ci au-dessus de tous ceux
qui le précèdent jusqu'au côté horizontal.* La question est donc
ramenée à trouver la hauteur d'un point quelconque articulé
au-dessus du précédent, en fonction des données qui ont été
fournies. Sur une horizontale AB portons des longueurs égales
aux efforts verticaux supportés par chaque couple de suspensoires et des points de division abaissons des perpendiculaires sur les divers côtés du polygone funiculaire; d'après ce
que nous avons vu, elles convergeront au même point S et
représenteront les tensions respectives de ces côtés. De plus
la perpendiculaire SM à AB représentera la tension minima,
qui a lieu sur le côté horizontal, et NM la charge comprise entre
la suspensoire cc' et le côté horizontal, si SN représente la tension du côté cb. Les deux triangles rectangles NSM, ecb étant
semblables, nous aurons la proportion suivante :

$$\frac{SM}{eb} = \frac{MN}{ce}, \quad \text{d'où} \quad ce = \frac{eb \times MN}{SM}.$$

Désignant par l la distance eb comprise entre deux suspensoires et par t la tension minima SM exercée sur le côté horizontal, en substituant, il viendra

$$ce = \frac{l\,MN}{t}.$$

D'autre part, si nous désignons par q la charge uniformément
répartie par mètre courant, puisque MN, sur la figure, représente la charge totale sur la distance horizontale $c'a$, nous
pourrons dans l'égalité remplacer MN par sa valeur $q \times c'a$ et
l'on aura

$$ce = \frac{lq.c'a}{t}.$$

Or, lq étant la charge d'une travée que nous désignerons par p,
il vient

$$ce = \frac{p}{t}.c'a,$$

et comme la charge de toutes les travées est la même, le rapport $\frac{p}{t}$ que nous représenterons par K sera constant, et en définitive nous aurons

$$ce = \mathbf{K} . c' a,$$

ce qui nous apprend que *la hauteur d'un point articulé quelconque au-dessus du point qui le précède immédiatement est égale au rapport constant de la charge d'une travée à la tension minima, multiplié par la distance horizontale comprise entre le point considéré et le côté horizontal.*

Ainsi la hauteur du premier point *b* au-dessus du point le plus bas sera K*l*, celle du deuxième au-dessus du premier 2K*l*, celle du troisième au-dessus du deuxième 3K*l*, et enfin celle d'un point de rang *n* sera *n*K*l*, puisque toutes les suspensoires sont équidistantes.

Rappelons présentement que la hauteur d'un point quelconque au-dessus du point le plus bas est égale à la hauteur de ce point au-dessus du précédent, augmentée de la somme des hauteurs de chacun des autres au-dessus des points qui les précèdent immédiatement. Si donc H représente la hauteur du point de rang *n* au-dessus du côté horizontal, il viendra

$$\mathbf{H} = \mathbf{K}l + 2\mathbf{K}l + 3\mathbf{K}l + \ldots + n\mathbf{K}l.$$

Mettant K*l* en facteur commun,

$$\mathbf{H} = \mathbf{K}l(1 + 2 + 3 + 4 + \ldots + n).$$

Or la somme des nombres consécutifs depuis 1 jusqu'à *n* est égale à $\frac{1+n}{2} \times n$; donc

$$\mathbf{H} = \frac{\mathbf{K}l(1+n)n}{2}.$$

Si nous appliquons successivement cette formule aux différentes suspensoires, ce qui revient à faire $n = 2, n = 3, n = 4, n = 5, \ldots$, et si $h, h', h'', h''', \ldots$ représentent les hauteurs de leurs points d'attache sur le câble au-dessus du point le plus bas, on aura

1re suspensoire... $h = K\,l$,

2e »   ... $h' = K\,l\left(\dfrac{1+2}{2}\right)2 = 3\,K\,l$,

3e »   ... $h'' = K\,l\left(\dfrac{1+3}{2}\right)3 = 6\,K\,l$,

4e »   ... $h''' = K\,l\left(\dfrac{1+4}{2}\right)4 = 10\,K\,l$,

5e »   ... $h^{\mathrm{iv}} = K\,l\left(\dfrac{1+5}{2}\right)5 = 15\,K\,l$.

Les coefficients 3, 6, 10, 15, 21,... qui affectent la quantité $K\,l$ sont connus en Mathématiques sous le nom de *nombres triangulaires*, parce qu'un nombre de sphères de même diamètre égal à l'un d'eux peut servir à former un triangle équilatéral ayant pour côté le plus élevé des nombres naturels dont la somme représente le nombre triangulaire considéré. Ces nombres, que l'on trouve dans le calcul des piles de boulets, font partie d'un tableau disposé en triangle qui renferme les coefficients des puissances successives du binôme $(x+a)$ et qu'on appelle *triangle arithmétique* ou *triangle de Pascal*.

De l'équation générale que nous venons de trouver

$$H = K\left(\frac{1+n}{2}\right)n\,l$$

il est aisé de déduire que tous les points d'attache des tiges de suspension sur les câbles sont situés sur une parabole.

Posons $H = y$ et $n\,l = x$, d'où $n = \dfrac{x}{l}$, il viendra

$$y = \frac{K}{2}\left(\frac{x}{l}+1\right)x \quad\text{ou}\quad y = \frac{K}{l}\left(\frac{x^2}{l}+x\right).$$

Cette équation est celle d'une parabole dont les différents points sont rapportés à deux axes rectangulaires, l'origine étant l'extrémité a du côté horizontal; mais si, par un procédé fréquemment employé en Géométrie analytique, ces axes sont transportés parallèlement à eux-mêmes au milieu de ce côté, l'abscisse $\frac{l}{2}$ n'étant pas dirigée dans le même sens que celle des points que nous avons précédemment considérés doit être prise avec le signe moins, ce qui nous donnera

$$y = \frac{K}{2}\left(\frac{l^2}{4l} - \frac{l}{2}\right) = \frac{K}{2}\left(\frac{l}{4} - \frac{l}{2}\right) = -\frac{Kl}{8}.$$

Ainsi le sommet de la parabole se trouve sur la verticale passant par le milieu du côté horizontal et au-dessous à une distance égale à $\frac{Kl}{8}$ ou $\frac{pl}{8_l}$, quantité que l'on néglige habituellement dans la pratique.

La théorie des moments, appliquée aux conditions d'équilibre, conduit encore aux mêmes conclusions.

Nous avons déjà vu que la tension en un point quelconque du polygone funiculaire a deux composantes, l'une horizontale qui est la tension minima et l'autre verticale égale au poids de la charge du tablier comprise entre ce point et le côté horizontal : conséquemment, toutes ces forces doivent se faire équilibre aux nœuds d'articulation où elles agissent. Le centre des moments étant donc successivement pris à chacun de ces points, le moment de la tension minima sera égal à la somme des moments des poids égaux de toutes les travées comprises depuis le point considéré jusqu'au point le plus bas. Si, par exemple, nous prenons le point articulé d (*fig.* 121), le bras de levier de la tension t exercée sur le côté horizontal sera dd' ou y, c'est-à-dire l'ordonnée de ce point, celui de la première force verticale à droite sera l, celui de la seconde $2l$,..., et nl celui de la dernière, si n est le nombre de travées. Ainsi l'équation d'équilibre sera

$$t.y = pl + p \times 2l + p \times 3l + \ldots + p \times nl,$$

ou

$$t.y = pl(1+2+3+4+\ldots+n), \quad t.y = pl\frac{(1+n)n}{2},$$

d'où

$$y = \frac{pl}{t}\frac{(1+n)n}{2}.$$

Remplaçant, comme précédemment, le rapport constant $\frac{p}{l}$ par K, il vient

$$y = K l \frac{(1+n)n}{2} = K\left(\frac{1+n}{2}\right) nl,$$

résultat que nous avons trouvé géométriquement.

Supposons, en second lieu, que l'un des sommets soit au point le plus bas du polygone (*fig.* 122). Les deux côtés contigus ab, ak qui se réunissent au point le plus bas a, formant des angles égaux avec la verticale de ce point, ont des tensions égales; par suite, en décomposant chacune d'elles en deux forces dont l'une est la tension horizontale minima t et l'autre une force verticale, cette dernière sera évidemment égale à $\frac{p}{2}$.

Ainsi dans l'équation, qui d'ailleurs est exprimée de la même manière que dans le cas précédent, la charge qui intervient pour chaque sommet est p, à l'exception du sommet le plus bas

Fig. 122.

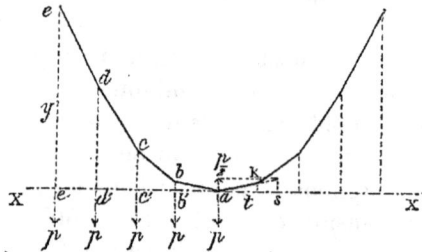

pour lequel nous devons prendre $\frac{p}{2}$. Désignant donc par y l'ordonnée du point e, nous aurons

$$t.y = pl + p \times 2l + p \times 3l + \ldots + p(n-1)l + \frac{p}{2} \times nl,$$

ou

$$t.y = pl[(1+2+3+4+(n-1)] + \frac{p}{2} nl,$$

$$t.y = pl \frac{(n-1)n}{2} + \frac{p}{2} nl.$$

Cette expression peut encore être mise sous la forme suivante :

$$t.y = \frac{pl}{2}[(n-1)n + n] = \frac{pln^2}{2}.$$

Multipliant et divisant le second membre par l, il vient

$$t.y = \frac{pl^2 n^2}{2l};$$

or

donc

$$ln = x \quad \text{et} \quad l^2 n^2 = x^2;$$

$$t.y = \frac{px^2}{2l}, \quad \text{d'où} \quad y = \frac{px^2}{2tl} \quad y = \frac{px^2}{2tl}.$$

Remplaçant le rapport constant $\frac{p}{t}$ par K, comme précédemment, l'équation devient

$$y = \frac{Kx^2}{2l},$$

ce qui nous apprend que la courbe qui passe par tous les points articulés est une parabole dont le sommet se confond avec le point le plus bas du polygone.

Au moyen de cette équation, il est facile de trouver les longueurs des suspensoires. Il suffit de faire x égal à une fois, deux fois, trois fois, etc., la distance comprise entre deux suspensoires consécutives.

Lorsque les sommets des piliers établis sur les rives opposées sont sur une même horizontale, si l'on considère les points articulés des suspensoires extrêmes, l'ordonnée maxima devient égale à la flèche f et l'abscisse à la moitié de la longueur L du pont. En substituant, nous aurons

$$f = \frac{KL^2}{8l};$$

déduisant la valeur de la constante K, il vient

$$K = \frac{8fl}{L^2}.$$

Remplaçant K par cette valeur dans l'équation qui donne celle de y, on a

$$y = \frac{4f}{L^2} x^2.$$

On pourra donc, d'une manière plus simple que précédemment, trouver les longueurs des suspensoires par la seule connaissance de la flèche et de la longueur du pont, sans avoir recours à la tension minima et au poids d'une travée.

136. *Cas où les piliers n'ont pas la même hauteur.* — Quand les points de passage des câbles de suspension sur les piliers ne sont pas à la même hauteur, le sommet de la parabole n'étant pas à égale distance des piliers, le procédé que nous venons d'indiquer ne saurait être employé. Dans ce cas, il importe de connaître le point où l'axe de la parabole rencontre la droite qui unit les sommets des deux piliers. La recherche de ce point est basée sur une propriété remarquable de la parabole.

Dans une parabole, une corde quelconque rencontre l'axe en un point, dont la distance au sommet de la courbe est une moyenne proportionnelle entre les deux abscisses des points où cette corde rencontre la courbe.

Soient A, C deux points de la courbe, B le sommet de la parabole supposé connu et XX′ l'axe de la courbe. AP et CQ

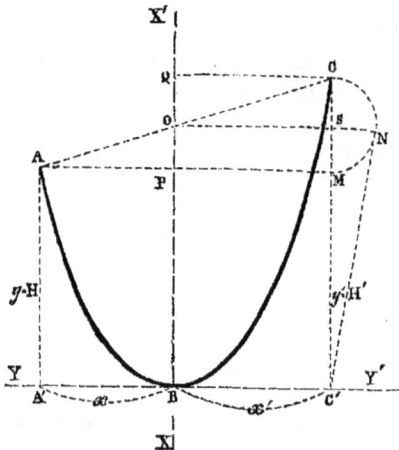

Fig. 123.

étant les ordonnées des deux points A, C, et O le point où la corde AC rencontre l'axe, il faut démontrer que OB sera une moyenne proportionnelle entre AA' et CC', c'est-à-dire qu'on aura (*fig.* 123)

$$\overline{OB}^2 = AA' \times CC' = BP \times BQ.$$

En effet, dans une parabole, les carrés des ordonnées étant proportionnels aux abscisses, on a

$$\frac{BP}{BQ} = \frac{\overline{AP}^2}{\overline{CQ}^2}.$$

Les triangles semblables AOP, COQ donnent la proportion suivante :

$$\frac{AP}{CQ} = \frac{OP}{OQ}, \quad d'où \quad \frac{\overline{AP}^2}{\overline{CQ}^2} = \frac{\overline{OP}^2}{\overline{OQ}^2}.$$

A cause du rapport commun $\dfrac{\overline{AP}^2}{\overline{CQ}^2}$, il vient

$$\frac{\overline{OP}^2}{\overline{OQ}^2} = \frac{BP}{BQ},$$

d'où l'on déduit

$$\overline{OP}^2 \times BQ = \overline{OQ}^2 \times BP;$$

or

$$OP = OB - BP \quad et \quad OQ = BQ - OB.$$

En substituant, il viendra

$$(OB - BP)^2.BQ = (BQ - OB)^2.BP.$$

Développant les carrés des deux binômes,

$$\left(\overline{OB}^2 + \overline{BP}^2 - 2\,OB \times BP\right)BQ = \left(\overline{BQ}^2 + \overline{OB}^2 - 2\,BQ \times OB\right)BP$$

ou bien

$$\overline{OB}^2 \times BQ + \overline{BP}^2 \times BQ - 2\,OB \times BP \times BQ$$
$$= \overline{BQ}^2 \times BP + \overline{OB}^2 \times BP - 2\,BQ \times OB \times BP.$$

16.

Supprimant aux deux membres la quantité $-2\,OB\times BP\times BQ$, on a

$$\overline{OB}^{2} \times BQ + \overline{BP}^{2} \times BQ = \overline{BQ}^{2} \times BP + \overline{OB}^{2} \times BP.$$

Faisant passer dans le premier membre la quantité du second qui contient $\overline{OB}^{2}$ et dans le second celle du premier qui ne contient pas ce facteur, il vient

$$\overline{OB}^{2} \times BQ - \overline{OB}^{2} \times BP = \overline{BQ}^{2} \times BP - \overline{BP}^{2} \times BQ.$$

Mettant dans le premier membre $\overline{OB}^{2}$ en facteur commun et dans le second $BQ \times BP$,

$$\overline{OB}^{2}(BQ - BP) = (BQ \times BP)(BQ - BP).$$

Divisant les deux membres de l'égalité par $(BQ - BP)$, il reste

$$\overline{OB}^{2} = BP \times BQ = AA' \times CC', \qquad \text{c. q. f. d.}$$

Connaissant les points d'attache A et C des suspensoires extrêmes (*fig.* 123), ainsi que l'horizontale qui limite le garde-fou, il est aisé, d'après cela, de trouver le sommet de la parabole. Par le point A, menons AM parallèle à A'C' jusqu'à la rencontre de CC' et, sur CM comme diamètre, décrivons une demi-circonférence; puis, par le point C', menons une tangente C'N à cette demi-circonférence. Si du point C' comme centre nous décrivons un arc SN de rayon C'N et si, par le point S, on mène une parallèle à AM, elle rencontrera la corde AC en un point O, qui sera situé sur l'axe de la parabole; car, entre la tangente C'N et la sécante CC', il existe la relation suivante :

$$\overline{C'N}^{2} = CC' \times C'M ;$$

or

$$C'N = C'S = OB \quad \text{et} \quad C'M = AA' ;$$

donc

$$\overline{OB}^{2} = CC' \times AA'.$$

On peut aussi déterminer directement par le calcul le sommet de la parabole quand les piliers n'ont pas la même hauteur; à cet effet, représentons par H, H′ les longueurs respectives des suspensoires extrêmes et par x, x' les abscisses correspondantes A′B, BC′ (*fig.* 123).

D'après ce qui a été établi plus haut,

$$H = \frac{K\,x^2}{2\,l}, \quad H' = \frac{K\,x'^2}{2\,l};$$

divisant membre à membre, il vient

$$\frac{H}{H'} = \frac{x^2}{x'^2};$$

extrayant la racine carrée des deux membres,

$$\frac{\sqrt{H}}{\sqrt{H'}} = \frac{x}{x'},$$

d'où l'on déduit, en composant,

$$\frac{\sqrt{H} + \sqrt{H'}}{\sqrt{H}} = \frac{x + x'}{x} \quad \text{et} \quad \frac{\sqrt{H} + \sqrt{H'}}{\sqrt{H'}} = \frac{x + x'}{x'};$$

or $x + x'$ égale la longueur du pont L; donc

$$\frac{\sqrt{H} + \sqrt{H'}}{\sqrt{H}} = \frac{L}{x} \quad \text{et} \quad \frac{\sqrt{H} + \sqrt{H'}}{\sqrt{H'}} = \frac{L}{x'},$$

d'où l'on déduit

$$x = L\,\frac{\sqrt{H}}{\sqrt{H} + \sqrt{H'}} \quad \text{et} \quad x' = L\,\frac{\sqrt{H'}}{\sqrt{H} + \sqrt{H'}}.$$

Ces deux équations déterminent parfaitement la position du sommet de la parabole et, par suite, on peut appliquer à chacune des branches de la courbe les formules que nous avons trouvées dans le cas où le sommet est situé au milieu de la longueur du pont.

137. *Valeur de la tension minima.* — Nous avons vu que la tension minima est la tension horizontale exercée au point le plus bas et que la longueur d'une suspensoire peut être exprimée en fonction de cette tension. Si H est l'ordonnée maxima, nous aurons

$$H = \frac{K\,x^2}{2\,l}.$$

Or $x = \dfrac{L}{2}$ dans ce cas, et K représente le rapport constant $\dfrac{p}{l}$ de la charge d'une travée à la tension minima. Donc, en substituant, il viendra

$$H = \frac{pL^2}{8lt}, \quad \text{d'où} \quad t = \frac{pL^2}{8Hl},$$

que l'on peut mettre sous la forme $\dfrac{pL \times L}{8Hl}$.

Puisque p est la charge d'une travée et L la longueur du pont, $\dfrac{pL}{l}$ sera la charge totale, que nous représenterons par P. Ainsi la tension minima en fonction de la charge du tablier sera exprimée de la manière suivante :

$$t = \frac{PL}{8H}.$$

138. *Valeur de la tension maxima.* — Dans l'équilibre de la chaînette nous avons établi que la tension maxima est exercée au point le plus élevé; donc, pour une chaîne de pont suspendu, elle aura lieu au point où elle passe sur le sommet du pilier. Nous avons appris également quelle est la résultante de deux forces rectangulaires, l'une horizontale et l'autre verticale. En appliquant ce principe à un câble de pont suspendu, la tension au point d'attache sera la résultante de la tension horizontale et du poids de la moitié du pont. Si T représente la tension maxima, on aura

$$T^2 = t^2 + \frac{P^2}{4}, \quad \text{d'où} \quad T = \sqrt{t^2 + \frac{P^2}{4}}.$$

Remplaçant t^2 par sa valeur trouvée plus haut,

$$T = \sqrt{\frac{P^2L^2}{64H^2} + \frac{P^2}{4}} = \sqrt{\frac{P^2L^2}{64H^2} + \frac{16P^2}{64}} = \sqrt{\frac{P^2}{64}\left(\frac{L^2}{H^2} + 16\right)}$$

ou bien

$$T = \frac{P}{8}\sqrt{\frac{L^2}{H^2} + 16}.$$

139. *Observation importante.* — Les considérations que nous avons présentées sont relatives à un seul câble ou à une seule chaîne. Dans la description sommaire que nous avons donnée d'un pont suspendu, nous avons dit que le poids d'une travée est supporté par chaque couple de tiges se correspondant des deux côtés. Conséquemment, la quantité *p* qui entre dans les calculs ne représente, en réalité, que la moitié de la charge répartie sur la surface comprise entre deux couples de tiges consécutives. De même, comme nous n'avons considéré qu'un seul câble, P est la moitié du poids total du pont, la seconde moitié étant supportée par le câble placé de l'autre côté du tablier. Cette remarque fait connaître le véritable sens de ces mots *poids d'une travée* que, par extension, nous avons appliqués aux efforts de traction exercés sur les suspensoires.

140. *Pression exercée sur les piliers.* — Les chaînes ou câbles passent au sommet des piliers établis sur les culées, puis s'infléchissent au delà de ces piliers, pour pénétrer dans les massifs d'amarre, où on les fixe solidement, au moyen de plaques en fonte et d'écrous. Le prolongement du câble au delà du pont, à partir du sommet du pilier, se nomme *câble ou chaîne de retenue.* La tension maxima ayant lieu au sommet du pilier, sur le côté extrême du polygone funiculaire formé par le câble de suspension, pour que l'équilibre puisse exister, il faut évidemment que le câble de retenue soit soumis à la même tension et que le pilier ait des dimensions suffisantes pour résister à la résultante de ces deux forces égales. Au point A, sommet du pilier (*fig.* 124), la tension maxima est dirigée suivant la tangente à la courbe et, d'après une propriété caractéristique de la parabole, cette tangente rencontrera l'axe en un point D tel, que

$$CD = 2\,CO = 2H,$$

c'est-à-dire le double de la flèche ou de la hauteur des piliers. Toutefois, nous ferons observer que cela n'a rigoureusement lieu qu'autant que le sommet du pilier est réellement le point d'attache ou, en d'autres termes, que ce point fait partie de la parabole passant par tous les sommets du polygone. Il est assez rare que cette condition se réalise, car la portion de

chaîne comprise entre le dernier sommet du polygone et le
pilier, n'est soumise qu'à l'action de son propre poids et, dès
lors, affecte la forme d'une chaînette qui vient se raccorder
au dernier sommet avec la parabole circonscrite au polygone.

Fig. 124.

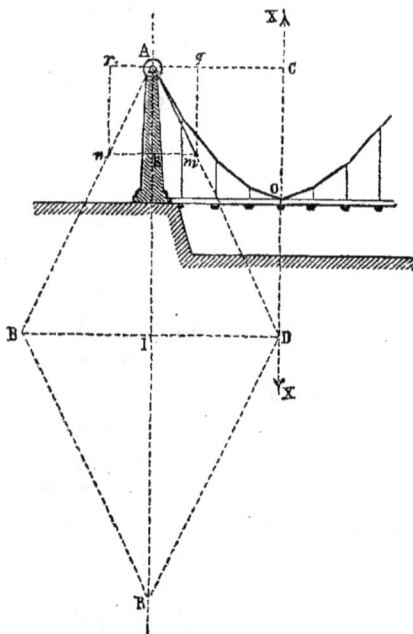

Pour procéder avec exactitude, il conviendrait donc de prendre
la flèche que nous avons confondue avec la hauteur des piliers, au point d'attache de la dernière suspensoire, et pour
longueur du pont la distance comprise entre les suspensoires
extrêmes sur les deux rives opposées. Malgré cette restriction,
comme l'arc de chaînette diffère très-peu d'un arc parabolique, sans erreur sensible, on peut admettre qu'il appartient
à la parabole passant par les points d'attache des suspensoires.

Il est aisé d'obtenir par le calcul la pression exercée sur les
piliers, quand le câble de suspension et le câble de retenue
font des angles égaux DAI, BAI avec l'axe du pilier. Puisque

les tensions sur les deux câbles sont égales au sommet A du pilier, si nous prenons AB = AD et si nous construisons le parallélogramme ABRD, les longueurs AD et AR seront proportionnelles à la tension maxima et à la pression sur le pilier que nous désignerons par Q. Nous aurons donc

$$\frac{Q}{T} = \frac{AR}{AD};$$

or

$$AR = 2\,AI = 2\,CD = 4\,CO \text{ ou } 4\,H \quad \text{et} \quad \overline{AD}^2 = \overline{AI}^2 + \overline{ID}^2,$$

d'où

$$AD = \sqrt{\overline{AI}^2 + \overline{ID}^2}.$$

Comme ID diffère peu de la moitié de la longueur du pont, dans l'hypothèse où les sommets des piliers sont de niveau et que AI = 2H, on aura

$$AD = \sqrt{4H^2 + \frac{L^2}{4}}.$$

En substituant, on aura encore

$$\frac{Q}{T} = \frac{4H}{\sqrt{4H^2 + \frac{L^2}{4}}}, \quad \text{d'où} \quad Q = \frac{4HT}{\sqrt{4H^2 + \frac{L^2}{4}}};$$

remplaçant la tension maxima T par sa valeur trouvée plus haut,

$$Q = \frac{4HP\sqrt{\frac{L^2}{H^2} + 16}}{8\sqrt{4H^2 + \frac{L^2}{4}}};$$

réduisant,

$$Q = \frac{PH}{2}\sqrt{\frac{4L^2 + 64H^2}{16H^4 + L^2H^2}}$$

ou

$$Q = \frac{PH}{2}\sqrt{\frac{4(L^2 + 16H^2)}{H^2(L^2 + 16H^2)}}, \quad Q = P.$$

Ainsi les deux piliers établis sur la même rive supportent ensemble tout le poids du pont et, quand les piliers n'ont pas la même hauteur, ceux qui sont établis sur la même rive supportent un poids égal à deux fois le poids du système, tablier, câble et surcharge, depuis le point le plus bas jusqu'au sommet du pilier considéré.

On peut arriver à la même conclusion par des considérations plus simples. Sur la direction AD de la tension maxima, prenons une longueur Am, que nous supposons égale à cette force. Elle a deux composantes, l'une horizontale Aq, égale à la tension minima, et l'autre verticale As, égale à $\frac{P}{2}$. De même, puisque la tension du câble de retenue est égale à la tension maxima et que sa direction forme avec l'axe du pilier un angle égal à celui que le câble de suspension fait avec le même axe, si l'on décompose cette seconde force en deux autres, l'une horizontale et l'autre verticale, celle-ci sera aussi égale à $\frac{P}{2}$; par conséquent, la pression totale aura pour valeur $\frac{P}{2} + \frac{P}{2}$ ou P, c'est-à-dire le poids de la moitié du pont ([1]). Quant aux deux composantes horizontales, comme elles sont égales et directement opposées, elles se détruisent.

Lorsque l'angle BAR que forme le câble de retenue avec la verticale n'est pas égal à celui du câble de suspension avec la même ligne, la résultante des deux tensions n'est plus verticale; mais elle ne cesse pas d'avoir pour direction la bissectrice de l'angle de ces deux forces. Il faut avoir soin de donner à la base du pilier assez d'empatement pour que la direction de cette résultante passe par un point intérieur I de la base d'appui (*fig.* 125). Dans ce cas, pour ne pas avoir un massif d'amarre trop considérable, l'angle du câble de suspension avec l'horizontale doit être moindre que celui du câble de retenue et, pour être sûr que la direction de la résultante des deux tensions tombe dans l'intérieur de la base d'appui, on dispose le cylindre sur lequel s'enroule le câble vers le bord extérieur du pilier, du côté du massif d'amarre. La résultante AR des deux tensions An, Am, égales à la tension

---

([1]) D'après l'observation faite plus haut, P est la moitié du poids de tout le système, tablier, câble et charge d'épreuve.

maxima, se décompose en deux forces : l'une verticale Au, qui agit par compression sur le pilier, et l'autre horizontale, qui

Fig. 125,

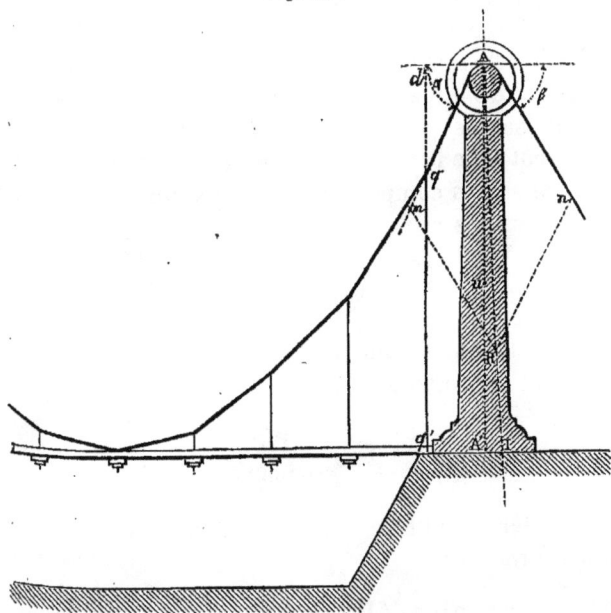

tend à le renverser. On doit donc donner au pilier des dimensions assez grandes pour qu'il puisse résister à l'action de ces deux forces. Si l'angle du câble de retenue avec l'horizontale est donné, on peut facilement trouver la pression oblique exercée sur la base du pilier. Désignons par β cet angle et par α celui du câble de suspension avec l'horizontale. L'angle $n A m = 180° - (\alpha + \beta)$. Remarquons que, dans le triangle rectangle Adq, le côté Ad est égal à la distance l' de la suspensoire extrême à l'axe du pilier, et le côté dq est la différence $y - y'$ des deux ordonnées AA', qq' ; donc on aura

$$\tan \alpha = \frac{y - y'}{l'}.$$

Présentement, la question est ramenée à résoudre le triangle ARn, dans lequel on connaît deux côtés et l'angle compris. On obtiendra ainsi la grandeur de la résultante R et sa direction.

On peut aussi trouver la tension maxima en fonction de l'angle α, que forme le câble de suspension avec l'horizontale. En effet, cette tension, ayant pour composantes rectangulaires la tension minima et le poids de la partie du pont comprise entre le point le plus élevé et le point le plus bas, sera représentée par l'hypoténuse d'un triangle rectangle, dont les côtés de l'angle droit seront les droites représentant les grandeurs des composantes. On aura donc pour T les deux valeurs suivantes :

$$T = \frac{t}{\cos\alpha}, \quad T = \frac{P}{2\sin\alpha};$$

remplaçant la tension minima par sa valeur trouvée plus haut, la première expression de T deviendra

$$T = \frac{PL}{8H\cos\alpha}.$$

Cette dernière valeur de T peut d'ailleurs être ramenée à la seconde forme, car

$$\tan\alpha = \frac{2H}{\frac{L}{2}} = \frac{4H}{L} = \frac{\sin\alpha}{\cos\alpha} \quad \text{et} \quad \frac{L}{4H} = \frac{\cos\alpha}{\sin\alpha};$$

remplaçant $\frac{L}{4H}$ par $\frac{\cos\alpha}{\sin\alpha}$, dans la valeur de T, on a

$$T = \frac{P\cos\alpha}{2\cos\alpha\sin\alpha} = \frac{P}{2\sin\alpha}.$$

Résistance du massif d'amarre au soulèvement. — La chaîne de retenue pénètre en ligne droite dans le massif d'amarre ou quelquefois s'infléchit à partir du sol. Cette dernière disposition a pour objet de diminuer la longueur du massif d'amarre. Le câble passe dans une ouverture nommée *cheminée*, pratiquée au massif, et se termine par une croupière qui embrasse une ou plusieurs barres de fer. A l'extrémité de la cheminée qui débouche dans le puits d'amarre, le câble est retenu au moyen d'une plaque de fonte clavetée qui s'appuie contre une face plane CD (*fig.* 126). Dans le massif d'amarrage

Fig. 126.

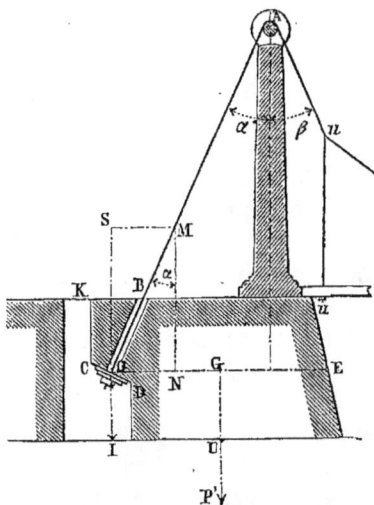

on pratique une ouverture suffisamment grande qui permet d'aller examiner de temps en temps l'état de la clavette et de la plaque de fonte. Cette ouverture porte le nom de *puits d'amarre*.

Supposons, d'abord, que le câble de retenue, dans l'intérieur du massif, ne s'infléchisse pas. Soient α l'angle du câble AB avec la verticale, et P' le poids du massif d'amarre concentré à son centre de gravité G. La tension OM se décompose en deux forces, l'une verticale SO, ayant pour valeur $T \cos\alpha$ et tendant à soulever le massif, et l'autre horizontale $T \sin\alpha$ tendant à le faire glisser.

Il n'y aura pas soulèvement tant que $T \cos\alpha < P'$.

Pour que le massif ne glisse pas, il faut que la composante $T \sin\alpha$ soit moindre que le frottement du pilier contre le sol. Nous verrons plus loin que la résistance connue sous le nom de *frottement* a pour valeur la pression normale exercée, multipliée par le coefficient de frottement. Dans le cas qui nous occupe, la pression normale est la résultante des deux forces parallèles de sens contraires P' et $T \cos\alpha$, c'est-à-dire

$P' - T \cos \alpha$: par conséquent, en désignant par f le coefficient de frottement dont la valeur numérique égale $0,76$, le frottement sera exprimé par

$$f(P' - T \cos \alpha) \quad \text{ou} \quad 0,76(P' - T \cos \alpha).$$

On aura donc

$$T \sin \alpha < 0,76(P' - T \cos \alpha).$$

Si le câble de retenue change de direction, il faut avoir soin de placer le point d'inflexion sur le sol. Les conditions de stabilité sont les mêmes que dans le premier cas. Le câble, vers le point d'inflexion, s'appuie sur un petit support oscillant et la résultante des tensions exercées sur les deux parties doit être telle, qu'elle ne puisse renverser le massif, ce qui implique naturellement que la direction de cette résultante passe par un point de la base d'appui.

141. *Longueur des câbles.* — Il importe de connaître la longueur des câbles. On peut évidemment l'obtenir en calculant successivement les parties rectilignes des câbles comprises entre les différents points d'attache. Remarquons à cet effet que chacune de ces parties est l'hypoténuse d'un triangle rectangle, dont les deux côtés de l'angle sont respectivement la distance l de deux suspensoires et la différence de deux ordonnées consécutives y, y'. Nous aurons donc, en désignant par z, z', z'',... les différents côtés du polygone,

$$z = \sqrt{l^2 + (y - y')^2},$$
$$z' = \sqrt{l^2 + (y' - y'')^2},$$
$$z'' = \sqrt{l^2 + (y'' - y''')^2}.$$

La somme de toutes ces quantités exprimera la longueur de chaque câble; mais ces calculs sont très-laborieux, et l'on obtient la longueur du câble en substituant au périmètre du polygone le développement de la parabole qui passe par tous les sommets. Si l'on cherche d'abord la différentielle, en intégrant, on arrive à l'expression suivante :

$$X = d \left(1 + \frac{2}{3} \frac{H^2}{d^2} \right),$$

qui exprime la longueur de la parabole, depuis l'extrémité supérieure de l'ordonnée maxima jusqu'au point le plus bas. Dans cette formule H représente la flèche, et d est la demi-ouverture du pont. Comme la chaîne est symétrique, par rapport à un axe vertical passant par le point le plus bas, si les piliers ont la même hauteur, on aura la longueur totale du câble, en doublant la valeur de X. Si les sommets des piliers placés sur les rives opposées ne sont pas de niveau, on calculera séparément les longueurs des câbles correspondant aux deux parties du pont, en ayant soin d'introduire dans la formule les valeurs de d et de H qui conviennent.

Accroissement de la longueur de la chaîne et de la flèche par l'effet de la dilatation. — La longueur X de la chaîne ou du câble peut varier avec la température. Le coefficient moyen de dilatation du fer étant $0,0000122$ pour 1 degré C., pour une élévation de température de t degrés, l'allongement K de la longueur X sera

$$K = X \times 0,0000122 \times t.$$

La nouvelle longueur X' sera donc X + K, ou

$$X' = X + X \times 0,0000122 \times t = X(1 + 0,0000122 \times t).$$

Désignant par K' l'accroissement de la flèche, comme elle est supposée égale à la longueur de la plus grande suspensoire, après la dilatation du câble, sa valeur sera H + K'. Introduisant cette valeur dans la formule qui donne la longueur de la chaîne, en faisant observer toutefois que, pour une flèche de longueur H + K', la longueur correspondante du câble sera X + K, ce qui revient à remplacer X par X + K et H² par (H + K')², on aura

$$X + K = d\left[1 + \frac{2}{3}\frac{(H+K')^2}{d^2}\right]$$

ou

$$X + K = d\left(1 + \frac{2}{3}\frac{H^2 + K'^2 + 2HK'}{d^2}\right);$$

retranchant X du premier membre et sa valeur du second, il

vient

$$K = d\left(1 + \frac{2}{3}\frac{H^2 + K'^2 + 2HK'}{d^2}\right) - d\left(1 + \frac{2}{3}\frac{H^2}{d^2}\right)$$

ou

$$K = d\left(1 + \frac{2}{3}\frac{H^2 + K'^2 + 2HK' - H^2}{d^2} - 1\right)$$

$$= d \times \frac{2}{3}\frac{2HK' + K'^2}{d^2} = \frac{2}{3}\frac{2HK' + K'^2}{d}.$$

La quantité K'^2 étant très-petite par rapport à HK' peut être négligée. Il restera donc

$$K = \frac{4HK'}{3d}, \quad \text{d'où} \quad K' = \frac{3d}{4H}K.$$

Cette formule n'est rigoureusement applicable que dans le cas où la chaîne est symétrique par rapport au point le plus bas, c'est-à-dire quand les piliers ont la même hauteur.

Par un procédé analogue, on peut encore trouver l'allongement des câbles, sous l'action de la charge qu'ils supportent.

L'accroissement de longueur que subit un corps soumis à un effort de traction étant directement proportionnel à la longueur primitive, à la grandeur de cet effort, à un coefficient particulier qu'on appelle *coefficient d'élasticité* et à l'aire de la section de la pièce, si nous désignons par c ce coefficient qui représente l'allongement de l'unité de longueur par millimètre carré de section sous un effort de 1 kilogramme et par s l'aire de la section de la chaîne ou du câble, exprimée en millimètres carrés, nous aurons pour la valeur K de l'allongement de la longueur X de la chaîne

$$K = \frac{X \times c \times T}{s}.$$

Pour le fer; $c = 0,000054$, donc

$$K = \frac{X \times 0,000054 \times T}{s}.$$

Dans cette formule, T représente la tension maxima et on la suppose uniforme sur toute la longueur de la chaîne. Elle peut être mise sous une forme plus commode, car

$$K = \frac{X \times 54 \times T}{1000000\,s}.$$

Divisant les deux termes du second membre par 54, il vient

$$K = \frac{X \times T}{18518\,s}.$$

Désignant par K′ l'accroissement de la flèche H et, dans la formule donnant la longueur de la chaîne, remplaçant X par X + K et H par H + K′, il viendra

$$X + K = d\left[1 + \frac{2}{3}\frac{(H + K')^2}{d^2} \right],$$

$$X + K = d\left(1 + \frac{2}{3}\frac{H^2 + K'^2 + 2HK'}{d^2} \right).$$

Comme précédemment, en retranchant X au premier membre et sa valeur au second, on aura, toutes réductions faites,

$$K = \frac{4}{3}\frac{HK'}{d}, \quad \text{d'où} \quad K' = \frac{3d}{4H}K.$$

142. *Charge permanente et charge d'épreuve des ponts suspendus.* — La charge permanente est due au poids des matériaux qui entrent dans la construction du pont. Elle comprend le poids de tout le tablier, de toutes les suspensoires et des chaînes ou câbles. La charge d'épreuve a pour objet de faire reconnaître les défauts que peuvent présenter les chaînes et les autres parties qui entrent dans la construction du pont. Elle est égale à 200 kilogrammes par mètre carré, que l'on répartit uniformément sur la surface du tablier, au moment de l'essai.

143. *Section des chaînes ou câbles et des suspensoires.* — Comme la tension des chaînes ou câbles n'est pas la même à tous les points, il s'ensuit qu'on pourrait faire varier la section; mais on lui donne une valeur constante sur toute la longueur et telle qu'elle puisse résister à l'effort maximum.

L'expérience a appris que le fer forgé et étiré en barres, employé pour les chaînes des ponts suspendus, ne se rompt que sous un effort de 40 kilogrammes par millimètre carré de section. Pour les câbles faits avec des trousseaux de fils de fer, la charge de rupture est égale à 60 kilogrammes par millimètre carré. Néanmoins, dans l'intérêt de la sécurité publique, les ingénieurs font seulement supporter au fer étiré en barre un effort de 12 kilogrammes et aux câbles fabriqués avec du fil de fer qu'un effort de 18 kilogrammes.

Désignant par s la section de toutes les chaînes, on aura

$$s = \frac{T}{12}, \quad s = \frac{T}{18}.$$

Nous avons trouvé plus haut, pour la valeur de la tension maxima,

$$T = \frac{P}{8} \sqrt{\frac{L^2}{H^2} + 16};$$

en substituant, nous aurons

$$s = \frac{P \sqrt{\frac{L^2}{H^2} + 16}}{96} \quad \text{et} \quad s = \frac{P \sqrt{\frac{L^2}{H^2} + 16}}{144}.$$

Comme, dans la formule qui exprime la valeur de la tension maxima, la quantité P représente le poids de la moitié du tablier, des tiges, des chaînes et de la surcharge de 200 kilogrammes par mètre carré, on détermine d'abord la valeur de T, en ne tenant compte que du poids du tablier, des tiges et de la charge d'épreuve. On obtient ainsi une valeur approximative de la section de la chaîne, d'où l'on déduit une valeur approchée de son poids, en multipliant l'aire de cette section par la longueur de la chaîne et par la densité du fer. On recommence le calcul en ajoutant à la première valeur de P le poids de la chaîne et l'on trouve l'aire de la section avec une approximation suffisante. La surcharge de 200 kilogrammes, prescrite par les règlements, représente à peu près le poids de trois hommes et, si le pont doit servir à la circulation des voitures, dans le calcul de la section des chaînes et des suspensoires, il faut tenir compte du poids de deux voitures lourdement chargées et les considérer au moment où elles se rencontrent sur une même travée.

On doit à **M. Endrès**, ingénieur des Ponts et Chaussées, une méthode fort élégante qui permet de déterminer la section des câbles ou des chaînes sans employer les tâtonnements que nous venons d'indiquer. Voici en quoi elle consiste.

La tension maxima en fonction de l'angle qu'elle forme avec l'horizontale est exprimée par la relation

$$T = \frac{P}{2 \sin \alpha},$$

la quantité P comprenant le poids des chaînes. Or

$$\tan g \alpha = \frac{2H}{\frac{L}{2}} = \frac{4H}{L} \quad \text{et} \quad \sin \alpha = \frac{\tan g \alpha}{\sqrt{\tan g^2 \alpha + 1}},$$

d'où

$$\sin \alpha = \frac{4H}{L \sqrt{\frac{16H^2}{L^2} + 1}}.$$

Représentons par P' le poids du pont, abstraction faite du poids des chaînes, par X leur longueur, par s leur section et par d la densité du fer ; par conséquent le poids des chaînes sera X sd, et l'on aura

$$P = P' + Xsd;$$

par suite, il viendra

$$T = \frac{P' + Xsd}{2 \sin \alpha}.$$

Si c représente le coefficient de résistance à la traction, c'est-à-dire la tension que peut supporter le fer, en toute sécurité, par millimètre carré de section, $T = sc$, d'où

$$sc = \frac{P' + Xsd}{2 \sin \alpha},$$

ou

$$sc . 2 \sin \alpha = P' + Xsd,$$
$$sc . 2 \sin \alpha - Xsd = P';$$

mettant s en facteur commun,

$$s(c . 2 \sin \alpha - Xd) = P';$$

par conséquent

$$s = \frac{P'}{c.2\sin\alpha - Xd}.$$

Nous avons vu que $c = 12$ kilográmmes pour des chaînes et 18 kilogrammes pour des câbles fabriqués avec des trousseaux de fils de fer. De plus, si s représente la section en millimètres carrés et X la longueur en millimètres, d sera le poids d'un millimètre cube de fer. Or la densité du fer, c'est-à-dire son rapport au poids d'un égal volume d'eau est égale à 7,8. Donc le poids d'un millimètre cube de fer sera $0^{gr},0078$. Remplaçant d par sa valeur numérique et c successivement par 12 et par 18, on aura les deux formules suivantes :

$$s = \frac{P'}{24\sin\alpha - 0,0078X}, \quad s = \frac{P'}{36\sin\alpha - 0,0078X}.$$

On pourra donc trouver directement la section des câbles ou des chaînes, puisque la valeur de $\sin\alpha$ est représentée par

$$\frac{4H}{L\sqrt{\dfrac{16H^2}{L^2}+1}}.$$

M. Endrès a vérifié l'exactitude de cette formule en l'appliquant au calcul des câbles et des chaînes de ponts déjà construits et les résultats ont été aussi satisfaisants que possible. Pour trouver la section des suspensoires, rappelons que chaque couple de suspensoires supporte le poids de la portion de tablier comprise entre deux d'entre elles. A ce poids, on y ajoute le poids d'une voiture lourdement chargée : conséquemment l'effort que chacune supporte est égal à la moitié de la somme de ces deux poids que l'on divisera par 12 pour avoir l'aire de la section.

La quantité que nous avons désignée par P comprend encore le poids de toutes les tiges de suspension. On pourrait le déterminer en cherchant séparément le poids de chacune d'elles et en faisant la somme de tous ces poids partiels. Il est bien plus simple de calculer à priori la somme de leurs longueurs. En multipliant l'aire de la section par cette somme et par la densité du fer, on aura évidemment le poids cherché, qui est un des éléments de P.

Prenons, à cet effet, l'équation de la parabole au moyen de laquelle on trouve la valeur d'une ordonnée ou d'une suspensoire quelconque

$$y = \frac{K x^2}{2 l}.$$

Si l'un des sommets du polygone est au point le plus bas, il suffit de faire successivement $x = l$, $x = 2l$, $x = 3l, \ldots, x = nl$, et d'ajouter toutes les valeurs de y obtenues avec les valeurs correspondantes de x,

$$y = \frac{K}{2l} l^2, \quad y' = \frac{K}{2l} 4 l^2, \quad y'' = \frac{K}{2l} 9 l^2, \ldots, \quad y_n = \frac{K}{2l} n^2 l^2,$$

d'où

$$S = \frac{K}{2l} l^2 (1 + 4 + 9 + 16 + \ldots + n^2).$$

Or nous savons que la somme des carrés des nombres consécutifs depuis 1 jusqu'à n est $\frac{1}{6} n(n+1)(2n+1)$. Donc, cette expression devient

$$S = \frac{K l}{12} n(n+1)(2n+1).$$

Quand il y a un côté horizontal, il est plus simple de rapporter la courbe au sommet, comme nous l'avons indiqué, et l'équation est encore

$$y = \frac{K x^2}{2l},$$

puisque le paramètre est une constante que le changement d'axe ne saurait modifier; mais, dans ce cas, les abscisses cessent d'être, comme dans le premier cas, successivement égales à l, $2l$, $3l, \ldots$. Désignant par l_1 la demi-longueur d'une travée, qui précisément est égale à la distance du milieu du côté horizontal au sommet le plus voisin, pour avoir les différentes valeurs de y il suffira de résoudre l'équation en faisant $x = l_1$, $x = 3l_1$, $x = 5l_1, \ldots$,

$$y = \frac{K}{2l} l_1^2, \quad y' = \frac{K}{2} 9 l_1^2, \quad y'' = \frac{K}{2} 25 l_1^2, \quad y''' = \frac{K}{2} 49 l_1^2, \ldots,$$

d'où

$$S = \frac{K}{2l} l_1^2 [1 + 9 + 25 + 49 + \ldots + (2n-1)^2].$$

La somme des carrés des n premiers nombres impairs a pour valeur $\dfrac{n(4n^2-1)}{3}$; donc nous aurons

$$S = \frac{K}{2l}\,l_1^2\,\frac{n(4n^2-1)}{3} \quad \text{ou} \quad S = \frac{K}{6l}\,l_1^2\,n(4n^2-1).$$

Pour avoir la valeur de S en fonction de la longueur totale d'une travée, puisque $l_1 = \dfrac{l}{2}$, il suffit de remplacer l_1^2 par $\dfrac{l^2}{4}$, et en réduisant il vient

$$S = \frac{Kl}{24}\,n(4n^2-1).$$

Ces deux expressions peuvent être mises sous une forme plus commode.

A cet effet, considérons l'équation de la parabole en fonction de la flèche

$$y = \frac{4f}{L^2}\,x^2.$$

En donnant à x les valeurs qui conviennent aux différents points d'attache, et faisant comme précédemment la somme des valeurs correspondantes de y, nous aurons les deux expressions suivantes :

$$S = \frac{4f}{L^2}\,\frac{l^2 n(n+1)(2n+1)}{6}, \quad S = \frac{4f}{L^2}\,\frac{l_1^2 n(4n^2-1)}{3}$$

ou

$$\frac{4f}{L^2}\,\frac{l_1^2 n(2n+1)(2n-1)}{3}.$$

Comme dans ces formules n représente le nombre de points articulés depuis le point le plus bas jusqu'au sommet qui précède immédiatement le pilier, $n+1$, dans le premier cas, sera le nombre des travées que comprend la demi-longueur du pont, dans l'hypothèse où les piliers ont la même hauteur; donc on aura

$$\frac{L}{2} = l(n+1) \quad \text{et} \quad \frac{L^2}{4} = l^2(n+1)^2,$$

d'où

$$\frac{1}{4(n+1)^2} = \frac{l^2}{L^2}.$$

Substituant il vient

$$S = \frac{4 fn(n+1)(2n+1)}{4 \times 6(n+1)(n+1)}, \quad S = \frac{fn(2n+1)}{6(n+1)}$$

ou

$$S = \frac{fn(2n+1)}{3(2n+2)}.$$

Le rapport $\frac{2n+1}{2n+2}$ différant peu de l'unité, on aura approximativement

$$S = \tfrac{1}{3} fn,$$

ce qui montre que, pour avoir par approximation la somme des longueurs des tiges comptées à partir du point le plus bas jusqu'au sommet le plus élevé, il suffira de multiplier le nombre de ces tiges par le tiers de la flèche.

Remarquons que dans la seconde formule, relative au cas où le polygone a un côté horizontal, $(2n+1)l_1$ représente la moitié de la longueur du pont, car $l_1 = \frac{l}{2}$, puisque cette quantité est la distance du milieu du côté horizontal au sommet le plus voisin. Si nous remplaçons l_1 par $\frac{l}{2}$, nous aurons $nl + \frac{l}{2}$. Nous pourrons donc poser

$$\frac{L}{2} = l_1(2n+1);$$

d'où

$$\frac{1}{2(2n+1)} = \frac{l_1}{L} \quad \text{et} \quad \frac{1}{4(2n+1)^2} = \frac{l_1^2}{L^2}.$$

Remplaçant ce rapport $\frac{l_1^2}{L^2}$ dans la formule générale :

$$S = \frac{4 fn(2n-1)(2n+1)}{4(2n+1)(2n+1)\times 3} = \frac{fn(2n-1)}{3(2n+1)}.$$

Nous ferons observer, comme dans le premier cas, que le rapport $\frac{2n-1}{2n+1}$ diffère peu de l'unité, et par suite que nous arrivons au même résultat que précédemment

$$S = \tfrac{1}{3} fn.$$

Ces formules ne donnent la somme des longueurs des suspensoires que jusqu'au sommet de la parabole circonscrite au polygone. Pour procéder avec exactitude, il faut donc encore ajouter à cette somme les longueurs des portions de suspensoires comprises entre le sommet et le tablier. Ainsi, si n représente le nombre de ces tiges pour une demi-longueur du pont et si d est la distance du sommet de la courbe au tablier, la quantité qui doit être ajoutée à S est nd et la somme des longueurs sera donc $S + nd$.

144. *Observations essentielles.* — La distance entre deux suspensoires consécutives, ou la longueur d'une travée, est égale à $1^m,20$. Toutefois, comme l'axe des piles est plus ou moins éloigné de l'arête de la culée, la travée comprise entre le pilier et la suspensoire extrême a une longueur égale habituellement à $1^m,60$.

Le rapport de la flèche à l'ouverture du pont varie de $\frac{1}{10}$ à $\frac{1}{15}$.

Les planchers reposent sur des poutres, que supportent à leurs extrémités deux tiges de suspension. Ces poutres, de chaque côté, sont reliées entre elles par quatre longrines, qui servent à donner de l'élévation aux trottoirs, et par des madriers qui forment le premier plancher. Ces madriers ont une épaisseur de $0^m,10$ à $0^m,12$ et sont espacés de quelques centimètres, ce qui permet à l'air de circuler entre eux. Les madriers du plancher supérieur sont parfaitement joints et disposés dans le sens de la largeur du pont. Leur épaisseur est de $0^m,05$ à $0^m,06$. Pour permettre l'écoulement des eaux, on ménage, entre ces pièces du tablier et les longrines, un jeu de quelques centimètres.

La largeur maxima d'un pont suspendu est égale à 8 mètres, sur lesquels $4^m,80$ sont affectés à la chaussée proprement dite et le reste aux trottoirs. Quand le pont est peu fréquenté et que son ouverture n'est pas très-grande, on prend de $2^m,20$ à $2^m,40$ pour la chaussée et de 1 mètre à $1^m,10$ pour chaque trottoir.

Les garde-fous ou garde-corps sont formés d'une suite de croix de Saint-André et leur hauteur varie de $0^m,90$ à 1 mètre.

CHAPITRE X.

145. *Force totale d'inertie d'un corps dans le mouvement de transport parallèle.* — Le mouvement d'un corps ou d'un système de corps est dit *de transport parallèle* lorsque tous ses points ou toutes ses parties décrivent simultanément des chemins égaux et parallèles dans le même temps.

Il est évident, puisque les chemins élémentaires parcourus par les différents points du système sont égaux, que le travail élémentaire de la résultante, c'est-à-dire le travail élémentaire total, sera égal à la somme algébrique des projections de toutes les forces partielles sur la direction du chemin parcouru, multipliée par ce chemin. Pour que le mouvement soit uniforme, il faut que le travail de la résultante soit égal à zéro, ce qui implique que la projection de la résultante de toutes les forces est nulle ou que la somme des projections de toutes les composantes sur le chemin parcouru est aussi égale à zéro.

Supposons le mouvement varié et soit v le degré de vitesse commun imprimé à toutes les parties du corps, pendant un temps élémentaire t. Si p, p', p'',... représentent les poids des différentes molécules du corps, nous aurons

$$f = \frac{p}{g}\frac{v}{t}, \quad f' = \frac{p'}{g}\frac{v}{t}, \quad f'' = \frac{p''}{g}\frac{v}{t}, \ldots$$

Comme chaque force d'inertie partielle agit dans la direction du mouvement et que les mouvements imprimés aux différentes molécules sont parallèles, toutes les forces le seront aussi et la résultante, c'est-à-dire la force motrice totale, sera égale à la somme des composantes. Nous aurons donc, en appelant F cette résultante,

$$F = \frac{p}{g}\frac{v}{t} + \frac{p'}{g}\frac{v}{t} + \frac{p''}{g}\frac{v}{t} + \ldots,$$

ou, en mettant $\frac{v}{t}$ en facteur commun,

$$F = \frac{v}{t} \frac{(p + p' + p'' + p''' + \ldots)}{g}.$$

Désignant par P le poids total du corps, il viendra

$$F = \frac{P}{g} \frac{v}{t}$$

et, en remplaçant $\frac{P}{g}$ par M,

$$F = M \frac{v}{t}.$$

Remarquons que les forces d'inertie partielles f, f', f'' sont directement proportionnelles aux poids $p, p', p'', p''', \ldots$ des différentes molécules. Donc le point d'application de la résultante F devra se confondre avec le centre des forces parallèles, qui n'est autre chose que le centre de gravité du corps. Euler, pour cette raison, a donné au centre de gravité d'un corps le nom de *centre d'inertie*.

Supposons que, pendant un temps élémentaire t, on ait imprimé un degré de vitesse v à tous les points matériels d'un corps, la force totale d'inertie ayant pour valeur

$$F = M \frac{v}{t}.$$

Sa direction sera celle du mouvement et de plus elle passera

Fig. 127.

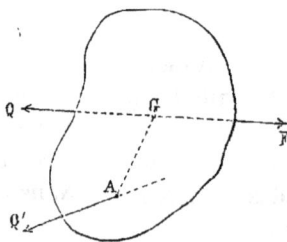

par le centre de gravité; par conséquent, si, au moment où le mouvement va commencer, on applique une force Q (*fig.* 127) égale et directement opposée à la force d'inertie F, le degré de vitesse v sera détruit et le corps restera à l'état de repos. D'après cela, en appliquant au centre de gravité d'un corps une force motrice Q, le corps recevra un mouvement de transport parallèle, puisqu'elle est égale et directement opposée à la force d'inertie qui se manifeste. De plus, la force totale d'inertie se subdivisera en autant de forces d'inertie partielles f, f', f'',... qu'il y a de parties élémentaires dans la masse du corps. En fonction de la force d'inertie totale, ces forces d'inertie partielles seront donc exprimées de la manière suivante :

$$f = \frac{m}{M} F, \quad f' = \frac{m'}{M} F, \quad f'' = \frac{m''}{M} F.$$

Présentement, désignons par x, x', x'',... les degrés de vitesse communiqués par les forces f, f', f'', f''',..., on aura

$$f = \frac{mx}{t}, \quad f' = \frac{m'x'}{t}, \quad f'' = \frac{m''x''}{t},$$

d'où

$$x = \frac{ft}{m}, \quad x' = \frac{f't}{m'}, \quad x'' = \frac{f''t}{m''}.$$

Remplaçons les forces parallèles f, f', f'',... par leurs valeurs en fonction de la force totale F, nous aurons

$$x = \frac{mFt}{mM} = \frac{Ft}{M}, \quad x' = \frac{m'Ft}{m'M} = \frac{Ft}{M}, \quad x'' = \frac{m''Ft}{m''M} = \frac{Ft}{M}.$$

Ainsi tous les points du système décrivent des chemins égaux dans le même temps et la vitesse commune est égale à celle que la force motrice Q ou la force d'inertie F imprime au centre de gravité; car, si de l'équation

$$F = M \frac{v}{t}$$

on tire la valeur de v, on a

$$v = \frac{Ft}{M}.$$

De là cette conséquence remarquable :

Pour qu'un corps puisse être animé d'un mouvement de

transport parallèle, il faut que la force motrice ou la résul-
tante des forces motrices qui lui sont appliquées passe par le
centre de gravité de ce corps.

*Mouvement d'un corps lorsque la force motrice ne passe pas
par le centre de gravité.* — Supposons que la force motrice Q'
ait pour direction la droite AB (*fig.* 127) qui ne passe pas
par le centre de gravité G du corps. Dans ce cas, le mouvement ne saurait être de transport parallèle. En effet, si ce
mouvement existait aux différents points du corps, il se développerait des forces d'inertie partielles, dont la résultante passerait par le centre de gravité G, et, en substituant à cette résultante une force F agissant en sens inverse du mouvement, le
corps passerait à l'état d'équilibre statique. Or, d'après ce que
nous avons vu, il est évident que deux forces F et Q' ne pourront s'entre-détruire qu'autant qu'elles seront directement
contraires, c'est-à-dire qu'elles passeront par le même point.

Généralement, lorsque des forces agissent sur un corps
d'une manière quelconque, le mouvement réel est un mouvement composé d'un mouvement de translation au centre de
gravité et d'un mouvement relatif ou de rotation autour de ce
centre. D'autre part, en Mécanique rationnelle, on établit un
théorème dont nous croyons devoir donner l'énoncé, sans
toutefois le démontrer.

*Le centre de gravité d'un corps ou d'un système de corps
se meut de la même manière que si toute la masse du système
y était concentrée, et que toutes les forces extérieures y fus-
sent transportées parallèlement à elles-mêmes* ([1]).

Ainsi, si nous imaginons que l'on fasse abstraction des
dimensions d'un corps pour le réduire par la pensée à un

([1]) D'Alembert, dans un théorème fameux qui porte son nom, a ramené tout
problème de Dynamique à une simple question d'équilibre. Cet illustre géomètre a démontré que, dans le mouvement d'un système matériel, les forces
extérieures qui agissent sur les différents points matériels du système sont, à
chaque instant, équilibrées par les forces d'inertie. Nous ferons observer toutefois que ce théorème ne saurait faire connaître les propriétés et la nature du
mouvement du corps; il ne fait qu'indiquer la méthode à suivre pour arriver à
l'équation du mouvement. On peut néanmoins affirmer que d'Alembert a fait
faire un pas immense à la Mécanique, en considérant, dans son théorème général, l'équilibre permanent entre les forces motrices et celles de l'inertie.

point matériel, toute la masse sera concentrée au centre de gravité, et par suite tout ce qui a été dit sur le mouvement d'un point matériel quelconque peut être immédiatement appliqué au mouvement du centre de gravité d'un corps ou d'un système de corps.

Pour fixer les idées sur le sens que l'on doit attacher à l'énoncé de ce théorème, appliquons-le à quelques exemples.

Nous avons vu que, lorsqu'un corps quelconque, une bombe sphérique par exemple, est lancé dans l'espace, abstraction faite de la résistance de l'air, son centre de gravité décrit une parabole située dans le plan vertical qui passe par la direction de la vitesse initiale. Si cette bombe éclate avant de tomber sur le sol, l'explosion n'étant produite que par les forces intérieures dues à l'inflammation de la poudre, ces forces ne modifient pas le mouvement du centre de gravité. Si à chaque instant on pouvait déterminer le centre de gravité du système formé par tous les fragments de la bombe, on trouverait que ce point continue à décrire la parabole suivant laquelle le mouvement a commencé. Le mouvement du centre de gravité ne serait altéré que si un ou plusieurs fragments de la bombe, dans leur course, venaient à rencontrer des corps étrangers; car, dans ce cas, les réactions des divers fragments seraient de nouvelles forces qui viendraient se combiner avec l'action de la pesanteur pour donner naissance à un mouvement d'une autre nature.

Pareillement, une fusée décrit dans l'espace une trajectoire parabolique, exactement comme le centre de gravité de la bombe. Quand elle fait explosion, elle se divise en plusieurs étoiles et le centre de gravité de ce nouveau système est le même que celui de la fusée et continue à parcourir la même trajectoire.

Ainsi le déplacement du centre de gravité ne dépend en aucune façon des actions réciproques que peuvent exercer les unes sur les autres les différentes parties du système, puisque chaque action est suivie d'une réaction égale et directement opposée, et que ces forces, étant transportées au centre de gravité, s'entre-détruisent.

Le même principe sert encore à expliquer le recul des armes à feu.

Pour simplifier la question, négligeons le poids de la poudre et ne considérons que le poids de la pièce et celui du projectile. Soient G le centre de gravité du système composé de ces deux corps quand le boulet est dans l'âme du canon, et g le centre de gravité de la pièce non chargée (*fig.* 128). Avant l'ex-

Fig. 128.

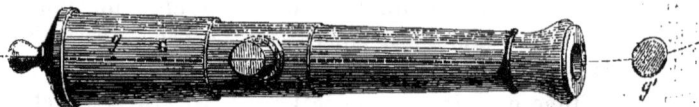

plosion, la pièce et le boulet étant en équilibre stable, l'action des forces intérieures ne saurait modifier cet état; conséquemment la force expansive des gaz qui exerce des pressions égales et directement opposées sur le canon et sur le projectile n'aura pas déplacé le centre de gravité G du système lorsque le boulet sera parvenu au point g' de l'espace. Il est aisé de comprendre, en effet, que si le centre de gravité du projectile s'est éloigné du point G, le centre de gravité g de la pièce sera aussi écarté du même point fixe G, et par conséquent le canon aura dû reculer. On pourrait calculer théoriquement la vitesse de recul, car, l'action étant égale et directement opposée à la réaction, si nous désignons par P et p les poids respectifs de la pièce et du boulet, V, V' étant les vitesses, nous aurons

$$\frac{P}{p} = \frac{V'}{V}, \quad \text{d'où} \quad V = \frac{p}{P} V'.$$

Nous aurions l'espace parcouru pendant ce mouvement de recul au moyen de la relation suivante :

$$\frac{P}{p} = \frac{G g'}{G g}, \quad \text{ou} \quad \frac{P}{p} = \frac{G g'}{x},$$

x représentant la distance du centre de gravité de la pièce au centre de gravité du système, après le mouvement de recul; d'où

$$x = \frac{p}{P} G g'.$$

On voit que théoriquement le recul est proportionnel à

la portée de l'arme. Mais nous avons omis de faire intervenir certaines causes tendant à modifier ce résultat. D'une part, nous avons négligé le frottement des roues sur le sol et sur l'essieu, le frottement du projectile dans l'âme de la pièce; d'un autre côté, les gaz produits par la poudre continuant à agir sur la pièce, dès que le boulet est sorti de l'âme, tendent à augmenter la vitesse de recul. Ces relations que nous avons établies n'ont d'ailleurs d'autre but que d'indiquer d'une manière plus intelligible les conséquences du théorème.

Il ne peut donc y avoir déplacement du centre de gravité que sous l'influence de forces extérieures. Les différentes parties du système pourront bien se séparer, se presser, se choquer, mais le centre de gravité occupera toujours la même position dans l'espace, pourvu qu'aucune partie ne reçoive l'action de forces extérieures. En d'autres termes, si l'on transporte les forces, parallèlement à elles-mêmes, au centre de gravité et que leur résultante soit nulle, ou bien qu'il n'y ait pas de forces extérieures, le centre de gravité du système restera fixe, ou sera animé d'un mouvement rectiligne uniforme.

Les êtres animés eux-mêmes n'échappent pas aux conséquences de ce principe. Imaginons, par exemple, qu'un homme soit parfaitement isolé dans l'espace, que son corps ne soit soumis à l'action d'aucune force extérieure et que son centre de gravité soit immobile. Quel que soit le jeu de ses muscles pour déplacer les différentes parties de son corps, de lui-même, il ne parviendra pas à mettre son centre de gravité en mouvement, attendu qu'il ne développe que des forces intérieures incapables de modifier l'état primitif du centre de gravité.

Un homme placé debout sur une couche de glace parfaitement unie peut bien, en se ployant, abaisser ou élever son centre de gravité; mais il lui est impossible de le faire mouvoir horizontalement, comme dans l'état ordinaire des choses où, entre le sol et le pied de l'homme, il existe un frottement qui tient lieu de la force extérieure. On voit aisément que, dans le phénomène de la locomotion, l'homme avec ses pieds développe une force horizontale qui tend à rejeter en arrière la partie du sol sur laquelle il s'appuie. Cette force donne lieu, de la part du sol, à une réaction qui se développe en sens contraire, c'est-à-dire d'arrière en avant, et c'est précisément cette réaction qui constitue la force extérieure et détermine le déplacement du corps.

Quand l'homme est debout, la résistance que le sol oppose est une force qui, transportée à son centre de gravité, détruit l'action de son poids; mais il n'en est pas de même si le centre de gravité s'abaisse ou s'élève.

Si l'homme se baisse, comme dans la position debout le centre de gravité est soumis à l'action de deux forces égales et directement opposées, pour que le mouvement puisse avoir lieu, il faut évidemment que le poids devienne supérieur à la réaction du sol, qui n'est autre chose que la pression exercée sur la base d'appui. Quand il se relève, comme la réaction du sol se manifeste de bas en haut, cette force ou la pression exercée doit l'emporter sur le poids du corps qui agit en sens contraire. Il est facile de le vérifier expérimentalement: qu'un homme placé sur le tablier d'une bascule soit équilibré par des poids numérotés placés dans le bassin, s'il vient à se baisser pendant toute la durée du mouvement, l'équilibre sera rompu en faveur des poids, et il ne sera rétabli que lorsque le corps de l'homme aura repris l'immobilité. Quand l'homme se relève, l'équilibre est de nouveau troublé, mais en sens inverse, c'est-à-dire que le poids du corps l'emporte sur le poids du bassin et cet état se rétablira de la même manière que précédemment, dès que le mouvement aura cessé.

En résumé, ces exemples, relatifs aux propriétés mécaniques du centre de gravité, nous montrent que le théorème énoncé comporte une généralité qu'il était difficile de reconnaître a priori.

146. *Quantité totale de mouvement d'un corps.* — Désignons par V la vitesse commune à toutes les parties d'un corps animé d'un mouvement de transport parallèle. Si m, m', m'', ... sont les masses de ces parties élémentaires, leurs quantités de mouvement respectives mV, $m'V$, $m''V$, $m'''V$ et, puisque toutes ces quantités partielles de mouvement se produisent dans des directions parallèles, la quantité totale de mouvement sera égale à leur somme

$$mV + m'V + m''V + \ldots \quad \text{ou} \quad V(m + m' + m'' + \ldots).$$

Désignant par M la masse totale de ce corps, nous aurons MV. Ainsi la quantité totale de mouvement d'un corps animé d'un mouvement de transport parallèle est égale à la masse de ce corps multipliée par la vitesse commune de tous ses points.

Si le corps passe d'une vitesse v à une vitesse V plus grande, les accroissements de quantité de mouvement qu'éprouvent les parties élémentaires du corps seront

$$m\,(V-v), \quad m'\,(V-v), \quad m''\,(V-v), \quad m'''\,(V-v), \ldots;$$

par suite, l'accroissement qu'éprouvera la masse totale sera

$$m\,(V-v) + m'\,(V-v) + m''\,(V-v) + m'''\,(V-v) + \ldots$$

ou

$$(V-v)\,(m+m'+m''+\ldots),$$

ce qui donne

$$M\,(V-v).$$

De là cette conclusion :

L'accroissement total de la quantité de mouvement est égal au produit de la masse par l'accroissement de vitesse.

147. *Force totale vive d'un corps dans le mouvement de transport parallèle.* — Les considérations que nous avons invoquées pour la valeur de la force motrice et de la quantité de mouvement peuvent aussi être appliquées à la force vive totale d'un corps. Si m, m', m'',... sont les masses élémentaires qui composent la masse totale et V leur vitesse commune, nous aurons

$$m\,V^2 + m'\,V^2 + m''\,V^2 + \ldots = M\,V^2.$$

Les propriétés que nous avons reconnues au centre de gravité nous apprennent que, dans le mouvement de transport parallèle d'un corps ou d'un système de corps, les calculs qui s'y rapportent pourront être bien simplifiés, puisque l'on peut transporter la masse totale au centre de gravité et faire pour ce point les raisonnements qui conviendraient à la masse elle-même.

148. *Mouvement varié autour d'un axe.* — *Principe des forces vives dans le mouvement de rotation.* — Nous avons vu que la somme des travaux de toutes les forces extérieures est

Méc. D. — I. 18

égale au travail de la résultante générale. Si le travail de cette résultante est égal à zéro, il y aura équilibre dynamique, c'est-à-dire que le mouvement sera uniforme, puisque dans ce cas la somme des travaux des forces qui tendent à accélérer le mouvement est égale à celle des forces qui tendent à le retarder; mais, si le travail de cette résultante n'est pas nul, il s'ensuivra une certaine variation dans la vitesse du mouvement et, par suite, chaque molécule, en vertu de son inertie, opposera une résistance proportionnelle au degré de vitesse qui lui est communiquée ou enlevée, selon que le mouvement est accéléré ou retardé.

Pour fixer les idées, supposons qu'un corps, sous l'action de forces extérieures, soit assujetti à tourner autour d'un axe XX' (*fig.* 129). Considérons une molécule m située à une

Fig. 129.

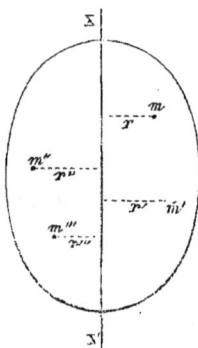

distance r; désignons par V sa vitesse et par v la variation qu'elle éprouve dans un temps élémentaire t. La force capable de produire cette variation sera $m\frac{v}{t}$. Si v_1 est la variation de la vitesse angulaire $v_1 r = v$, la force aura aussi pour valeur $\frac{m v_1 r}{t}$. D'après ce qui a été vu précédemment, cette expression représente aussi la valeur de la force d'inertie ou de la réaction qui se développe. Pour une seconde molécule m' placée à une distance r', la réaction en sens contraire du mouvement sera $\frac{m' v'}{t}$ ou $\frac{m' v_1 r'}{t}$, et de même pour d'autres masses élémentaires. Concevons que, en sens inverse du travail de la résultante des forces motrices, on ait appliqué à la molécule m la force $\dfrac{m v_{\text{\tiny I}} r}{t}$, à la molécule m' la force $\dfrac{m' v_{\text{\tiny I}} r'}{t}$, et ainsi de suite pour les autres molécules. Évidemment chacune de ces forces sera capable de détruire la variation de vitesse produite par la résultante des forces extérieures; par conséquent toutes ces forces agissant simultanément feront équilibre à cette résultante. Or ces forces représentent les résistances que ces molécules, en vertu de l'inertie, opposent au mouvement et, comme elles sont dirigées dans le sens des réactions qui se développent, on peut en conclure que, à chaque instant de la variation du mouvement du corps, ces résistances font équilibre aux forces motrices et que le travail de la résultante générale des forces extérieures est égal à la somme des travaux développés par les réactions des différentes masses élémentaires qui composent le corps. Pour trouver le travail de la résultante des forces qui produisent le mouvement varié de rotation, la question est donc réduite à chercher, pour chaque molécule, le travail dû à la force d'inertie et à faire la somme de tous ces travaux partiels.

Désignons par t, t', t'', t''', ... les travaux élémentaires correspondant aux différentes molécules. D'après ce qui a été vu dans le mouvement de transport parallèle, nous aurons

Or
$$t = m V v, \quad t' = m' V' v', \quad t'' = m'' V'' v''.$$

et
$$V = V_{\text{\tiny I}} r, \quad V' = V_{\text{\tiny I}} r', \quad V'' = V_{\text{\tiny I}} r''$$

$$v = v_{\text{\tiny I}} r, \quad v' = v_{\text{\tiny I}} r', \quad v'' = v_{\text{\tiny I}} r''.$$

Substituant, nous aurons

$$t = m V_{\text{\tiny I}} r \times v_{\text{\tiny I}} r = m r^2 V_{\text{\tiny I}} v_{\text{\tiny I}},$$
$$t' = m' r'^2 V_{\text{\tiny I}} v_{\text{\tiny I}}, \quad t'' = m'' r''^2 V_{\text{\tiny I}} v_{\text{\tiny I}}, \quad t''' = m''' r'''^2 V_{\text{\tiny I}} v_{\text{\tiny I}}.$$

Représentant par T le travail total, on aura

$$T = V_{\text{\tiny I}} v_{\text{\tiny I}} (m r^2 + m' r'^2 + m'' r''^2 + \cdots).$$

La somme des quantités $m r^2 + m' r'^2 + m'' r''^2 + \dots$ se nomme le *moment d'inertie* du corps.

18.

Le terme mr^2 est le moment d'inertie de la masse élémentaire m. On appelle *moment d'inertie* d'une masse élémentaire le produit de cette masse par le carré de sa distance à l'axe de rotation.

Le moment d'inertie d'un corps est donc la somme des produits des masses élémentaires qui composent ce corps par les carrés de leurs distances respectives à l'axe de rotation.

Habituellement on désigne le moment d'inertie par la lettre I et son expression est

$$I = \Sigma\, mr^2.$$

Puisque le mouvement est varié, si le corps prend successivement les vitesses de rotation V'_1, V''_1, V'''_1, on aura

$$T = IV_1\, v_1, \quad T' = IV'_1\, v'_1, \quad T'' = IV''_1\, v''_1.$$

Par conséquent, $\mathfrak{E}$ représentant le travail développé quand le corps passe successivement par les vitesses de rotation V_1, V'_1, V''_1, il viendra

$$\mathfrak{E} = I\,(\, V_1\, v_1 + V'_1\, v'_1 + V''_1\, v''_1 + \ldots\,).$$

D'après ce qui a été vu dans le mouvement de transport parallèle, la somme des termes $V_1\, v_1 + V'_1\, v'_1 + V''_1\, v''_1 + \ldots$ sera géométriquement représentée par la surface d'un triangle rectangle, dont les deux côtés de l'angle droit ont pour longueur commune la droite qui représente la vitesse au bout du temps considéré. Ainsi nous aurons

$$\mathfrak{E} = \tfrac{1}{2} IV_1^2.$$

Si le corps ne part pas du repos et qu'il possède une vitesse V'_1 au moment où les forces extérieures commencent à modifier le mouvement, évidemment la force vive communiquée sera $IV_1^2 - IV_1'^2$ si le mouvement est accéléré, et, dans le cas du mouvement retardé, la force vive enlevée sera $IV_1'^2 - V_1^2$. Par conséquent, pour l'expression du travail, on aura, dans les deux cas,

$$\mathfrak{E} = \tfrac{1}{2}(IV_1^2 - IV_1'^2), \quad \mathfrak{E} = \tfrac{1}{2}(IV_1'^2 - IV_1^2).$$

Ainsi, dans le mouvement de rotation, comme dans le mouvement de transport parallèle, le travail développé par les forces qui accélèrent ou retardent le mouvement d'un corps au bout d'un temps quelconque est égal à la moitié de la variation de la force vive pendant le même temps ou, ce qui est la même chose, à la moitié de la force vive acquise ou perdue.

Sans avoir recours à la variation de vitesse qui se produit pendant le mouvement, on peut parvenir au même résultat. Désignons par V, V', V'', V''',... les vitesses des molécules m, m', m'', m''' situées à des distances $r, r', r'', r''',$.... Les forces vives qu'elles possèdent respectivement sont $m\,V^2$, $m'V'^2, m'V''^2,$.... Par conséquent la force vive totale possédée par le corps aura pour valeur

$$m\,V^2 + m'\,V^2 + m''\,V^2 + \dots .$$

Or

$$V = V_1 r, \quad V' = V_1 r', \quad V'' = V_1 r''.$$

En substituant, il vient

$$m r^2 V_1^2 + m' r'^2 V_1^2 + m'' r''^2 V_1^2 = V_1^2 (m r^2 + m' r'^2 + m'' r''^2 + \dots,$$

ou bien

$$I V_1^2.$$

Comme on sait que le travail est la moitié de la force vive, on a

$$T = \tfrac{1}{2} I V_1^2.$$

Si, par suite d'une accélération ou d'un retard dans le mouvement, le corps passe d'une vitesse V'_1 à une vitesse V_1, dans le premier cas la variation de force vive sera $I V_1^2 - I V_1'^2$ et dans le second $I V_1'^2 - I V_1^2$. Les équations du travail seraient encore

$$\mathfrak{C} = \tfrac{1}{2}(I V_1^2 - I V_1'^2), \quad \mathfrak{C} = \tfrac{1}{2}(I V_1'^2 - I V_1^2).$$

149. Théorème fondamental sur les moments d'inertie. — *Le moment d'inertie d'un corps par rapport à un axe quelconque est égal au moment d'inertie de ce corps par rapport à un axe parallèle au premier passant par le centre de gravité, augmenté du produit de la masse par le carré de la distance des deux axes.*

Considérons deux axes XX', YY' parallèles, le premier passant par le centre de gravité et le second à une distance quelconque. Par un point matériel m du corps (*fig.* 130) concevons un plan perpendiculaire aux deux axes, et soient

n et p les points où le plan les rencontre. La droite np étant l'intersection du plan des axes parallèles et du plan mené par le point m sera perpendiculaire aux deux axes, et par conséquent mesurera leur distance. Du point m abaissons une

Fig. 130.

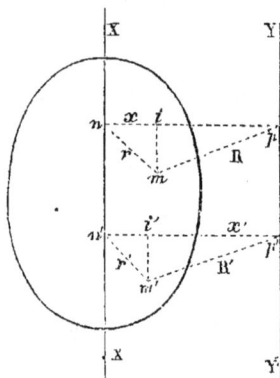

perpendiculaire mi sur np et désignons par x la projection ni de la droite mn sur np. D'autre part, si nous représentons par d la distance np des deux axes, et par r et R les distances respectives du point matériel m à ces axes, en vertu d'un théorème de Géométrie, nous aurons

$$R^2 = r^2 + d^2 \pm 2dx.$$

Multipliant les deux membres de l'égalité par la masse élémentaire m, il viendra

$$mR^2 = mr^2 + md^2 \pm 2mdx.$$

Si nous considérons d'autres molécules m', m'', m''', nous aurons pareillement

$$m'R'^2 = m'r'^2 + m'd^2 \pm 2m'dx',$$
$$m''R''^2 = m''r''^2 + m''d^2 \pm 2m''dx''.$$

Ajoutant membre à membre, on aura

$$mR^2 + m'R'^2 + m''R''^2 + \ldots$$
$$= mr^2 + m'r'^2 + m''r''^2 + \ldots$$
$$+ d^2(m + m' + m'' + \ldots) \pm 2d(mx + m'x' + m''x'').$$

D'après la définition que nous avons donnée du moment d'inertie d'un corps, le premier membre de l'égalité est le moment d'inertie du corps considéré par rapport à l'axe YY′ et $mr^2 + m'r'^2 + m''r''^2 + \dots$ le moment d'inertie du même corps par rapport à l'axe XX′ qui passe par le centre de gravité. Nous désignerons le premier par I et le second par i. La somme des masses élémentaires $m + m' + m'' + \dots$ étant égale à la masse totale M, en substituant, nous aurons

$$I = i + Md^2 \pm 2d(mx + m'x' + m''x'' + \dots).$$

Remarquons que $mx + m'x' + m''x''$ est la somme des moments des masses élémentaires par rapport à un plan perpendiculaire à celui des axes et passant par XX′. Or, comme le moment de la résultante ou de la masse totale M est égal à la somme algébrique des moments des composantes et que le centre de gravité est situé dans ce plan, la somme des quantités renfermées entre parenthèses sera nulle, et par suite il viendra

$$I = i + Md^2.$$

Il résulte de ce principe que si les distances des molécules du corps à l'axe qui passe par le centre de gravité sont très-petites comparativement à la distance des deux axes, on pourra négliger le terme i, et le moment d'inertie du corps relatif à l'axe quelconque sera sensiblement égal au produit de la masse par le carré de la distance du centre de gravité à cet axe.

Multipliant les deux membres de l'égalité par le carré de la vitesse angulaire possédée par le corps en tournant autour de l'axe extérieur YY′, on aura

$$IV_i^2 = iV_i^2 + Md^2V_i^2.$$

Remarquons que IV_i^2 est la force vive du corps autour de l'axe extérieur, iV_i^2 la force vive qu'il posséderait s'il tournait avec la même vitesse de rotation autour de l'axe qui passe au centre de gravité, et $Md^2V_i^2$ la force vive du même corps si la masse entière était concentrée au centre de gravité. Donc *la force vive possédée par un corps tournant autour d'un axe quelconque est égale à la force vive qu'il posséderait s'il*

*tournait avec la même vitesse angulaire autour d'un axe pa-
rallèle au premier, augmentée de la force vive de ce même
corps, si toute la masse était concentrée à son centre de gravité.*

Si les dimensions du corps sont très-petites, on peut négliger le terme $i V_1^2$ et il vient

$$I V_1^2 = M d^2 V_1^2,$$

ce qui montre que *la force vive que possède ce corps en
tournant autour d'un axe est égale au produit de la masse
par le carré de la vitesse de son centre de gravité*, car, si V est
la vitesse de ce point, on a $V = V_1 d$ et $V^2 = V_1^2 d^2$.

Déduisons d^2 de cette égalité, on a

$$d^2 = \frac{I}{M} = \frac{\Sigma m r^2}{M}.$$

Cette quantité d a reçu des géomètres le nom de *rayon de
gyration* ou de *bras de levier de l'inertie*. On désigne ainsi *la
distance à laquelle il faudrait concentrer toute la masse du
corps pour que le moment d'inertie, par rapport au même
axe, ne changeât pas.*

150. *Moment d'inertie d'un corps en considérant son volume.* — Jusqu'à présent les moments d'inertie que nous
avons considérés sont relatifs aux masses élémentaires m, m',
m'',... dont la somme représente la masse totale M du corps.
Si le corps est homogène, en désignant par d la densité de la
substance dont il est formé, et par v, v', v'',... les volumes
respectifs de ces masses élémentaires, nous aurons

$$m = \frac{vd}{g}, \quad m' = \frac{v'd}{g}, \quad m'' = \frac{v''d}{g}.$$

Par conséquent, le moment d'inertie I du corps sera ainsi
exprimé par

$$I = \frac{vd}{g} r^2 + \frac{v'd}{g} r'^2 + \frac{v''d}{g} r''^2 + \ldots$$

ou

$$I = \frac{d}{g} (v r^2 + v' r'^2 + v'' r''^2 + \ldots).$$

En faisant abstraction de la constante $\dfrac{d}{g}$, on aura

$$\mathrm{I} = \Sigma v r^2,$$

c'est-à-dire le moment d'inertie du volume.

C'est par extension que l'on prend le moment d'inertie du volume, car, d'après le sens que nous avons attaché à la locution *moment d'inertie*, elle implique toujours l'idée de masse. Ainsi, pour avoir le moment d'inertie tel que nous l'avons défini, il faudra multiplier le moment d'inertie du volume par le rapport $\dfrac{d}{g}$. Remarquons toutefois que cette abstraction n'est permise que dans le cas de l'homogénéité entre toutes les parties du corps que l'on considère. Par analogie, en Mécanique, on dit aussi *moment d'inertie de lignes et de surfaces homogènes*, en conservant l'idée de masse que comporte la définition.

151. *Moment d'inertie d'une tige rectiligne homogène.* — 1° *L'axe de rotation est perpendiculaire à la direction de la tige et passe par l'une des extrémités.* Soit une droite matérielle **AB** assujettie à tourner autour de l'axe **XX′** perpendiculaire à **AB** et passant par l'extrémité **A** (*fig.* 131). Dési-

Fig. 131.

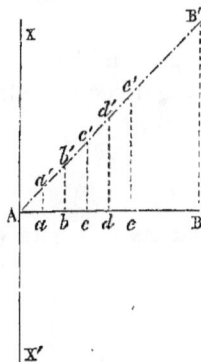

guons par **L** la longueur de la tige et par m la masse de l'unité de longueur. Décomposons cette droite en éléments **A**a,

ab, bc, cd,..., élevons au point B la perpendiculaire BB′ égale à AB et joignons les points A et B′. Il est évident que le moment d'inertie de AB sera égal à la somme des moments d'inertie de ses éléments par rapport au même axe. Menons à AB les perpendiculaires aa', bb', cc',... limitées à là droite à AB′.

La tige étant homogène, la masse de l'élément ab sera $m \times ab$, et le moment d'inertie i de cet élément sera

$$i = m.ab \times \overline{Aa}^2.$$

A cause de la similitude des triangles ABB′, Aaa', puisque AB est égale à BB′, la longueur Aa sera aussi égale à aa' et l'expression de ce moment d'inertie partiel deviendra

$$i = m.ab \times \overline{aa'}^2.$$

Multipliant et divisant le second membre par le rapport de la circonférence au diamètre π,

$$i = \frac{m.ab \times \overline{aa'}^2 \pi}{\pi}.$$

$\pi \overline{aa'}^2$ étant la surface d'un cercle de rayon aa', le produit $ab \times \pi \overline{aa'}^2$ exprimera le volume d'un cylindre de révolution de hauteur ab, et comme les deux points a et b sont infiniment voisins, à la limite ce cylindre se confondra avec le tronc de cône engendré par le trapèze $abb'a'$ tournant autour de AB. Désignant par v le volume de ce cylindre, nous aurons

$$i = \frac{mv}{\pi}.$$

Pareillement les moments d'inertie i', i'', i''' des éléments bc, cd, dc,..., en désignant par v', v'', v''' les volumes des corps engendrés par les trapèzes, seront exprimés de la manière suivante :

$$i' = \frac{mv'}{\pi}, \quad i'' = \frac{mv''}{\pi}, \quad i''' = \frac{mv'''}{\pi}.$$

Faisant la somme, nous aurons l'expression du moment

d'inertie I de la droite AB

$$I = \frac{mv}{\pi} + \frac{mv'}{\pi} + \frac{mv''}{\pi} + \frac{mv'''}{\pi} = \frac{m}{\pi}\left(v + v' + v'' + v''' + \dots\right).$$

Or la somme des quantités renfermées entre parenthèses est le volume du cône engendré par le triangle rectangle ABB′ tournant autour du côté AB de l'angle droit. Ce volume étant égal à $\frac{1}{3}\pi\overline{AB}^2 \times AB$, puisque BB′ = AB = L, on a

$$I = \tfrac{1}{3}mL^2L \quad \text{ou} \quad \tfrac{1}{3}mL \times L^2.$$

mL étant la masse totale de la droite, que nous désignerons par M, il viendra

$$I = \tfrac{1}{3}ML^2.$$

Désignant par R le rayon de gyration, on aura

$$MR^2 = \tfrac{1}{3}ML^2, \quad \text{d'où} \quad R^2 = \tfrac{1}{3}L^2.$$

Ainsi *le carré du rayon de gyration est égal au $\frac{1}{3}$ du carré de la longueur de la tige.*

2° *L'axe perpendiculaire à la direction de la tige passe par son milieu.* — Désignant par I ce moment d'inertie et par I′ le moment d'inertie quand l'axe passe par l'une des extrémités, si l'on applique le théorème fondamental, on aura

$$I' = I + \frac{ML^2}{4}.$$

Remplaçant I′ par sa valeur trouvée dans le cas précédent,

$$\frac{ML^2}{3} = I + \frac{ML^2}{4}, \quad \text{d'où} \quad I = \frac{ML^2}{3} - \frac{ML^2}{4}.$$

Réduisant, il vient

$$I = \frac{ML^2}{12}.$$

Pour la valeur du rayon de gyration, on trouve

$$R^2 = \tfrac{1}{12}L^2,$$

c'est-à-dire que *le carré du rayon de gyration est égal à $\frac{1}{12}$ du carré de la longueur de la droite.*

Sans avoir recours au théorème général, on peut encore,

284   COURS DE MÉCANIQUE.

dans ce cas, trouver le moment d'inertie de la tige : il suffit de chercher le moment d'inertie de chacune des moitiés de cette droite, par rapport à un axe passant par l'extrémité commune.

Dans ce cas, la masse de chaque moitié est $\frac{M}{2}$ et la longueur $\frac{L}{2}$. On aura donc

$$I = \frac{1}{3}\,\frac{ML^2}{2\times 4} + \frac{1}{3}\,\frac{ML^2}{2\times 4} = \frac{1}{12}ML^2.$$

152. *Cas d'une tige rectiligne oblique par rapport à l'axe et passant par une extrémité.* — Soit un axe quelconque **XX'** formant un angle α avec la direction AB de la tige (*fig.* 132).

Fig. 132.

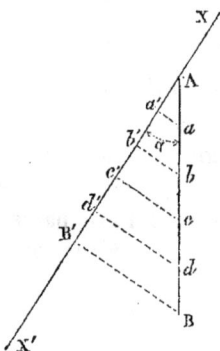

Comme précédemment, imaginons que la droite matérielle AB ait été décomposée en parties infiniment petites A*a*, *ab*, *cd*,.... La somme des moments d'inertie de tous ces éléments par rapport à l'axe XX' sera évidemment le moment d'inertie de la tige AB. Des points *a*, *b*, *c*, *d*, *e*,... abaissons les perpendiculaires *aa'*, *bb'*, *cc'*,... sur la direction de l'axe. Si *i*, *i'*, *i''*,... sont les moments d'inertie partiels, nous aurons

$$i = m.ab \times \overline{aa'}^2,$$
$$i' = m.bc \times \overline{bb'}^2,$$
$$i'' = m.cd \times \overline{cc'}^2,$$
$$\ldots\ldots\ldots\ldots\ldots$$

Or

$$aa' = \mathrm{A}a\sin\alpha, \quad bb' = \mathrm{A}b\sin\alpha, \quad cc' = \mathrm{A}c\sin\alpha$$

et, en élevant au carré les deux membres de chaque égalité,

$$\overline{aa'}^2 = \overline{\mathrm{A}a}^2\sin^2\alpha, \quad \overline{bb'}^2 = \overline{\mathrm{A}b}^2\sin^2\alpha, \quad \overline{cc'}^2 = \overline{\mathrm{A}c}^2\sin^2\alpha.$$

Substituant, il vient

$$i = m.ab \times \overline{\mathrm{A}a}^2 \sin^2\alpha,$$
$$i' = m.bc \times \overline{\mathrm{A}b}^2 \sin^2\alpha,$$
$$i'' = m.cd \times \overline{\mathrm{A}c}^2 \sin^2\alpha,$$
$$\dots\dots\dots\dots\dots\dots$$

Faisant la somme, on aura, pour l'expression du moment d'inertie I de la tige,

$$\mathrm{I} = m.ab \times \overline{\mathrm{A}a}^2 \sin^2\alpha + m.bc \times \overline{\mathrm{A}b}^2 \sin^2\alpha + m.cd \times \overline{\mathrm{A}c}^2 \sin^2\alpha$$

ou

$$\mathrm{I} = \sin^2\alpha \left(m.ab \times \overline{\mathrm{A}a}^2 + m.bc \times \overline{\mathrm{A}b}^2 + m.cd \times \overline{\mathrm{A}c}^2 + \dots \right).$$

Or la somme des quantités renfermées entre parenthèses est le moment d'inertie de la tige pris par rapport à un axe perpendiculaire à sa direction et passant par l'extrémité A. Nous avons trouvé précédemment qu'il a pour valeur $\frac{1}{3}\mathrm{ML}^2$; donc

$$\mathrm{I} = \tfrac{1}{3}\mathrm{ML}^2\sin^2\alpha.$$

Le rayon de gyration étant R, on a

$$\mathrm{MR}^2 = \tfrac{1}{3}\mathrm{ML}^2\sin^2\alpha, \quad \text{d'où} \quad \mathrm{R}^2 = \tfrac{1}{3}\mathrm{L}^2\sin^2\alpha.$$

La perpendiculaire BB', abaissée de l'extrémité B sur l'axe, a pour valeur $\mathrm{L}\sin\alpha$ et $\overline{\mathrm{BB'}}^2 = \mathrm{L}^2\sin^2\alpha$. Remplaçant, il vient

$$\mathrm{R}^2 = \tfrac{1}{3}\overline{\mathrm{BB'}}^2 :$$

ce qui nous apprend que *le carré du rayon de gyration est égal au $\frac{1}{3}$ du carré de la perpendiculaire abaissée de l'extrémité libre sur l'axe.*

Si l'angle $\alpha = 90°$, on rentre dans l'un des cas précédents, car $\sin \alpha = 1$, et par suite

$$I = \tfrac{1}{3} ML^2,$$

résultat déjà obtenu.

Si l'axe de direction quelconque passe par le milieu de la tige, il suffit, comme nous l'avons déjà fait, de chercher le moment d'inertie de chaque moitié et d'en faire la somme, ou, en d'autres termes, de prendre deux fois le moment d'inertie de l'une des moitiés. On trouve ainsi

$$I = \tfrac{1}{12} ML^2 \sin^2 \alpha,$$

et pour le rayon de gyration

$$R^2 = \tfrac{1}{12} L^2 \sin^2 \alpha.$$

153. *Moment d'inertie d'un arc de cercle matériel.* — Supposons que l'arc ABC (*fig.* 133) tourne autour du rayon OC

Fig. 133.

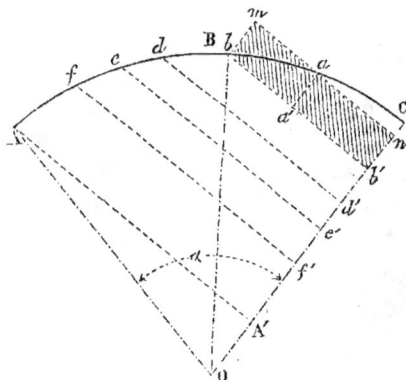

passant par l'une de ses extrémités et qu'il ait été décomposé en parties infiniment petites, telles que ab. Puisque l'arc est homogène, faisons abstraction de la masse qui est une constante pour des parties égales, et du point b abaissons la perpendiculaire bb'. Si nous désignons par l la longueur de l'arc ab, le moment d'inertie i sera $l \times \overline{bb'}^2$. Joignons le point b au point O centre de l'arc et du point a abaissons la perpendiculaire aa'. Les deux triangles rectangles Obb' et aba' étant semblables, on aura

$$\frac{ab}{b\,O} = \frac{aa'}{bb'}$$

ou, en désignant par r le rayon de l'arc,

$$\frac{l}{r} = \frac{aa'}{bb'};$$

d'où l'on déduit

$$l \times bb' = r \times aa'.$$

Substituant, nous aurons

$$i = r \times aa' \times bb'.$$

Or $aa' \times bb'$ est la surface d'un rectangle ayant pour dimensions aa', bb', représenté sur la figure par $bb'nm$, lequel, à la limite, se confond avec la figure mixtiligne $banb'$. Désignant par s cette surface, nous aurons

$$i = rs.$$

On démontrerait de la même manière que le moment d'inertie de l'élément bd, représenté par i', serait

$$i' = rs',$$

en désignant par s' la surface $bdd'b'$.

Pour les éléments de, fe, nous aurons

$$i'' = rs'', \quad i''' = rs''',$$

et ainsi de suite pour les autres éléments, depuis le point C jusqu'au point A. Faisant la somme, nous aurons le moment d'inertie I de l'arc ABC tournant autour du rayon OC

ou

$$I = rs + rs' + rs'' + rs''' + \dots$$

$$I = r(s + s' + s'' + s''' + \dots).$$

Or $s + s' + s'' + s''' + \dots$ est égale à la surface ABCA' que nous représenterons par S.

Ainsi $I = rS$. Remarquons que la surface S est égale à la surface du secteur OABC diminuée de la surface du triangle OAA'. Désignant par A le développement de l'arc, la surface du secteur sera $\frac{1}{2}Ar$. Celle du triangle OAA' est égale à $\frac{1}{2}OA' \times AA'$. Si α est l'angle au centre ou le nombre de degrés que comprend l'arc A du triangle OAA', nous déduirons immédiatement

$$OA' = r\cos\alpha \quad \text{et} \quad AA' = r\sin\alpha;$$

d'où surface du triangle

$$OAA' = \frac{r^2\sin\alpha\cos\alpha}{2},$$

et par suite la surface S de la figure ABCA' sera

$$\frac{1}{2}Ar - \frac{r^2\sin\alpha\cos\alpha}{2}.$$

On sait que

$$\sin 2\alpha = 2\sin\alpha\cos\alpha, \quad \text{d'où} \quad \sin\alpha\cos\alpha = \frac{\sin 2\alpha}{2};$$

par conséquent

$$\frac{1}{2}Ar - \frac{r^2\sin\alpha\cos\alpha}{2} = \frac{1}{2}Ar - \frac{r^2\sin 2\alpha}{4}.$$

En remplaçant, dans l'expression générale du moment d'inertie I, il vient

$$I = r\left(\frac{1}{2}Ar - \frac{r^2\sin 2\alpha}{4}\right).$$

Mettant $\frac{1}{2}r$ en facteur commun,

$$I = \frac{1}{2}r^2\left(A - \frac{r\sin 2\alpha}{2}\right).$$

Pour trouver le rayon de gyration, faisons observer que, si le poids de l'arc est représenté par son développement A, on aura

$$AR^2 = \frac{1}{2}r^2\left(A - \frac{r\sin 2\alpha}{2}\right),$$

d'où

$$R^2 = \frac{1}{2}r^2\left(\frac{A}{A} - \frac{1}{2}\frac{r\sin 2\alpha}{A}\right)$$

ou bien

$$R^2 = \frac{1}{2}r^2\left(1 - \frac{1}{2}\frac{r}{A}\sin 2\alpha\right).$$

Si l'arc de cercle est un quadrant, auquel cas $a = 90°$ et $\sin 2a = 0$, il vient

$$I = \frac{1}{2} r^2 A = \frac{1}{2} r^2 \times \frac{\pi r}{2} = \frac{1}{4} \pi r^3$$

et, pour la valeur du rayon de gyration,

$$R^2 = \frac{1}{2} r^2.$$

Pour des arcs de 180 degrés, 270 degrés et pour la circonférence entière, on trouve les mêmes résultats, car $\sin 2a$ ne cesse pas d'être égal à zéro. Comme nous avons négligé la masse de l'arc, le moment d'inertie obtenu est purement géométrique. On obtiendra la valeur réelle, telle qu'elle est considérée en Mécanique, en introduisant dans l'équation la constante $\frac{p}{g}$.

154. *Moment d'inertie d'un rectangle.* — 1° Le rectangle tourne autour de l'un de ses côtés AB (*fig.* 134).

Fig. 134.

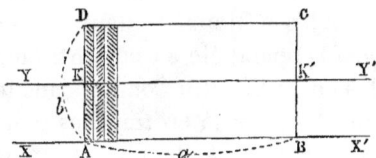

Imaginons que ce rectangle ait été décomposé parallèlement à AD en tranches infiniment minces. La question sera ainsi ramenée à chercher les moments d'inertie d'une suite de lignes matérielles par rapport à un axe passant par leurs extrémités.

Désignant par m, m', m'', m''',... les masses de ces lignes matérielles et par a et b les dimensions AB, AD du rectangle, nous aurons

$$i = \frac{mb^2}{3}, \quad i' = \frac{m'b^2}{3}, \quad i'' = \frac{m''b^2}{3},\dots$$

Faisant la somme, on aura le moment d'inertie du rectangle

$$I = \frac{b^2}{3}(m + m' + m'' + \dots).$$

La masse totale étant **M**, on aura

$$I = \frac{M\,b^2}{3}.$$

Pour le rayon de gyration, on aura

$$R^2 = \frac{b^2}{3}, \quad \text{ou} \quad R = \frac{b}{\sqrt{3}} = \frac{b\sqrt{3}}{3}.$$

Le rectangle étant homogène, si l'on veut avoir le moment d'inertie en fonction de la surface, on pourra remplacer **M** par ab, et il viendra

$$I = \frac{a b^3}{3}.$$

Si l'on considère un carré, $a = b$ et

$$I = \frac{a^4}{3}.$$

2° L'axe de rotation est une médiane du rectangle, c'est-à-dire qu'il passe par les milieux de deux côtés opposés. Soit **YY'** cet axe (*fig.* 134) parallèle au côté **AB** et passant par les milieux **K, K'** des côtés **AD, DC**. Comme dans le premier cas, le rectangle étant décomposé en tranches matérielles infiniment minces, on est conduit à chercher les moments d'inertie de lignes droites matérielles, l'axe passant par les milieux. On a donc

$$i = \frac{mb^2}{12}, \quad i' = \frac{m'\,b^2}{12}, \quad i'' = \frac{m''\,b^2}{12}, \quad i''' = \frac{m'''\,b^2}{12}.$$

Ajoutant, il viendra

$$I = \frac{b^2}{12}(m + m' + m'' + m''' + \dots) \quad \text{ou} \quad I = \frac{M\,b^2}{12}.$$

Substituant la surface du rectangle à sa masse, l'expression du moment d'inertie géométrique sera

$$I = \frac{a b^3}{12};$$

d'où l'on déduit que

$$R^2 = \frac{b^2}{12} \quad \text{et} \quad R = \frac{\sqrt{b^2}}{\sqrt{12}} = \frac{b}{2\sqrt{3}} = \frac{b\sqrt{3}}{6}.$$

On parviendrait encore au même résultat par la considération du théorème général ou en prenant successivement les moments d'inertie des deux rectangles ABK'K, DCK'K et en faisant leur somme.

Quand la figure devient un carré, $a = b$, et l'on a

$$I = \frac{a^4}{12}.$$

155. *Moment d'inertie polaire. Théorème.* — On désigne sous le nom de *moment d'inertie polaire* d'une surface plane le moment d'inertie de cette surface considéré par rapport à un axe perpendiculaire au plan de cette surface. Cette expression a été employée, pour la première fois, par M. Persy, dans son *Traité sur la stabilité des constructions*, et elle est justifiée, puisque le moment d'inertie est pris par rapport à un point du plan considéré comme pôle.

Le moment d'inertie d'une aire plane par rapport à un axe perpendiculaire à un plan est égal à la somme des moments d'inertie de cette aire par rapport à deux axes rectangulaires situés dans le même plan et passant par le point où le premier axe rencontre le plan. — Considérons, à cet effet,

Fig. 135.

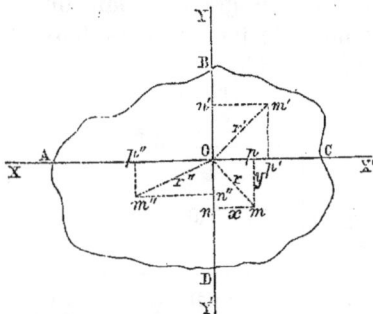

une surface plane limitée par la courbe ABCD (*fig.* 135). Par le point O pris dans le plan de cette surface, faisons passer

19.

dans le même plan deux axes rectangulaires **XX'**, **YY'**. Soit un point matériel *m* dont les coordonnées, par rapport aux deux axes, sont *mn*, *mp* que nous représenterons par x, y. La distance du point *m* à l'origine O étant *r*, nous aurons

$$r^2 = x^2 + y^2.$$

Multipliant les deux membres par la masse élémentaire *m*, on aura

$$mr^2 = mx^2 + my^2.$$

De même, pour les molécules m', m'', m''', ..., nous aurons

$$m'r'^2 = m'x'^2 + m'y'^2, \quad m''r''^2 = m''x''^2 + m''y''^2.$$

Ajoutant membre à membre, il viendra

$$mr^2 + m'r'^2 + m''r''^2 + \ldots$$
$$= mx^2 + m'x'^2 + m''x''^2 + \ldots + my^2 + m'y'^2 + m''y''^2,$$

ou

$$\sum mr^2 = \sum mx^2 + \sum my^2,$$

ce qui donne

$$I = I' + I'',$$

en désignant par I le moment d'inertie polaire et par I' et I'' les moments d'inertie relatifs aux deux axes **XX'**, **YY'**, contenus dans le plan de la surface.

156. *Moment d'inertie polaire d'un rectangle.* — 1° L'axe passe par le centre de gravité. Soit un rectangle ABCD (*fig.* 136), dont nous désignerons les deux dimensions par a

Fig. 136.

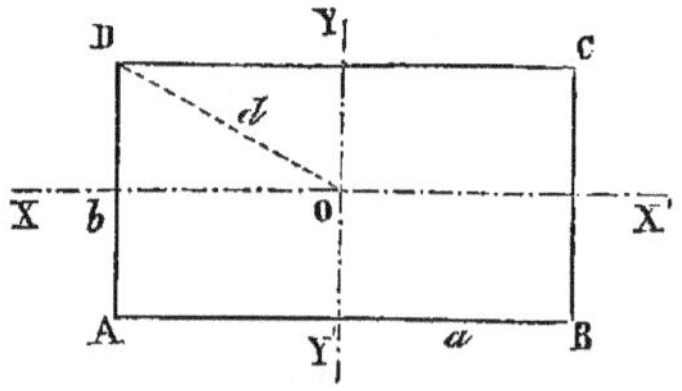

et b. Par le centre de gravité O, menons, dans le plan du rectangle, deux axes rectangulaires **XX'**, **YY'**. En vertu du théorème que nous venons de démontrer, le moment d'inertie polaire du rectangle est égal à la somme des moments d'inertie, par rapport à ces deux axes,

$$I = \frac{M\,b^2}{12} + \frac{M\,a^2}{12} = \frac{M}{12}(a^2 + b^2).$$

Pour avoir le moment d'inertie en fonction de la surface, remplaçons M par ab, nous aurons

$$I = \frac{ab}{12}(a^2 + b^2), \quad I = \frac{ba^3 + ab^3}{12};$$

si nous considérons un carré $a = b$,

$$I = \frac{2\,a^4}{12} = \frac{a^4}{6}.$$

La diagonale du rectangle étant D, on pourra remplacer $a^2 + b^2$ par D²,

$$I = \frac{MD^2}{12}.$$

R étant le rayon de gyration,

$$MR^2 = \frac{MD^2}{12}, \quad R^2 = \frac{D^2}{12},$$

et

$$R = \frac{D}{\sqrt{12}} = \frac{D}{2\sqrt{3}} \quad \text{ou} \quad R = \frac{D\sqrt{3}}{6}.$$

2° L'axe passe par le sommet D. En appelant d la distance du centre de gravité au sommet D, si nous appliquons le théorème général,

$$I = \frac{MD^2}{12} + M\,d^2;$$

d étant la moitié de la diagonale D, en substituant, il viendra

$$I = \frac{MD^2}{12} + \frac{MD^2}{4}, \quad I = \frac{4\,MD^2}{12} \quad \text{ou} \quad \frac{MD^2}{3}.$$

Pour la valeur du rayon de gyration, on aura

$$MR^2 = \frac{MD^2}{3}, \quad R^2 = \frac{D^2}{3},$$

d'où

$$R = \frac{D}{\sqrt{3}} \quad \text{ou} \quad \frac{D\sqrt{3}}{3}.$$

Remplaçant M par la surface ab, il vient

$$I = \frac{ab\,D^2}{3}$$

ou bien

$$I = \frac{ab\,(a^2 + b^2)}{3}, \quad I = \frac{ab^3 + ba^3}{3}.$$

Pour un carré $a = b$,

$$I = \tfrac{2}{3}\,a^4.$$

157. *Moment d'inertie d'un parallélogramme.* — 1° Le parallélogramme tourne autour de l'un de ses côtés. La Géométrie apprend qu'un rectangle est équivalent à un parallélogramme de même base et de même hauteur. Il est facile d'en déduire que le moment d'inertie du parallélogramme est le même que celui du rectangle; car nous voyons (*fig.* 137) que

Fig. 137.

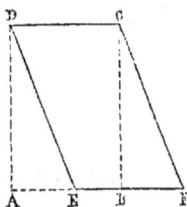

le rectangle et le parallélogramme se composent d'une partie commune EBCD et de deux triangles égaux AED, BCF. Comme les deux côtés égaux AE, BF se confondent avec l'axe de rotation, les moments d'inertie des deux triangles seront égaux. La partie commune EBCD, d'ailleurs, tournant autour du même axe, on voit que le moment d'inertie du rectangle est bien celui du parallélogramme

$$I = \frac{M\,b^2}{3} \quad \text{ou} \quad I = \frac{ab^3}{3}.$$

2° L'axe est parallèle à l'un des côtés et passe par le centre de gravité. Par les mêmes considérations que dans le premier cas, le moment d'inertie sera encore le même que celui du rectangle de même base et de même hauteur

$$I = \frac{M\,b^2}{12} \quad \text{ou} \quad I = \frac{ab^3}{12}.$$

158. *Moment d'inertie d'un triangle rectangle, par rapport à un côté de l'angle droit.* — Considérons un triangle rectangle ABC assujetti à tourner autour de AB (*fig.* 138); con-

Fig. 138.

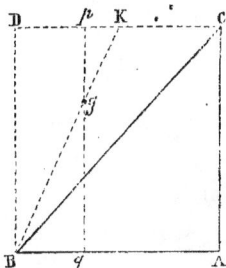

struisons le rectangle ABDC, de même base et de même hauteur.

Le triangle donné étant la différence du rectangle ABDC et du triangle BDC, il s'ensuit que le moment d'inertie du triangle ABC sera égal au moment d'inertie du rectangle, diminué du moment d'inertie du triangle BDC; nous aurons donc

$$I = I' - I''.$$

Désignant par b et h les deux côtés BA, AC de l'angle droit et par M la masse du triangle, celle du rectangle sera 2M.

Le moment d'inertie I' étant $\dfrac{2\,M\,h^2}{3}$, en remplaçant, on aura

$$I = \frac{2\,M\,h^2}{3} - I''.$$

Pour trouver la valeur de I'', du centre de gravité g du triangle BDC, abaissons une perpendiculaire pq sur les deux côtés DC, AB. A cause de la similitude des deux triangles pgK, Bgq, le côté Kg étant égal au tiers de la médiane BK, le côté *pg* sera le tiers de *h* et *gq* en sera les deux tiers. Remarquons que, les deux triangles rectangles ABC, BDC étant égaux et symétriques, le moment d'inertie du triangle BDC, relatif au côté DC, sera égal au moment d'inertie du triangle ABC, par rapport à AB, lequel a été désigné par la lettre I, qui servira aussi à désigner le moment d'inertie du premier triangle par rapport au côté DC. Appelant *i* le moment d'inertie du triangle BDC, par rapport à un axe parallèle à DC et passant par le centre de gravité, si nous appliquons le théorème général, on aura

$$I = i + \frac{M h^2}{9}, \quad \text{d'où} \quad i = I - \frac{M h^2}{9}.$$

En vertu du même principe, si nous considérons l'axe AB, on aura encore

$$I'' = i + \frac{4 M h^2}{9}.$$

Remplaçant *i* par sa valeur,

$$I'' = I - \frac{m h^2}{9} + \frac{4 M h^2}{9} \quad \text{ou bien} \quad I'' = I + \frac{M h^2}{3}.$$

Dans l'expression générale de I, remplaçant I'' par cette dernière valeur,

$$I = \frac{2 M h^2}{3} - I - \frac{M h^2}{3} = \frac{M h^2}{3} - I,$$

d'où

$$2I = \frac{M h^2}{3} \quad \text{et} \quad I = \frac{M h^2}{6}.$$

Pour le rayon de gyration, on aura

$$M R^2 = \frac{M h^2}{6} \quad \text{et} \quad R^2 = \frac{h^2}{6}.$$

Remplaçant M par la surface, le moment d'inertie sera

$$I = \frac{b h^3}{12}.$$

159. *Moment d'inertie d'un triangle rectangle par rapport à l'hypoténuse.* — Soit un triangle rectangle ABC (*fig.* 139) tournant autour de l'hypoténuse BC. Du sommet de l'angle droit A, abaissons la perpendiculaire AD sur l'hypoténuse; le triangle rectangle donné est divisé en deux triangles rectangles partiels,

Fig. 139.

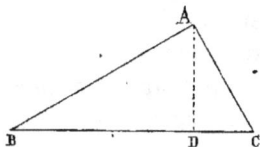

dont la somme des moments d'inertie sera l'expression du moment d'inertie cherché. Désignant par m, m' les masses de ces deux triangles et par h le côté commun, c'est-à-dire la perpendiculaire abaissée du sommet de l'angle droit sur l'hypoténuse, on aura

$$i = \frac{mh^2}{6}, \quad i' = \frac{m'h^2}{6};$$

faisant la somme,

$$I = \frac{mh^2}{6} + \frac{m'h^2}{6}$$

ou

$$I = \frac{h^2}{6}(m + m'), \quad I = \frac{Mh^2}{6}.$$

Si b est l'hypoténuse, on pourra remplacer M par $\frac{1}{2}bh$,

$$I = \frac{bh^3}{12}.$$

160. *Moment d'inertie d'un carré par rapport à la diagonale.* — Considérons un carré ABCD, assujetti à tourner au-

Fig. 140.

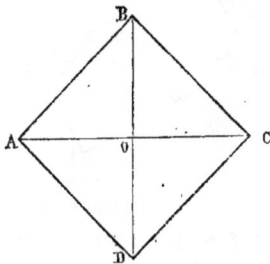

tour de la diagonale AC (*fig.* 140). Les deux diagonales décomposent le carré en quatre triangles égaux entre eux et, comme le mouvement de rotation s'opère simultanément autour du même axe, leurs moments d'inertie seront égaux. Il suffira, pour avoir le moment d'inertie du carré, de prendre quatre fois le moment d'inertie de l'un de ces triangles. La question est donc ramenée à chercher le moment d'inertie d'un triangle rectangle par rapport à un côté de l'angle droit. Si h est la moitié de la diagonale et m la masse d'un triangle, il viendra

$$i = \frac{mh^2}{6}, \quad \text{d'où} \quad I = \frac{4mh^2}{6}.$$

Remplaçant $4m$ par M,

$$I = \frac{Mh^2}{6};$$

a étant le côté du carré, on a

$$a^2 = 2h^2 \quad \text{et} \quad h^2 = \frac{a^2}{2}.$$

De plus, la masse étant remplacée par la surface a^2,

$$I = \frac{a^4}{12}.$$

161. *Moment d'inertie d'un rectangle tournant autour de la diagonale.* — Soit ABCD le rectangle assujetti à tourner autour de la diagonale AC (*fig.* 141). Cette diagonale partageant

Fig. 141.

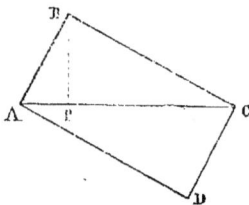

le rectangle en deux triangles rectangles égaux, comme leur mouvement de rotation s'opère autour du côté commun AC, leurs moments d'inertie seront égaux et le moment d'inertie du rectangle sera égal à deux fois le moment d'inertie de l'un d'eux par rapport à la diagonale. Appelant h la hauteur BP du triangle ABC et m sa masse, on aura, d'après ce qui précède,

$$i = \frac{mh^2}{6} \quad \text{et} \quad I = \frac{2\,mh^2}{6},$$

ou

$$I = \frac{Mh^2}{6}.$$

Pour la valeur du rayon de gyration,

$$R^2 = \frac{h^2}{6}.$$

Remplaçant M par la surface ab, a et b étant les dimensions du rectangle,

$$I = \frac{abh^2}{6}.$$

162. *Moment d'inertie d'un triangle quelconque par rapport à l'un de ses côtés.* — Soit un triangle quelconque ABC (*fig.* 142) tournant autour du côté AC. La perpendiculaire BD,

Fig. 142.

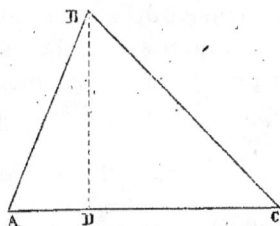

abaissée du sommet B sur l'hypoténuse AC, décompose le triangle donné en deux triangles rectangles ABD, DBC. Il est visible que la somme des moments d'inertie de ces deux triangles sera le moment d'inertie cherché. Si m et m' sont leurs masses respectives, on aura

$$i = \frac{mh^2}{6}, \quad i' = \frac{m'h^2}{6}$$

et

$$I = \frac{h^2}{6}(m + m') = \frac{Mh^2}{6}.$$

Remplaçant M par la surface $\frac{1}{2}bh$, il viendra

$$i = \frac{bh^3}{12}.$$

163. *Moment d'inertie polaire d'un triangle rectangle, l'axe passant par le sommet de l'angle droit.* — Considérons le triangle rectangle ABC (*fig.* 143). Construisons un rectangle

Fig. 143.

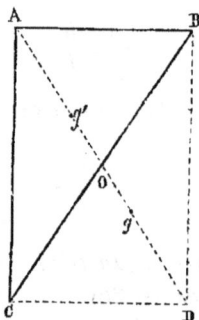

de même base et de même hauteur. Le triangle donné étant la différence du rectangle ABDC et du triangle CBD, il est visible que le moment d'inertie cherché est égal au moment d'inertie du rectangle, diminué du moment d'inertie du triangle BDC, par rapport à l'axe qui passe par le point A.

Ainsi

$$I = I' - I''.$$

La masse du triangle étant M, celle du rectangle sera $2M$ et le moment d'inertie polaire I' de ce rectangle, par rapport à l'axe passant par le point A, sera $\frac{2MD^2}{3}$.

Donc

$$I = \frac{2MD^2}{3} - I''.$$

Désignons par i le moment d'inertie polaire du triangle CDB, quand l'axe passe par le centre de gravité g. Comme le triangle CDB est égal au triangle CAB, leurs moments d'inertie polaire, par rapport au sommet de l'angle droit, seront égaux. Appliquant le théorème général, nous aurons

$$I = i + M.\overline{gD}^2.$$

Or gD est les deux tiers de $\dfrac{D}{2}$ ou le tiers de D; donc, en substituant,

$$I = i + \frac{MD^2}{9}, \quad \text{d'où} \quad i = I - \frac{MD^2}{9}.$$

Considérant le moment d'inertie du même triangle par rapport à l'axe qui passe par le point A et remarquant que la distance du point A au centre de gravité g est égale à $\frac{2}{3}$D, on aura encore

$$I'' = i + \tfrac{4}{9}MD^2;$$

remplaçant i par sa valeur,

$$I'' = I - \frac{MD^2}{9} + \frac{4MD^2}{9} = I + \frac{MD^2}{3}.$$

Dans l'expression générale de I, introduisons cette valeur de I'',

$$I = \frac{2MD^2}{3} - I - \frac{MD^2}{3}, \quad I = \frac{MD^2}{3} - I, \quad 2I = \frac{MD^2}{3},$$

d'où

$$I = \frac{MD^2}{6}.$$

Pour le rayon de gyration, on aura

$$MR^2 = \frac{MD^2}{6}, \quad \text{d'où} \quad R^2 = \frac{D^2}{6};$$

dans cette formule, D représente l'hypoténuse du triangle rectangle. Si b et h sont les deux côtés de l'angle droit, on pourra remplacer M par $\frac{1}{2}bh$,

$$I = \frac{bhD^2}{12};$$

or

$$D^2 = b^2 + h^2.$$

Remplaçant,

$$I = \frac{bh(b^2 + h^2)}{12} \quad \text{ou} \quad I = \frac{bh^3 + hb^3}{12};$$

si les deux côtés de l'angle droit sont égaux

$$I = \frac{b^4}{6}.$$

164. *Moment d'inertie polaire d'un triangle isoscèle, l'axe passant par le sommet.* — Soit un triangle isoscèle ABC (*fig.* 144). Du point C abaissons une perpendiculaire CD sur le côté AB.

Fig. 144.

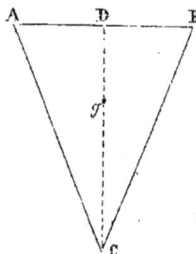

Le triangle étant ainsi décomposé en deux triangles rectangles ACD, DCB, le moment d'inertie polaire du triangle total ACD par rapport à l'axe qui passe par le point D sera égal à la somme des moments d'inertie des deux triangles partiels par rapport au même axe. Si m, m' sont les masses respectives des deux triangles et si D représente les deux côtés égaux AC, CB du triangle isoscèle, ce moment d'inertie sera

$$\frac{m\,D^2}{6} + \frac{m'\,D^2}{6} \quad \text{ou} \quad \frac{D^2}{6}(m + m'),$$

c'est-à-dire $\dfrac{MD^2}{6}$, M étant la masse du triangle ABC.

Présentement, désignons par i le moment d'inertie polaire du triangle donné par rapport à l'axe qui passe par le centre de gravité g. Nous aurons

$$\frac{MD^2}{6} = i + \overline{D\,g}^2 . M;$$

comme $\mathrm{D}g = \frac{1}{3}$ de la hauteur H du triangle isoscèle, il viendra

$$\frac{\mathrm{MD}^2}{6} = i + \frac{\mathrm{MH}^2}{9}, \quad \text{d'où} \quad i = \frac{\mathrm{MD}^2}{6} - \frac{\mathrm{MH}^2}{9}.$$

Appelant I le moment d'inertie polaire du triangle ABC par rapport à l'axe qui passe par le sommet C, on aura

$$\mathrm{I} = i + \frac{4\,\mathrm{MH}^2}{9}.$$

Remplaçant i par sa valeur,

$$\mathrm{I} = \frac{\mathrm{MD}^2}{6} - \frac{\mathrm{MH}^2}{9} + \frac{4\,\mathrm{MH}^2}{9}$$

ou

$$\mathrm{I} = \frac{\mathrm{MD}^2}{6} + \frac{\mathrm{MH}^2}{3}, \quad \mathrm{I} = \mathrm{M}\left(\frac{\mathrm{D}^2}{6} + \frac{\mathrm{H}^2}{3}\right).$$

En fonction de la surface, si B est la base, nous pourrons remplacer M par $\frac{1}{2}\mathrm{BH}$,

$$\mathrm{I} = \frac{1}{2}\,\mathrm{BH}\left(\frac{\mathrm{D}^2}{6} + \frac{\mathrm{H}^2}{3}\right).$$

Le rayon de gyration se déduira de la relation

$$\mathrm{R}^2 = \left(\frac{\mathrm{D}^2}{6} + \frac{\mathrm{H}^2}{3}\right).$$

165. *Moment d'inertie polaire d'un polygone régulier, l'axe passant par le centre.* — Considérons un polygone régulier

Fig. 145.

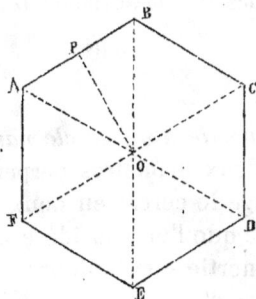

ABCDEF (*fig.* 145), tournant autour d'un axe perpendiculaire à son plan et passant par le centre O. Partageons ce polygone par des rayons en triangles isocèles et désignons par R, r le rayon de l'apothème. Si m, m', m'', m''',... sont les masses de tous ces triangles égaux, on aura

$$i = m\left(\frac{R^2}{6} + \frac{r^2}{3}\right), \quad i' = m'\left(\frac{R^2}{6} + \frac{r^2}{3}\right), \quad i'' = m''\left(\frac{R^2}{6} + \frac{r^2}{3}\right)$$

et

$$I = (m + m' + m'')\left(\frac{R^2}{6} + \frac{r^2}{3}\right) \quad \text{ou} \quad I = M\left(\frac{R^2}{6} + \frac{r^2}{3}\right).$$

Pour le rayon de gyration, il viendra

$$R'^2 = \frac{R^2}{6} + \frac{r^2}{3}.$$

166. *Moment d'inertie polaire d'un cercle, l'axe passant par le centre.* — Le cercle étant la limite du polygone régulier inscrit, il suffira, dans l'expression du moment d'inertie polaire du polygone régulier, de faire $r = R$. Nous aurons donc

$$I = M\left(\frac{R^2}{6} + \frac{R^2}{3}\right),$$

ce qui donne

$$I = \frac{MR^2}{2}$$

et, pour le rayon de gyration,

$$R'^2 = \frac{R^2}{2}.$$

Substituant à la masse M la surface πR^2,

$$I = \frac{\pi R^4}{4}.$$

167. *Moment d'inertie d'un cercle par rapport à un diamètre.* — Menons deux diamètres perpendiculaires. Comme tout diamètre partage le cercle en deux parties égales, quel que soit le diamètre que l'on considère comme axe de rotation, le moment d'inertie sera toujours le même. Or, le moment d'inertie polaire d'une figure plane étant égal à la somme des moments d'inertie par rapport à deux axes rectangulaires, situés dans ce plan et passant par le même point, il s'ensuit que, dans le cas dont il s'agit, le moment d'inertie polaire est le double du moment d'inertie par rapport à un diamètre; d'où

$$I = 2I' \quad \text{et, réciproquement,} \quad I' = \frac{I}{2};$$

comme $I = \dfrac{MR^2}{2}$,

$$I' = \frac{MR^2}{4}$$

et, en fonction de la surface du cercle,

$$I' = \frac{\pi R^4}{4}.$$

168. *Moment d'inertie d'un prisme régulier par rapport à son axe.* — Par des plans parallèles à la base, le prisme peut être décomposé en tranches infiniment minces dont la somme des moments d'inertie polaires sera le moment d'inertie du prisme par rapport à son axe. Désignant par R et r le rayon et l'apothème de la base, nous aurons

$$i = m\left(\frac{R^2}{6}+\frac{r^2}{3}\right), \quad i' = m'\left(\frac{R^2}{6}+\frac{r^2}{3}\right), \quad i'' = m''\left(\frac{R^2}{6}+\frac{r^2}{3}\right),\dots,$$

$$I = \left(\frac{R^2}{6}+\frac{r^2}{3}\right)(m+m'+m''+\dots) \quad \text{ou} \quad I = M\left(\frac{R^2}{6}+\frac{r^2}{3}\right).$$

Pour le rayon de gyration,

$$R'^2 = \frac{R^2}{6}+\frac{r^2}{3}.$$

169. *Moment d'inertie d'un cylindre.* — Un cylindre de révolution, pouvant être considéré comme un prisme régulier infinitésimal, dans l'expression du moment d'inertie précédent, il suffira de faire $r = R$. On peut d'ailleurs considérer le cylindre de révolution comme étant formé d'une série de disques matériels infiniment minces et superposés les uns aux autres. On trouvera donc

$$I = \frac{MR^2}{2}.$$

Nous voyons que, dans ce cas, le rayon de gyration est le même que celui de la base.

Remplaçons M par $\dfrac{P}{g}$ ou par sa valeur $\dfrac{\pi R^2 hp}{g}$, en désignant par h la hauteur du cylindre et par p le poids spécifique de la matière dont le cylindre est formé, on aura

$$I = \frac{\pi R^4 hp}{2g}.$$

170. *Moment d'inertie de l'anneau d'un volant.* — L'anneau d'un volant est, abstraction faite des bras, la différence de deux cylindres, dont R, r sont les rayons des circonférences extérieure et intérieure et h la hauteur commune ou

Fig. 146.

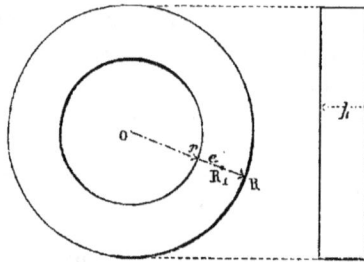

l'épaisseur de l'anneau (*fig.* 146). Nous aurons donc

$$I = \frac{\pi R^4 hp}{2g} - \frac{\pi r^4 hp}{2g},$$

$$I = \frac{\pi hp}{2g}(R^4 - r^4),$$

$$I = \frac{\pi hp}{2g}(R^2 + r^2)(R^2 - r^2).$$

La masse M du volant étant la différence des masses des deux cylindres, on a

$$M = \frac{\pi R^2 hp}{g} - \frac{\pi r^2 hp}{g} \quad \text{ou} \quad M = \frac{\pi hp(R^2 - r^2)}{g};$$

divisant par 2 les deux membres,

$$\frac{M}{2} = \frac{\pi h p (R^2 - r^2)}{2g}.$$

Remplaçant dans l'expression générale du moment d'inertie,

$$I = \frac{M}{2} (R^2 + r^2).$$

Désignant par R_1 le rayon de la circonférence moyenne et par e la largeur de la jante, on aura

$$R = R_1 + \frac{e}{2}, \quad r = R_1 - \frac{e}{2}.$$

Élevant au carré les deux membres,

$$R^2 = R_1^2 + \frac{e}{4} + R_1 e, \quad r^2 = R_1^2 + \frac{e^2}{4} - R_1 e.$$

Ajoutant membre à membre,

$$R^2 + r^2 = 2R_1^2 + \frac{2e^2}{4}.$$

En substituant, il vient

$$I = \frac{M}{2} \left(2R_1^2 + \frac{2e^2}{4} \right) \quad \text{ou bien} \quad I = M \left(R_1^2 + \frac{e^2}{4} \right).$$

Le terme $\frac{e^2}{4}$ est négligeable, car on a toujours

$$e < \frac{1}{5} R_1, \quad e^2 < \frac{1}{25} R_1^2, \quad \frac{e^2}{4} < \frac{1}{100} R_1^2.$$

Il reste donc

$$I = MR_1^2,$$

ce qui nous apprend que le moment d'inertie de l'anneau d'un volant est approximativement égal au produit de la masse par le carré du rayon moyen. Pour avoir le moment d'inertie en fonction du volume, remarquons que l'on a trouvé plus haut

$$M = \frac{\pi h p}{g} (R^2 - r^2).$$

20.

Or

$$R^2 = R_1^2 + \frac{e^2}{4} + R_1 e, \quad r^2 = R_1^2 + \frac{e^2}{4} - R_1 e.$$

Retranchant membre à membre,

$$R^2 - r^2 = 2 R_1 e, \quad \text{d'où} \quad M = \frac{\pi h p}{g} \times 2 R_1 e = \frac{2 \pi h p R_1 e}{g}.$$

Remplaçant M par cette valeur,

$$I = \frac{2 \pi h p R_1^3 e}{g}.$$

CHAPITRE XI.

171. *Force centripète. Force centrifuge.* — Soit un corps A (*fig.* 147) rendu solidaire d'un point fixe O au moyen d'une tige rigide. Supposons que, suivant la direction AT perpendiculaire à la tige, on lui imprime une vitesse V. Si le corps

Fig. 147.

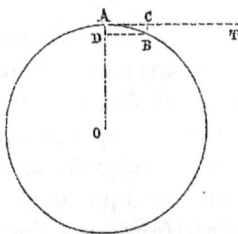

était libre, évidemment il continuerait à se mouvoir en ligne droite, mais comme il est invariablement lié au point O, la rigidité de la tige le retient toujours à la même distance de ce point et le contraint à décrire une circonférence de cercle. Pendant le mouvement forcé du corps, il existe deux actions contraires exercées le long de la tige, la première due à la tige elle-même et ayant pour objet de retenir le corps à la même distance du centre O, la seconde de la part du corps contre la tige tendant à éloigner ce corps du centre autour duquel il est assujetti à tourner. En vertu du principe de Newton, *l'action est toujours égale et contraire à la réaction,* ces deux forces centrales sont aussi égales et de sens opposés. La première se nomme *force centripète* et l'autre *force centrifuge.*

On appelle donc *force centripète* la force dirigée vers le

centre de courbure de la trajectoire d'un mobile et qui maintient ce mobile sur cette trajectoire. Quand la trajectoire est une circonférence de cercle, *la force centripète est la force qui retient le mobile à la même distance du centre autour duquel il est assujetti à tourner.* De cette définition et de l'explication qui la précède, il est aisé de conclure que l'action continue de cette force est une condition nécessaire du mouvement de rotation qui, sans elle, ne pourrait avoir lieu. C'est, du reste, ce que l'expérience confirme.

La force centrifuge est la réaction qu'un corps assujetti à décrire une trajectoire courbe exerce, en vertu de son inertie, contre cette courbe. En d'autres termes, *c'est la force en vertu de laquelle un corps tend à s'éloigner du centre autour duquel il est assujetti à tourner.*

En réalité, la force centrifuge n'est donc qu'une conséquence immédiate de la force centripète, car, comme aucune action ne peut se produire sans une réaction, il est évident que la force centripète exercée sur un corps animé d'un mouvement de rotation doit être suivie d'une réaction égale et contraire exercée sur les organes fixes qui servent d'intermédiaires à l'action de cette force; aussi quelques géomètres ont-ils vivement critiqué cette dénomination assez impropre de *force centrifuge*, que l'usage a cependant consacrée dans la science.

La force centrifuge n'est jamais appliquée au corps qui tourne, mais bien aux organes qui le relient à l'axe. Si cette solidarité vient à être supprimée, la force centrifuge cesse d'exister. Supposons, par exemple, que le corps qui se meut d'un mouvement de rotation soit une petite sphère enfilée dans une tige circulaire. La force qui la retient à la même distance de l'axe étant la force centripète, l'action de cette force doit être dirigée suivant le rayon et ne peut se manifester qu'en un point de la sphère. La force centrifuge dirigée en sens contraire a son point d'application sur la tige même. On peut appliquer la même observation au jeu d'une fronde. C'est à la pierre qu'est appliquée la force centripète dans la direction du rayon de courbure, tandis que la force centrifuge qui lui est égale et contraire a son point d'application sur le morceau de cuir qui retient cette pierre.

172. *Mesure de la force centrifuge. Cas où le mobile a de petites dimensions.* — Soit AB un chemin élémentaire décrit par le mobile autour du centre O dans un temps infiniment court. On peut le décomposer en deux autres chemins relatifs AC, AD, l'un suivant la tangente à la circonférence décrite et l'autre suivant la direction du rayon OA (*fig.* 147). Le chemin relatif AD représente la quantité dont la force centripète aurait rapproché le mobile du centre O dans le temps élémentaire t. Nous avons établi dans les préliminaires que la force motrice ou d'inertie constante en fonction du chemin parcouru E a pour expression

$$F = \frac{2mE}{t^2}.$$

Alors, dans le cas dont il s'agit, on aura

$$F = \frac{2mAD}{t^2}.$$

Puisque l'arc AB est infiniment petit, on pourra le confondre avec sa corde, et, en vertu d'un théorème de Géométrie, nous aurons

$$\overline{AB}^2 = 2R \times AD, \quad \text{d'où} \quad AD = \frac{\overline{AB}^2}{2R}.$$

Mais, AB étant le chemin décrit dans un temps t avec une vitesse V,

$$AB = Vt \quad \text{et} \quad \overline{AB}^2 = V^2 t^2.$$

Substituant,

$$AD = \frac{V^2 t^2}{2R}.$$

Remplaçant AD par cette valeur,

$$F = \frac{2mV^2 t^2}{2R t^2} \quad \text{ou} \quad F = \frac{mV^2}{R}.$$

Ordinairement, en Mécanique, on exprime la force centrifuge en fonction de la vitesse angulaire V_1. On sait que

$V = V_1 R$ et $V^2 = V_1^2 R^2$. En substituant dans l'expression précédente, on aura

$$F = \frac{m V_1^2 R^2}{R} \quad \text{ou} \quad F = m V_1^2 R.$$

173. *Mesure de la force centrifuge lorsque le corps a de grandes dimensions.* — *Théorème de Poncelet.* — Supposons qu'une tranche infiniment mince ABCD soit assujettie à tourner autour d'un centre O situé dans son plan (*fig.* 148). Par ce

Fig. 148.

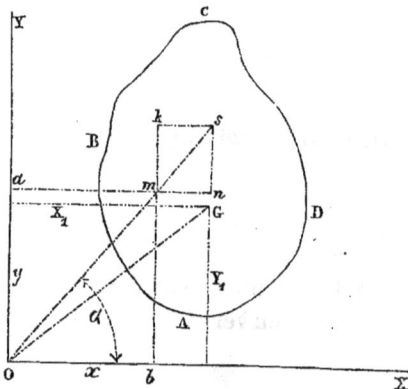

point et dans le plan même de la tranche, traçons deux axes rectangulaires X, Y, et soit m un élément de cette tranche dont nous désignerons les coordonnées ma, mb par x, y et la distance mO par r. D'après ce qui précède, pour cet élément m la force centrifuge sera, en désignant par V_1 la vitesse angulaire,

$$m V_1^2 r.$$

Décomposons cette force en deux autres ayant pour directions respectives les axes des coordonnées, et soient mn, mk les composantes, que nous désignerons par f, f'. Appelant α l'angle formé par la direction de la force centrifuge avec l'axe X, on aura

$$f = m V_1^2 r \cos \alpha = m V_1^2 x,$$
$$f' = m V_1^2 r \sin \alpha = m V_1^2 y.$$

Désignant par f'', f''' les composantes de la force centrifuge

$m' V_1^2 r'$ relative à un second élément dont les coordonnées sont x', y', il viendra

$$f'' = m' V_1^2 x', \quad f''' = m' V_1^2 y',$$

et pareillement pour d'autres parties élémentaires de la tranche considérée.

Nous avons ainsi ramené toutes les forces centrifuges partielles à deux groupes de forces, les unes ayant pour direction commune l'axe X et les autres l'axe Y. Désignant par R la résultante des forces du premier groupe et par R' la résultante de celles du second, on aura

$$R = m V_1^2 x + m' V_1^2 x' + m'' V_1^2 x'' + \ldots$$
$$R' = m V_1^2 y + m' V_1^2 y' + m'' V_1^2 y'' + \ldots$$

ou

$$R = V_1^2 (m x + m' x' + m'' x'' + \ldots),$$
$$R' = V_1^2 (m y + m' y' + m'' y'' + \ldots).$$

Désignant par X_1 et Y_1 les coordonnées du centre de gravité et par M la masse totale de la tranche considérée, en vertu du théorème des moments, nous aurons

$$R = V_1^2 M X_1, \quad R' = V_1^2 M Y_1.$$

Si nous représentons par P la résultante des deux forces rectangulaires R et R', il viendra

$$P^2 = V_1^4 M^2 X_1^2 + V_1^4 M^2 Y_1^2, \quad P^2 = V_1^4 M^2 (X_1^2 + Y_1^2).$$

Appelant R_1 la distance polaire OG du centre de gravité,

$$R_1^2 = X_1^2 + Y_1^2,$$

d'où

$$P^2 = V_1^4 M^2 R_1^2 \quad \text{et} \quad P = M V_1^2 R_1.$$

Ce résultat donne lieu à l'énoncé du beau théorème suivant, dû à Poncelet :

Lorsqu'une figure plane matérielle infiniment mince tourne autour d'un axe perpendiculaire à ce plan, la résultante générale de toutes les forces centrifuges est égale à la force centrifuge du centre de gravité, c'est-à-dire de la force centri-

314 COURS DE MÉCANIQUE.

fuge qui résulterait du transport de toute la masse au centre de gravité.

En d'autres termes :

La force centrifuge d'une tranche matérielle, infiniment mince, tournant autour d'un point situé dans son plan, est égale au carré de la vitesse angulaire multiplié par le produit de sa masse et de la distance du centre de gravité à l'axe de rotation.

Ce théorème peut être étendu à un corps qui possède un plan de symétrie passant par l'axe de rotation. Par des plans perpendiculaires à l'axe, décomposons ce corps en tranches infiniment minces, dont nous désignerons par m, m', m'',... les masses et par r, r', r'',... les distances respectives de leurs centres de gravité à l'axe. Ces forces partielles, étant à la fois situées dans le plan de symétrie et perpendiculaires à l'axe, seront parallèles entre elles et, par suite, leur résultante P sera égale à la somme des composantes. Nous aurons donc

$$P = m V_i^2 r + m' V_i^2 r' + m'' V_i^2 r'' + \dots$$
$$P = V_i^2 (mr + m'r' + m''r'' + \dots).$$

Désignant par M la masse totale du corps et par R la distance de son centre de gravité à l'axe de rotation, en vertu du principe des moments, la somme des quantités renfermées entre parenthèses pourra être remplacée par MR.

$$P = M V_i^2 R.$$

Ainsi *la résultante totale de toutes les forces centrifuges d'un corps qui possède un plan de symétrie contenant l'axe de rotation est égale à la force centrifuge de toute la masse, si elle était concentrée au centre de gravité.*

Remarquons toutefois que cette résultante définitive ne passera pas généralement par le centre de gravité; car, les forces centrifuges partielles étant $m V_i^2 r$, $m' V_i^2 r'$, nous voyons qu'elles sont appliquées à des distances différentes de l'axe de rotation et que seulement la résultante passera par le centre de gravité, dans le cas où la valeur de r sera la même

pour toutes les tranches, ce qui implique que tous les
centres de gravité soient sur une droite parallèle à l'axe de
rotation (*fig.* 149). Cela aura encore lieu si le corps possède un second plan de symétrie perpendiculaire à l'axe,

Fig. 149.

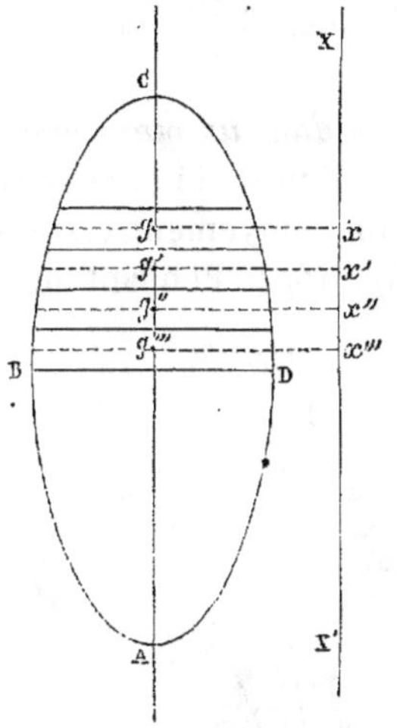

parce que la résultante, devant se trouver sur les deux plans
de symétrie, ne pourra avoir d'autre direction que l'intersection de ces deux plans. Cette conclusion est applicable à la
sphère, au cylindre et généralement aux corps de révolution
dont les axes sont parallèles à l'axe de rotation. Leurs forces
centrifuges se réduisent à celles de leurs centres de gravité,
en supposant que leurs masses respectives y soient concen-
trées.

Ce théorème peut encore être appliqué, par approximation,
à un corps de forme quelconque, placé à une très-grande distance de l'axe de rotation, parce que, dans ce cas particulier,
les distances des centres de gravité des différentes sections à
l'axe diffèrent peu de la distance du centre de gravité du corps
au même axe.

Dans le mouvement circulaire uniforme, la force centrifuge
peut être exprimée en fonction du nombre de révolutions en
une minute. Soit *n* ce nombre pendant ce temps. L'espace

parcouru par un point situé à l'unité de distance sera $2\pi n$, d'où

$$V_1 = \frac{2\pi n}{60} = \frac{\pi n}{30} \quad \text{et} \quad V_1^2 = \frac{\pi^2 n^2}{900}.$$

Remplaçant V_1^2 par cette valeur, on aura

$$P = \frac{M \pi^2 n^2 R}{900}.$$

174. *Force centrifuge dans un mouvement curviligne quel-conque.* — Supposons qu'un mobile, sous l'action d'une force motrice, parcoure, d'un mouvement varié, une courbe quelconque A $abcd\ldots$ (*fig.* 150). Pendant un temps infiniment

Fig. 150.

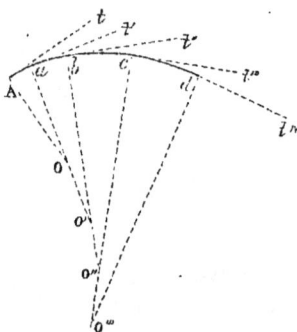

court, le mouvement pourra être considéré comme uniforme et, de plus, l'arc élémentaire A a de la trajectoire se confondra avec l'arc du cercle osculateur ayant pour rayon AO, que nous désignerons par r. Si donc v est la vitesse du mobile sur cet élément, laquelle est dirigée suivant la tangente A t, la force centrifuge sera $\dfrac{mv^2}{r}$. De même, pour l'élément curviligne ab, le rayon de courbure étant $a\,O'$ ou r', la force centrifuge aura pour valeur $\dfrac{mv'^2}{r'}$, et ainsi de suite pour les autres éléments de la trajectoire.

Donc *la force centrifuge et la force centripète, dans un mouvement varié curviligne quelconque, ont, à un instant donné, pour valeur commune, le produit de la masse par le*

carré de la vitesse du mobile à cet instant, divisé par le
rayon de courbure correspondant au point de la trajectoire où
se trouve le mobile.

175. *Influence de la force centrifuge sur l'action de la*
pesanteur. — Nous savons que la Terre est animée d'un mouvement de rotation autour de son axe. Par conséquent, chaque
point de la surface du globe décrivant, en vingt-quatre heures,
une circonférence dont le rayon est égal à sa distance à l'axe
de rotation, la force centrifuge agit sur les corps et la pesanteur doit varier avec la latitude.

Pour fixer les idées, supposons que AA' soit l'axe de la Terre
et EQ la trace de l'équateur sur le plan d'un méridien. Considérons un corps de masse m, placé en un lieu, dont la latitude est représentée par l'angle mOQ ou α (*fig.* 151). Dési-

Fig. 151.

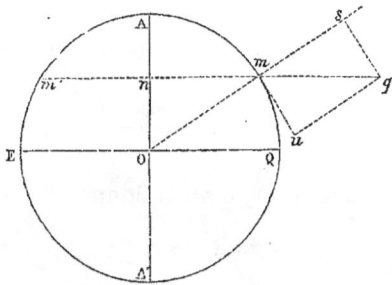

gnons par P le poids de la masse m, à la latitude α, si la Terre
était immobile et sphérique. Puisque la force centrifuge croît
en raison directe du carré de la vitesse, au pôle, la vitesse
étant nulle, la force centrifuge le sera aussi et l'action de la
pesanteur ne sera pas modifiée. Si R est le rayon terrestre,
r le rayon du parallèle mm' du lieu où le corps est placé et
V la vitesse angulaire du globe, la force centrifuge à la latitude α aura pour valeur $mV_i^2 r$. Remarquons que, la composante ms de la force centrifuge, suivant le rayon, étant directement opposée à l'action de la pesanteur, le poids P sera
diminué de la grandeur de cette composante. Nous aurons
donc

$$p = P - ms.$$

La force centrifuge sur la figure étant représentée par mq, on a

$$ms = mq \cos smq \quad \text{ou} \quad ms = mV_1^2 r \cos\alpha.$$

En substituant, il vient

$$p = P - mV_1^2 r \cos\alpha.$$

Divisant par la masse m les deux membres,

$$\frac{p}{m} = \frac{P}{m} - V_1^2 r \cos\alpha.$$

Or $\frac{p}{m}$ est l'intensité de la gravité ou l'accélération à la latitude α, si la Terre tourne, et $\frac{P_1}{m}$ l'intensité, si elle est immobile. Représentons-les respectivement par g et G, nous aurons

$$g = G - V_1^2 r \cos\alpha.$$

Multipliant et divisant par g le terme $V_1^2 r \cos\alpha$ dans le second membre,

$$g = G - g \frac{V_1^2 r \cos\alpha}{g}.$$

Remarquons que le triangle nmO donne

$$r = R \cos\alpha,$$

et, en remplaçant, il vient

$$g = G - g \frac{V_1^2 R \cos^2\alpha}{g}.$$

Désignant par t le temps d'une révolution de la Terre autour de son axe,

$$V_1 = \frac{2\pi}{t} \quad \text{et} \quad V_1^2 = \frac{4\pi^2}{t^2}.$$

Divisant les deux membres par g et multipliant par R,

$$\frac{V_1^2 R}{g} = \frac{4\pi^2 R}{g t^2} \quad \text{ou encore} \quad \frac{V_1^2 R}{g} = \frac{2\pi R \times \pi \times 2}{g t^2}.$$

2πR, étant la circonférence de la Terre supposée parfaitement sphérique, a pour valeur 40 000 000 mètres. De plus,

$$g = 9^m,8088,$$

et le temps $t = 24$ heures sidérales. Le jour sidéral est plus court de quatre minutes environ que le jour solaire. Si donc on convertit la valeur t en secondes, on obtient 86 164 secondes.

Il viendra donc

$$\frac{V_1^2 R}{g} = \frac{40\,000\,000 \times 2 \times 3,14159}{9,8088 \times 86164^2}.$$

Effectuant, on trouve approximativement

$$\frac{V_1^2 R}{g} = \frac{1}{289}.$$

Remplaçant dans l'équation qui donne la valeur de g,

$$g = G - \frac{1}{289} g \cos^2 \alpha,$$

d'où

$$g + \frac{1}{289} g \cos^2 \alpha = G, \quad g\left(1 + \frac{1}{289} \cos^2 \alpha\right) = G$$

et

$$g = \frac{G}{1 + \frac{1}{289} \cos^2 \alpha}.$$

A l'équateur, $\alpha = 0$, d'où

$$g = \frac{G}{1 + \frac{1}{289}}, \quad g = \frac{289}{290} G.$$

Ainsi, par l'effet de la force centrifuge, l'accélération est diminuée de $\frac{1}{290}$ de la valeur qu'elle aurait si la Terre n'était pas animée d'un mouvement de rotation autour de son axe.

176. *Applications diverses de la force centrifuge.* — *Lorsqu'un liquide est renfermé dans un vase assujetti à tourner autour d'un axe vertical, la surface affectée est celle d'un paraboloïde de révolution.*

Considérons, à cet effet, une molécule m de la surface libre du liquide renfermé dans un vase, animé d'un mouvement de rotation autour de l'axe XX' (*fig.* 152). Remarquons qu'elle est soumise à l'action simultanée de son poids agissant verticalement et de la force centrifuge agissant horizontalement. Or, en vertu d'un principe d'Hydrostatique, pour que l'équilibre existe, il faut que la résultante de ces deux forces soit normale à la surface libre affectée par le liquide ou à la section passant par l'axe et la molécule considérée. Construisons le parallélogramme des forces et prolongeons la résultante mc jusqu'à la rencontre de l'axe XX' au point O. Désignant par r la distance mn de la molécule m à l'axe et par V_1 la vitesse angulaire, la force centrifuge aura pour valeur $m V_1^2 r$, et le poids de la molécule sera mg.

Fig. 152.

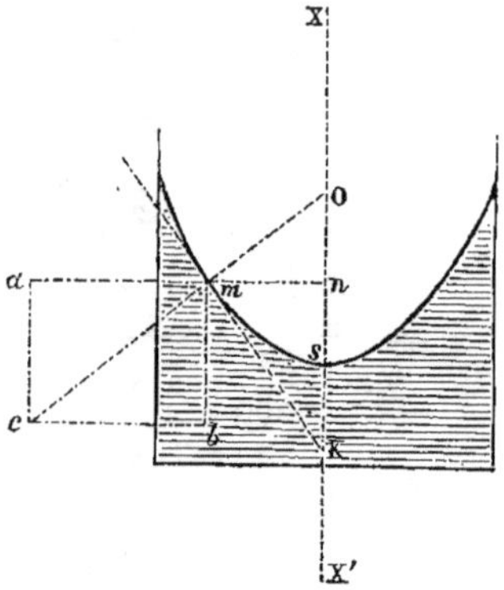

Les deux triangles cmb, Omn étant semblables, nous aurons

$$\frac{mb}{cb} = \frac{On}{mn} \quad \text{ou} \quad \frac{mg}{m V_1^2 r} = \frac{On}{r},$$

d'où

$$On = \frac{g}{V_1^2}.$$

Les deux quantités g et V_1 étant constantes, la longueur telle que On, relative à une autre molécule, aura aussi la même valeur. La partie de l'axe comprise entre le pied de l'ordonnée et le point où cet axe est rencontré par la normale a reçu en Géométrie le nom de *sous-normale*. La valeur constante de la sous-normale étant une propriété caractéristique de la parabole, la courbe génératrice aura cette forme, et par suite la surface affectée par le liquide est bien celle d'un paraboloïde de révolution.

Il est aisé de trouver l'équation de la courbe.

Désignons par y l'ordonnée *mn*, par x l'abscisse *ns*, et rappelons que la sous-tangente *kn* est le double de l'abscisse.

Le triangle rectangle *km*O donne la relation suivante :

$$y^2 = kn \times On \quad \text{ou} \quad y^2 = On \times 2x.$$

Remplaçant On par sa valeur $\dfrac{g}{V_1^2}$,

$$y^2 = \frac{2g}{V_1^2}\, x.$$

Ainsi la vitesse angulaire étant connue, on pourra facilement construire la parabole génératrice.

Lorsqu'un liquide est renfermé dans un vase animé d'un mouvement de rotation autour d'un axe horizontal, la surface libre affecte la forme cylindrique.

On démontre ce théorème par le même raisonnement que précédemment. Considérons, à cet effet, une molécule *m*

Fig. 153.

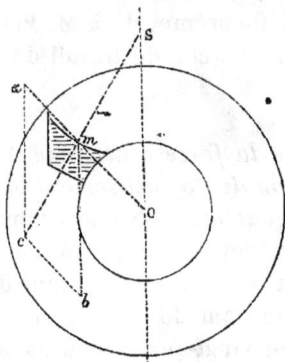

(*fig.* 153), placée à la surface libre du liquide renfermé dans un auget d'une roue, dont l'axe horizontal a pour projection le point O. Cette molécule étant soumise à l'action de son poids et à l'action de la force centrifuge, construisons le parallélogramme des forces *ambc* et prolongeons la résultante *mc* jusqu'à la rencontre au point S de la verticale qui passe par le point O. La distance O*m* à l'axe de rotation étant représentée par *r*, les deux triangles semblables *cmb*, OS*m* nous fourniront la relation suivante :

$$\frac{mb}{cb} = \frac{\text{SO}}{\text{O}m} \quad \text{ou} \quad \frac{mg}{m\,\text{V}_1^2\,r} = \frac{\text{SO}}{r},$$

d'où

$$\text{SO} = \frac{g}{\text{V}_1^2}.$$

On trouverait de la même manière que, pour toute autre molécule, la résultante rencontrerait la verticale du point O en un point dont la distance au centre O serait le rapport constant $\frac{g}{\text{V}_1^2}$. Donc, toutes les normales passant par le même point, la courbe qui limite la section faite par un plan perpendiculaire à l'axe est un arc de cercle, et par conséquent la surface du liquide affecte la forme cylindrique. L'axe de la surface cylindrique est parallèle à l'axe horizontal de la roue et porte le nom d'*axe de courbure*. Par analogie, le point S, qui est sa projection, est le centre de courbure de l'arc qui limite la section. Ce théorème, dû à M. Poncelet, trouve son application dans la recherche du travail des roues à augets à grande vitesse.

177. *Variation de la force centrifuge à la surface de la Terre.* — *Explication de l'aplatissement vers les pôles et du renflement vers l'équateur.* — Nous savons que la Terre est animée d'un mouvement de rotation autour d'un axe central et d'un mouvement de translation autour du Soleil. Dans le premier, qui porte le nom de *mouvement diurne*, une révolution s'accomplit en vingt-quatre heures sidérales. L'axe de la Terre étant perpendiculaire au plan de l'équateur, il est évident que si l'on considère une suite de parallèles, tous ces cercles de diamètres différents étant décrits dans le même

temps, les vitesses ne seront pas les mêmes. La vitesse croîtra du pôle à l'équateur, où elle deviendra maxima. Soit XX′
l'axe de la Terre projeté sur le plan d'un méridien (*fig.* 154).
Si r, r', r'', r''',... sont les rayons des parallèles et qu'on

Fig. 154.

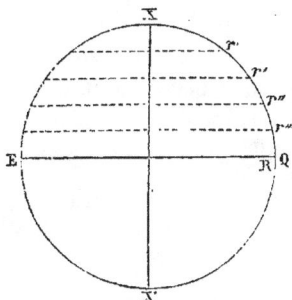

suppose que le corps de masse m soit transporté aux latitudes
correspondant à ces parallèles, la force centrifuge agissant sur
le corps aura successivement les valeurs suivantes :

$$m\,V_1^2\,r, \quad m\,V_1^2\,r', \quad m\,V_1^2\,r'', \quad m\,V_1^2\,r'''.$$

Or, r' étant plus grand que r, la seconde valeur de la force
centrifuge sera supérieure à la première, et de même pour les
valeurs suivantes, jusqu'à celle de l'équateur, qui est la plus
grande.

La Terre n'est pas absolument sphérique : c'est un ellipsoïde
de révolution, un peu aplati vers les pôles et renflé à l'équateur, c'est-à-dire que sa forme est celle de la surface engendrée par une ellipse tournant autour du petit axe. On admet,
d'après certains faits géologiques, que la Terre, dans les premiers temps de sa formation, existait à l'état liquide. Or une
masse liquide, à l'état de repos, en vertu de l'attraction moléculaire, doit prendre la forme sphérique : ainsi une goutte
d'eau est une petite sphère. On comprend donc que, si la Terre
était immobile, elle affecterait la forme d'une sphère; mais,
par l'effet du mouvement de rotation autour de l'axe central,
l'équilibre étant rompu, les parties liquides placées sous
l'équateur ont dû s'élever au-dessus de l'axe de rotation, tan-

21.

dis que les parties voisines des deux pôles ont dû se rapprocher de l'équateur pour remplacer les premières. Ce fait est
mis en évidence par plusieurs expériences de Physique.

Partant de l'hypothèse de la fluidité de notre globe à l'origine, Huyghens et Newton ont prouvé que la surface de la
Terre devenait un ellipsoïde de révolution sous la double action de l'attraction moléculaire et de la force centrifuge.

L'aplatissement se mesure en divisant l'excès du rayon équatorial sur le rayon polaire par ce même rayon équatorial. Le
rayon équatorial de la Terre étant 6 376 821 mètres et le rayon
polaire 6 355 565, la différence sera 21 256 mètres; par consé-
quent la valeur de l'aplatissement sera $\dfrac{21\,256}{6\,376\,821}$ ou $\dfrac{1}{300}$ environ.

178. *Travail développé par la force centrifuge.* — Supposons qu'un corps de masse **M** descende le long des parois d'un
cylindre **ABKE** animé d'un mouvement de rotation autour de
l'axe **XX'** (*fig.* 155). Il est évident que le travail développé

Fig. 155.

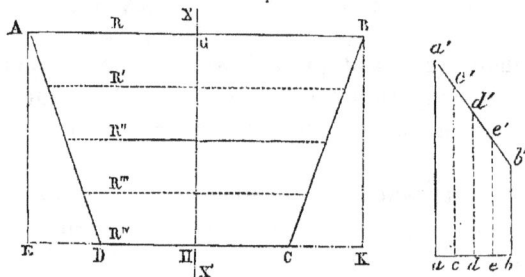

par la force centrifuge, pendant la chute du corps, est nul,
puisque le corps reste constamment à la même distance de
l'axe de rotation; mais il n'en est pas de même si le corps
se rapproche ou s'éloigne de l'axe, comme cela a lieu s'il
tourne en tombant dans un tronc de cône **ABCD**. Nous avons vu
que la force centrifuge a pour valeur M V² R. Puisqu'à partir
du point **A** le rayon varie, la force centrifuge doit prendre différentes valeurs, suivant la grandeur du rayon. La question
se réduit donc à trouver le travail d'une force variable, que

l'on peut évaluer par la méthode de quadrature de Simpson. Divisons la hauteur GH du tronc de cône en quatre parties égales et désignons par R, R′, R″, R‴, R^{IV} les rayons qui correspondent aux points de division. Aux extrémités de ces rayons, les forces centrifuges auront pour valeurs respectives

$$MV_i^2R, \quad MV_i^2R', \quad MV_i^2R'', \quad MV_i^2R''', \quad MV_i^2R^{IV}.$$

Le chemin parcouru dans le sens du rayon étant ED ou R — R^{IV}, prenons une droite ab égale à ce chemin, que nous diviserons aussi en quatre parties égales et aux points a, c, d, e, b; menons des perpendiculaires aa', cc', dd', ee', bb', qui représentent, à une échelle convenue, les différentes valeurs de la force centrifuge aux points où le corps vient successivement se placer, dans sa chute, sur la surface du tronc de cône. La quantité MV_i^2 étant une constante, la force centrifuge croît proportionnellement à R. Or les rayons décroissent de quantités égales aux chemins décrits: donc les extrémités de toutes les ordonnées seront sur une même ligne droite et par suite la figure $abb'a'$ est un trapèze, dont la surface sera l'expression géométrique du travail développé par la force centrifuge. Appelant T ce travail, on aura

$$T = \frac{aa' + bb'}{2} \times ab.$$

Or

$$aa' = MV_i^2R, \quad bb' = MV_i^2R^{IV} \quad \text{et} \quad ab = R - R^{IV}.$$

Donc

$$T = \frac{MV_i^2R + MV_i^2R^{IV}}{2}(R - R^{IV})$$

ou

$$T = \frac{MV_i^2}{2}(R + R^{IV})(R - R^{IV}), \quad T = \frac{MV_i^2}{2}(R^2 - R^{IV^2}).$$

Comme nous n'avons à considérer que les rayons à l'origine et à la fin du mouvement, nous pouvons désigner ce dernier par R′,

$$T = \tfrac{1}{2}MV_i^2(R^2 - R'^2) \quad \text{ou bien} \quad T = \tfrac{1}{2}MV_i^2R^2 - \tfrac{1}{2}MV_i^2R'^2.$$

Appelons V et V′ la vitesse au commencement et à la fin du

temps pendant lequel on considère l'action de la force centrifuge, on pourra remplacer $V_i^2 R^2$ par V^2 et $V_i^2 R'^2$ par V'^2,

$$T = \tfrac{1}{2}MV^2 - \tfrac{1}{2}MV'^2 \quad \text{ou} \quad T = \tfrac{1}{2}M(V^2 - V'^2),$$

ce qui nous apprend que *le travail développé par la force
centrifuge est égal à la moitié de la variation de force vive
due à la vitesse de rotation.*

On parvient à la même conclusion dans le cas où le corps
qui participe au mouvement d'entraînement de rotation est
animé d'un mouvement relatif horizontal.

Concevons que l'on ait pratiqué une rainure rectiligne dans
une couronne circulaire, dont les rayons sont R et R'. Pendant le mouvement de rotation, une petite bille, placée dans
cette rainure, passera du point A au point B (*fig.* 156) et le
chemin parcouru sera OB — OA ou R — R'. Divisant AB en
quatre parties égales et estimant la force centrifuge aux différents points de division par la méthode de quadrature déjà
employée, on obtiendra absolument le même résultat.

Fig. 156.

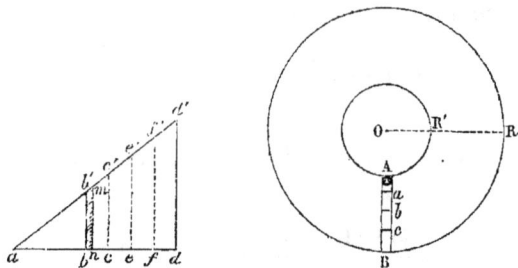

On peut encore avoir recours aux mêmes considérations
géométriques que pour le principe des forces vives.

En effet, pour des distances à l'axe de rotation R', R'',...,
la force centrifuge ayant successivement pour valeur $MV_i^2 R'$,
$MV_i^2 R''$,..., en considérant à l'extrémité de chacun de ces
rayons des déplacements élémentaires r', r'',..., nous aurons

$$t' = MV_i^2 R'r', \quad t'' = MV_i^2 R''r'',$$

et

$$T = MV_i^2 (R'r' + R''r'' + \ldots).$$

Si, à partir d'un point origine a, on prend des longueurs ab, ac, ae,..., égales aux distances des différentes positions du corps dans la rainure au centre de rotation, et si l'on élève des perpendiculaires égales à ces distances, leurs extrémités seront sur une ligne droite. Un terme tel que $R'r'$ sera représenté par la surface d'un rectangle ayant pour hauteur bb', ou le rayon au point considéré, et pour base l'élément $bn = r'$. A la limite, ce rectangle se confondant avec le trapèze $bnmb'$, les autres termes renfermés entre parenthèses seront aussi représentés par des trapèzes analogues, dont la somme, c'est-à-dire le trapèze total $bdd'b'$ sera l'expression géométrique de $R'r' + R''r'' + \dots$.

Or le trapèze $bdd'b'$ est égal au triangle Add' diminué du triangle abb'. Donc nous aurons

$$R'r' + R''r'' + \dots = \tfrac{1}{2}ad \times ad - \tfrac{1}{2}ab \times ab.$$

Remplaçant ad par le rayon R, à l'extrémité duquel se trouve le mobile au bout du temps, pendant lequel on observe le mouvement, et par R' la distance ab à l'axe au moment du départ, il viendra

$$R'r' + R''r'' + \dots = \tfrac{1}{2}R^2 - \tfrac{1}{2}R'^2.$$

Substituant dans l'équation du travail,

$$T = \tfrac{1}{2}MV_1^2(R^2 - R'^2).$$

Présentement, considérons le cas où le corps qui participe au mouvement de rotation est assujetti à glisser le long d'une courbe quelconque. Soit M la masse d'un point matériel assujetti à glisser le long de la courbe $AabcB$ (*fig.* 157), tout en participant au mouvement de rotation du système autour du centre O. Désignons par R, R' les distances initiale et finale OA, OB du point matériel à l'axe de rotation et par R'', R''',... les distances du même point pour les positions intermédiaires a, b, c,... Supposons que la courbe ait été divisée en éléments Aa, ab, bc,... La force centrifuge agissant obliquement à la direction du chemin parcouru, le travail développé s'obtiendra en multipliant son intensité par la projection du chemin parcouru sur sa direction. Les deux points A, a étant très-voisins, l'arc de cercle décrit du point O, avec O'a

pour rayon, pourra être regardé comme une perpendiculaire abaissée du point a sur le rayon OA ; en sorte que Aa' sera la

Fig. 157.

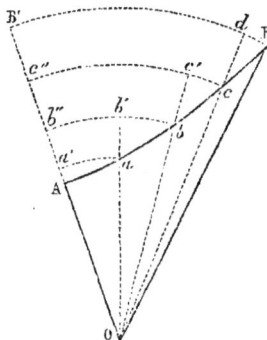

projection du chemin Aa sur la direction de la force. Le travail élémentaire sera donc

$$MV_1^2 R'.Aa' \quad ou \quad MV_1^2 R'r',$$

r' représentant la projection du chemin.

Pour les déplacements élémentaires ab, bc,..., nous aurons de même

$$MV_1^2 R''ab' \quad ou \quad MV_1^2 R''r'', \ MV_1^{2'''}R'''r''',$$

et ainsi de suite.

Faisant la somme de tous ces travaux élémentaires, depuis le point A jusqu'au point final B, on aura le travail total T

$$T = MV_1^2 (R'r' + R''r'' + R'''r''' + ...).$$

La somme des projections des chemins élémentaires sur les différents rayons étant égale à AB' ou à R — R', comme dans le cas précédent, la somme intégrale des quantités renfermées entre parenthèses sera

$$\tfrac{1}{2}(R^2 - R'^2);$$

par conséquent nous aurons

$$T = \tfrac{1}{2}MV_1^2 (R^2 - R'^2).$$

Cette formule trouve son application dans la recherche de l'effet utile de la turbine Fourneyron.

179. *Mouvement d'un corps sur un plan incliné. — Théorèmes de Galilée.* — On désigne sous ce nom les propriétés du mouvement d'un corps descendant sur un plan incliné.

1° *Le mouvement d'un corps pesant sur un plan incliné est uniformément accéléré.*

De l'observation il est facile de déduire la nature du mouvement d'un corps librement abandonné sur un plan incliné. On peut aussi la connaître par la décomposition des vitesses. Soit un plan incliné représenté par une ligne de plus grande pente BC (*fig.* 158), qui est la longueur L du plan incliné. Désignons par H la hauteur AB et par B la base AC. Si Op est l'accélération g quand le corps tombe en chute libre, en la décomposant en deux autres Om, On, la première sera détruite

Fig. 158.

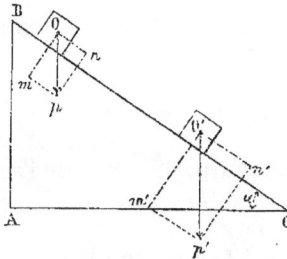

par la résistance du plan et la seconde On sera la grandeur géométrique de la vitesse acquise par le corps sur le plan incliné, au bout d'une seconde. Désignons par O'p' la vitesse du corps, au bout d'un temps t, quand il est soumis à la seule action de son poids. Si l'on opère la même décomposition que précédemment, la composante O'n' sera la vitesse du corps sur le plan incliné, au bout du même temps. Les deux triangles semblables Opn, O'$p'n'$ donnent la proportion suivante :

$$\frac{\mathrm{O}p}{\mathrm{O}'p'} = \frac{\mathrm{O}n}{\mathrm{O}'n'}.$$

Or, le mouvement des graves étant uniformément accéléré,

les deux vitesses Op, $O'p'$ sont proportionnelles aux temps et, par suite, la même relation existera entre les vitesses On, $O'n'$.

2° *La vitesse acquise par un corps glissant sur un plan incliné, quand il est parvenu au plan horizontal, est égale à la vitesse due à la hauteur du plan incliné, si le corps tombait librement.*

A cet effet, prenons la formule générale du mouvement uniformément accéléré, donnant la vitesse en fonction de l'espace

$$V^2 = 2 V_1 E.$$

Remarquons que, Op ou g étant l'accélération du mouvement vertical libre, la composante On sera l'accélération g' du mouvement sur le plan incliné. Désignant par α l'inclinaison du plan incliné à l'horizon, le triangle rectangle Opn donnera immédiatement

$$On = Op \sin Opn.$$

Les deux angles Opn et α étant égaux, comme ayant les côtés perpendiculaires, il viendra

$$g' = g \sin \alpha.$$

Comme l'espace parcouru, en vertu de l'accélération g', est la longueur L du plan incliné, en substituant, nous aurons

$$V^2 = 2 g \sin \alpha\, L.$$

Or $\sin \alpha = \dfrac{H}{L}$; donc

$$V^2 = \frac{2g HL}{L} \quad \text{ou} \quad 2gH \quad \text{et} \quad V = \sqrt{2gH},$$

expression qui donnerait précisément la vitesse du corps tombant en chute libre, d'une hauteur égale à celle du plan incliné.

Le résultat que nous avons obtenu est indépendant de l'inclinaison du plan incliné, ce qui montre que la vitesse sera la même pour tous les plans inclinés de même hauteur.

L'espace parcouru ou la longueur L du plan incliné a pour

valeur $\dfrac{H}{\sin\alpha}$; si donc, dans l'expression $E=\frac{1}{2}V_1 T^2$, nous remplaçons E par la valeur de L et V_1 par celle de l'accélération g', nous aurons

$$\frac{H}{\sin\alpha}=\frac{g\sin\alpha\, T^2}{2}, \quad \text{d'où} \quad T^2=\frac{2H}{g\sin^2\alpha}.$$

Multipliant par g les deux termes du second membre,

$$T^2=\frac{2gH}{g^2\sin^2\alpha}, \quad \text{d'où} \quad T=\frac{\sqrt{2gH}}{g\sin\alpha}.$$

Cette expression nous apprend que, si la hauteur du plan incliné est constante, le temps de la chute augmente quand l'inclinaison du plan incliné diminue.

3° *Si plusieurs mobiles partent en même temps du point A sans vitesse initiale et descendent sous l'action seule de la pesanteur le long des cordes AC, AD, AE d'un cercle décrit sur la verticale AB comme diamètre, ces mobiles arriveront en même temps aux extrémités C, D, E de ces cordes (fig. 159).*

Fig. 159.

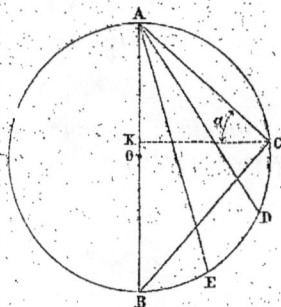

Considérons la corde AC comme un plan incliné dont l'angle à l'horizon ACK est α. D'après ce que nous venons de voir, l'espace parcouru ou la longueur de la corde aura pour valeur

$$AC=\frac{g\sin\alpha\, T^2}{2},$$

d'où

$$T^2=\frac{2AC}{g\sin\alpha} \quad \text{et} \quad T=\sqrt{\frac{2AC}{g\sin\alpha}}.$$

332 COURS DE MÉCANIQUE.

Le triangle ACB étant rectangle, puisque l'angle C est inscrit dans un demi-cercle,

$$AC = AB \times \sin CBA.$$

Or l'angle α est égal à CBA, parce que ces deux angles ont les côtés perpendiculaires ou sont complément d'un même angle A ; donc

$$AC = AB \sin\alpha, \quad \text{d'où} \quad \frac{AC}{\sin\alpha} = AB.$$

Remplaçant dans l'expression de T, on a

$$T = \sqrt{\frac{2\,AB}{g}}.$$

Cette expression ne contient que des quantités constantes ; elle convient donc à toutes les cordes et au diamètre lui-même.

L'énoncé de ce théorème peut encore être présenté sous la forme suivante : *Si un même mobile partant sans vitesse initiale parcourt successivement diverses cordes AC, AD, AE, d'un cercle décrit sur une verticale AB comme diamètre, il mettra le même temps à parcourir toutes ces cordes, sous la seule action de la pesanteur.*

180. *Cas où le mobile glisse sur une courbe fixe.* — Soit une courbe ACE (*fig.* 160), sur laquelle un mobile est assujetti

Fig. 160.

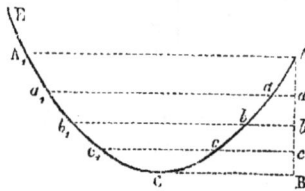

à glisser. Elle peut être décomposée en éléments Aa, ab, bc,..., que l'on peut considérer comme une suite de plans inclinés d'une très-petite longueur. Désignons par v, v', v'',... les vitesses du mobile aux points a, b, c,..., et par V la vitesse au point le plus bas. De plus, si H est la distance verticale entre le point de départ A et le point le plus bas C, et si les projections des éléments Aa, ab, bc,..., représentées sur la figure par Aa', $a'b'$, $b'c'$ sont respectivement appelées h, h', h'',..., nous aurons

$$v^2 = 2gh.$$

Pour avoir la vitesse au point b, nous pourrons appliquer le principe des forces vives; car, si m est la masse du mobile, dans le passage du point a au point b, la variation de la force vive sera $mv'^2 - mv^2$, et, comme la force qui produit le mouvement est oblique à la direction du chemin parcouru, la valeur du travail sera mgh', d'où

$$\tfrac{1}{2} mv'^2 - \tfrac{1}{2} mv^2 = mgh', \quad v'^2 - v^2 = 2gh'$$

et

$$v'^2 = 2gh' + v^2.$$

Remplaçant v^2 par sa valeur $2gh$,

$$v'^2 = 2gh' + 2gh, \quad v'^2 = 2g(h + h'), \quad v'^2 = 2g\,\mathrm{A}b',$$

et de même pour les vitesses du mobile aux autres points de la courbe. Enfin, au point le plus bas C, on aura

$$\mathrm{V} = 2g(h + h' + h'' + ...), \quad \mathrm{V} = 2g\mathrm{H}.$$

Ainsi, comme pour le plan incliné, la vitesse au point le plus bas de la courbe est égale à celle qu'aurait acquise le mobile en tombant de la même hauteur H, *suivant la verticale passant par le point de départ.*

Si la courbe se continue au delà du point le plus bas, la vitesse que possède le mobile en y arrivant fait qu'il le dépasse et qu'il s'élève le long de la seconde partie de la courbe; alors la vitesse diminue de plus en plus, et celles qu'il possède aux points c_1, b_1, a_1 sont égales à celles qu'il avait aux points c, b, a, situés au même niveau sur la première partie de la courbe. Quand le mobile a atteint le point A₁ qui est à la même hauteur que le point de départ A, il s'arrête; mais, comme la pesanteur ne cesse pas d'agir sur lui, il redescend en parcourant la courbe en sens contraire et reprenant à chaque point la vitesse dont il était animé lorsqu'il s'y était trouvé une première fois. Enfin, au bout d'un certain temps, il s'arrête au point A d'où il était d'abord parti et le mouvement recommence pour se prolonger indéfiniment, s'il était possible de faire abstraction du frottement et de la résistance de l'air qui le ralentissent graduellement jusqu'à ce qu'il soit complétement détruit.

181. *Pendule circulaire.* — Concevons qu'un point matériel pesant A soit attaché à l'extrémité d'un fil inextensible sans pesanteur et que l'autre extrémité S de ce fil soit fixe (*fig.* 161).

Fig. 161.

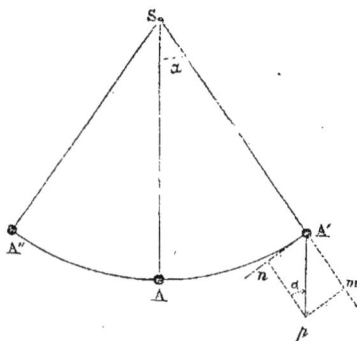

Le point matériel est en équilibre lorsque le fil est dirigé suivant la verticale du point d'attache ; car son poids est détruit par la résistance qu'il éprouve de la part du point fixe par l'intermédiaire du fil. Si l'on écarte le point matériel A de sa position d'équilibre pour l'amener dans la position A′ et qu'on l'abandonne librement à lui-même, il devra se mouvoir dans le plan vertical mené par la direction SA′ qu'on a fait occuper au fil, et, comme il est assujetti à rester constamment à la même distance du point de suspension S, il décrira un arc de cercle. Quand le point matériel occupe la position A′, son poids *p* se décompose en deux autres forces, l'une A′*m* dans la direction du fil qui est détruite par la résistance du point fixe, l'autre A′*n* perpendiculaire à la même direction, produisant le mouvement du point matériel. Si α est l'angle formé, dans cette position, par la direction du fil avec la verticale, nous déduirons du triangle A′*np*

$$A'n = p \sin \alpha.$$

Cette valeur de la composante tangentielle est proportionnelle à sin α, qui varie suivant les positions du point matériel. Elle est maxima au point A' et minima au point A pour lequel sin α = o. Ainsi, puisque cette composante n'est constante ni en grandeur ni en direction, le mouvement qu'elle imprime se fait suivant des lois très-complexes, qui ne sont pas celles du mouvement uniformément varié. En se reportant à ce qui vient d'être dit sur le mouvement d'un corps assujetti à glisser sur une courbe fixe, sous la seule action de la pesanteur, on voit que le point matériel doit osciller de part et d'autre de sa position d'équilibre, en s'écartant également des deux côtés de cette position. Un point matériel suspendu à un point fixe et qui se meut dans les conditions que nous venons d'indiquer constitue ce qu'on appelle le *pendule simple circulaire*, parce que les oscillations de ce point ont lieu suivant un arc de cercle dont le point d'attache est le centre. Il est évident que le mouvement oscillatoire continuerait indéfiniment, sans les frottements qui se manifestent au point de suspension et sans les résistances opposées par l'air déplacé. Aussi voit-on le mouvement se ralentir progressivement et le pendule, au bout d'un temps plus ou moins long, revenir à sa position d'équilibre.

Le pendule simple ou pendule mathématique est donc un pendule idéal qui consiste en un point matériel pesant, suspendu à l'extrémité d'un fil inextensible, sans pesanteur, et ne donnant lieu à aucun frottement au point d'attache.

On appelle amplitude de l'oscillation l'arc de cercle exprimé en degrés qui mesure l'angle formé par les directions extrêmes du pendule.

L'angle d'écart, ou simplement l'écart du pendule, est l'angle formé par le pendule dans une position extrême avec la verticale menée par le point d'attache.

182. *Oscillations isochrones.* — Pour trouver le temps moyen d'une oscillation d'un pendule, on se sert du compteur de Bréguet, qui marque les quarts de seconde. On met ce chronomètre en marche au moment où le pendule commence son mouvement oscillatoire. Quand on a compté 100 oscillations, en divisant le temps de l'observation par ce nombre,

on a très-approximativement la durée moyenne d'une seule.
Si A représente l'écart du pendule au commencement du mouvement et A' l'écart à la fin, $\frac{A + A'}{2}$ représentera l'écart
moyen. On mesure encore la durée des 100 oscillations suivantes comprises entre l'écart A' et un écart moindre A″, et
l'on continue ainsi de suite. La comparaison des temps d'une
oscillation pour des écarts différents fait reconnaître qu'ils
diminuent quand les amplitudes sont grandes, mais que, pour
des arcs qui ne dépassent pas 4 ou 5 degrés, la durée d'une
oscillation est constante. On dit alors que *les oscillations sont
isochrones.*

D'après ce qui a été dit, le pendule simple n'est qu'une
abstraction. On peut se faire une idée de ce pendule en sus-
pendant une balle de plomb à l'une des extrémités d'un fil
très-ténu.

L'isochronisme des oscillations très-petites existe encore
pour des pendules formés avec de petits corps de nature différente, c'est-à-dire n'ayant pas le même poids sous le même
volume. A cet effet, on suspend à un même support et à des
distances égales trois petites sphères, la première en bois, la
deuxième en cuivre et la troisième en platine. On forme ainsi
trois pendules de même longueur. En les faisant osciller au
même instant sous le même angle d'écart, on voit que leurs
mouvements commencés ensemble ne cessent pas de con-
corder. Le temps de l'oscillation est donc indépendant du
poids du corps.

183. *Formule approchée du temps de l'oscillation.* — Considérons un pendule simple dont l'amplitude de l'oscillation
est très-petite. Soit *mn* un élément de l'arc décrit par la molécule pesante autour du centre de rotation K (*fig.* 162). Appelant *a* cet élément et *t* le temps élémentaire employé à le
parcourir, la vitesse $v = \frac{a}{t}$, d'où

$$t = \frac{a}{v} \quad \text{ou} \quad t^2 = \frac{a^2}{v^2}.$$

Si *h* représente la distance verticale comprise entre le point de départ C et le milieu de l'élément, d'après ce qui a été vu sur le mouvement d'un point sur une courbe fixe, on aura

$$v^2 = 2gh \quad \text{et} \quad t^2 = \frac{a^2}{2gh}.$$

Des points m, s, n abaissons des perpendiculaires mm'', ss'', nn'' sur la verticale du point d'attache, joignons le point s au

Fig. 162.

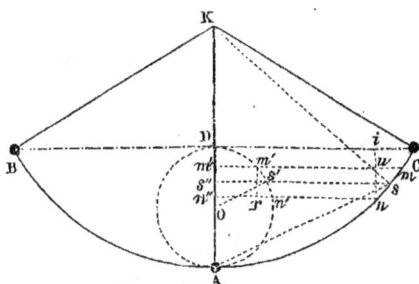

point K, et du point n abaissons une perpendiculaire nu sur mm''. Désignant par x l'ordonnée du point milieu s, par p la perpendiculaire nu, qui n'est autre que la projection de l'arc élémentaire sur la verticale et par l la longueur du pendule, les deux triangles unm et Kss'' étant semblables, nous aurons la proportion suivante :

$$\frac{a}{l} = \frac{p}{x},$$

d'où

$$a = \frac{pl}{x} \quad \text{et} \quad a^2 = \frac{p^2 l^2}{x^2}.$$

Sur la flèche AD, que nous désignerons par f, décrivons une circonférence de cercle et unissons au centre O le point s' où l'ordonnée du point s rencontre cette circonférence. Si du point m' on abaisse une perpendiculaire sur l'ordonnée x, nous aurons encore deux triangles semblables $m'n'r$ et $s's''$O. Appelant par analogie a' l'arc intercepté sur la circonférence de centre O par les ordonnées des points m, n, et x' l'ordonnée $s's''$ du point milieu de l'arc a', nous aurons

$$\frac{a'}{\frac{f}{2}} = \frac{p}{x'},$$

d'où

$$a' = \frac{fp}{2x'} \quad \text{et} \quad a'^2 = \frac{f^2 p^2}{4x'^2}.$$

Divisant membre à membre les deux équations donnant les valeurs de a^2 et de a'^2,

$$\frac{a^2}{a'^2} = \frac{4p^2 l^2 x'^2}{f^2 p^2 x^2} \quad \text{ou} \quad \frac{a^2}{a'^2} = \frac{4 l^2 x'^2}{f^2 x^2}.$$

Déduisant la valeur de a^2, il vient

$$a^2 = \frac{4 l^2 a'^2 x'^2}{f^2 x^2}.$$

Remplaçant a^2 par cette valeur dans l'expression de t^2,

$$t^2 = \frac{4 l^2 a'^2 x'^2}{2 g h f^2 x^2} \quad \text{ou} \quad t^2 = \frac{2 l^2 a'^2 x'^2}{g h f^2 x^2}.$$

L'ordonnée $s's''$ ou x' étant moyenne proportionnelle entre les deux segments du diamètre qui est la flèche f, on aura

$$x'^2 = h s'' A.$$

car le premier segment est égal à la distance h entre le point de départ de la molécule pesante et le point milieu de l'élément mn.

L'amplitude de l'oscillation étant très-petite, l'ordonnée x pourra être confondue avec la corde sA qui est moyenne proportionnelle entre le diamètre $2l$ et sa projection $s''A$ sur ce diamètre. On a donc

$$x^2 = 2 l s'' A.$$

Divisant ces deux égalités membre à membre,

$$\frac{x'^2}{x^2} = \frac{h s'' A}{2 l s'' A} = \frac{h}{2 l}.$$

Remplaçant le rapport $\dfrac{x'^2}{x^2}$ par $\dfrac{h}{2l}$ il vient

$$t^2 = \frac{2\, l^2 a'^2 h}{2\,ghf^2 l} \quad \text{ou} \quad t^2 = \frac{la'^2}{gf^2},$$

d'où l'on déduit

$$t = \frac{a'}{f}\sqrt{\frac{l}{g}}.$$

Si nous appelons t', t'', t''',... les temps que mettra la molécule pesante à parcourir d'autres éléments b, c, d,... dont les arcs correspondants de la circonférence décrite sur la flèche sont b', c', d',..., nous aurons successivement

$$t' = \frac{b'}{f}\sqrt{\frac{l}{g}}, \quad t'' = \frac{c'}{f}\sqrt{\frac{l}{g}}, \quad t''' = \frac{d'}{f}\sqrt{\frac{l}{g}},$$

et ainsi de suite pour toute l'amplitude de l'oscillation.

Faisant la somme de tous ces temps élémentaires, on aura la durée T d'une oscillation

$$T = \sqrt{\frac{l}{g}}\frac{(b' + c' + d' + \dots)}{f}.$$

La somme des arcs b', c', d',... est la circonférence de diamètre f qui a pour expression πf. Donc, en substituant, il viendra

$$T = \frac{\pi f}{f}\sqrt{\frac{l}{g}} \quad \text{ou} \quad T = \pi \sqrt{\frac{l}{g}}.$$

Autre démonstration. — Soit BAC (*fig.* 163) l'arc décrit par la

Fig. 163.

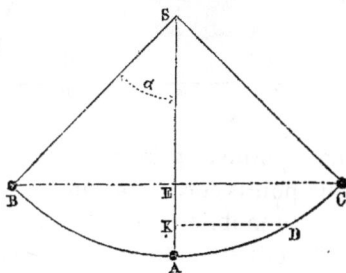

molécule pesante. Partant du point C quand elle est parvenue au point D, elle a acquis une vitesse égale à $\sqrt{2\,g\,\mathrm{KE}}$. Si l'angle d'écart est très-petit, les arcs CA et AD pourront être confondus avec leurs cordes. Désignons le premier par a et le second par x. Si l est la longueur du pendule, nous aurons

$$\overline{\mathrm{AC}}^{2} = 2\,l \times \mathrm{AE} \quad \text{ou} \quad a^{2} = 2\,l \times \mathrm{AE},$$

et

$$\mathrm{AE} = \frac{a^{2}}{2\,l}.$$

De même

$$x^{2} = 2\,l \times \mathrm{AK}, \quad \text{d'où} \quad \mathrm{AK} = \frac{x^{2}}{2\,l}.$$

Retranchant membre à membre,

$$\mathrm{AE} - \mathrm{AK} \quad \text{ou} \quad \mathrm{KE} = \frac{a^{2} - x^{2}}{2\,l}.$$

Par conséquent

$$v = \sqrt{2\,g\,\frac{(a^{2} - x^{2})}{2\,l}} \quad \text{ou} \quad v = \sqrt{g\,\frac{(a^{2} - x^{2})}{l}}.$$

Développons l'arc BAC sur une ligne droite BC (*fig.* 164) et supposons qu'un mobile oscille sur cette ligne avec des vi-

Fig. 164.

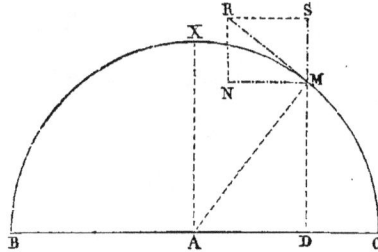

tesses, aux différents points, égales à celles que la molécule pesante possède aux points correspondants de l'arc BAC. Alors le temps que mettra le mobile pour décrire la droite BC sera égal à la durée de l'oscillation du pendule. Sur la droite BC comme diamètre, décrivons une demi-circonférence et concevons qu'un second mobile, à partir du point C, la décrive d'un mouvement uniforme avec une vitesse $a\sqrt{\dfrac{g}{l}}$. Le temps étant égal au rapport de l'espace à la vitesse, nous aurons

$$t = \frac{\pi a}{a\sqrt{\dfrac{g}{l}}} = \frac{\pi}{\sqrt{\dfrac{g}{l}}},$$

expression qui peut être mise sous la forme suivante :

$$\frac{\pi}{\dfrac{\sqrt{g}}{\sqrt{l}}} \quad \text{ou} \quad \frac{\pi\sqrt{l}}{\sqrt{g}},$$

ou bien encore

$$t = \pi\sqrt{\frac{l}{g}}.$$

Considérons le mobile qui décrit la demi-circonférence quand il est parvenu au point M correspondant au point D du développement de l'arc.

La vitesse tangentielle MR qu'il possède peut être décomposée en deux autres, l'une MN de transport horizontal et l'autre MS verticale.

Le triangle rectangle RNM fournit la relation suivante :

$$MN = RM \times \sin NRM.$$

Or RM est la vitesse constante $a\sqrt{\dfrac{g}{l}}$ et l'angle NRM est égal à MAD, parce que leurs côtés sont perpendiculaires. En substituant, il viendra

$$MN = a\sqrt{\frac{g}{l}}\sin MAD, \quad \sin MAD = \frac{MD}{MA} = \frac{MD}{a},$$

puisque a représente la moitié de l'arc BAC et que le diamètre BC est le développement de cet arc.

De plus, du triangle rectangle MAD nous déduisons immédiatement

$$\overline{MD}^2 = \overline{AM}^2 - \overline{AD}^2 \quad \text{ou} \quad \overline{MD}^2 = a^2 - x^2$$

et

$$MD = \sqrt{a^2 - x^2}.$$

Par conséquent

$$\sin \text{MAD} = \frac{\sqrt{a^2 - x^2}}{a}.$$

Ainsi, en substituant, il viendra pour la valeur de la composante horizontale

$$\text{MN} = a\sqrt{\frac{g}{l}}\,\frac{\sqrt{a^2 - x^2}}{a},$$

ou

$$\text{MN} = \sqrt{\frac{g}{l}}\,\sqrt{a^2 - x^2}, \quad \text{MN} = \sqrt{\frac{g(a^2 - x^2)}{l}}.$$

Il s'ensuit donc que les deux mobiles ont la même vitesse de transport aux points D et E, et que s'ils partent au même instant du point C, l'un décrivant le diamètre BC, l'autre la demi-circonférence, ils arriveront en même temps au point B.

Nous avons vu plus haut que ce temps est $\pi\sqrt{\frac{l}{g}}$, et comme le pendule simple fait une oscillation dans le même temps que le mobile parcourt la droite BC, cette expression sera précisément la durée d'une oscillation.

184. Lois diverses du pendule. — 1° *Quand deux pendules de longueurs différentes oscillent dans le même lieu du globe, les temps des oscillations sont proportionnels aux racines carrées des longueurs de ces pendules.*

Cette loi, établie expérimentalement par Galilée, est une déduction de la théorie précédente.

Soient t, t' les temps des oscillations de deux pendules ayant pour longueur l et l'. On a

$$t = \pi\sqrt{\frac{l}{g}}, \quad t' = \pi\sqrt{\frac{l'}{g}}.$$

Élevant au carré les deux membres,

$$t^2 = \pi^2\frac{l}{g}, \quad t'^2 = \pi^2\frac{l'}{g}.$$

Divisant membre à membre,

$$\frac{t^2}{t'^2} = \frac{l}{l'}, \quad \text{d'où} \quad \frac{t}{t'} = \frac{\sqrt{l}}{\sqrt{l'}}.$$

2° *Dans des lieux différents, les durées des oscillations des pendules de même longueur sont en raison inverse des racines carrées des accélérations dues à la pesanteur.*

Soient g et g' les accélérations à deux latitudes différentes, et t, t' les temps des oscillations. Nous aurons

$$t = \pi \sqrt{\frac{l}{g}}, \quad t' = \pi \sqrt{\frac{l}{g'}}.$$

Par les mêmes transformations que précédemment, il viendra

$$t^2 = \pi^2 \frac{l}{g}, \quad t'^2 = \pi^2 \frac{l}{g'}.$$

Divisant membre à membre,

$$\frac{t^2}{t'^2} = \frac{g'}{g}, \quad \text{d'où} \quad \frac{t}{t'} = \frac{\sqrt{g'}}{\sqrt{g}}.$$

3° *Quand des pendules de longueurs différentes oscillent pendant le même temps et dans le même lieu, les longueurs sont inversement proportionnelles aux carrés des nombres d'oscillations.*

Soient n et n' les nombres d'oscillations de deux pendules l, l' pendant le temps T.

Les oscillations étant isochrones, la durée d'une oscillation du premier pendule sera $\frac{T}{n}$ et celle de l'oscillation du second $\frac{T}{n'}$. On aura donc

$$\frac{T}{n} = \pi \sqrt{\frac{l}{g}}, \quad \frac{T}{n'} = \pi \sqrt{\frac{l'}{g}}.$$

Élevant au carré,

$$\frac{T^2}{n^2} = \pi^2 \frac{l}{g}, \quad \frac{T^2}{n'^2} = \pi^2 \frac{l'}{g}.$$

Divisant membre à membre,

$$\frac{n'^2}{n^2} = \frac{l}{l'}.$$

4° *Quand des pendules de même longueur oscillent pendant le même temps dans des lieux différents, les carrés des nom-*

bres d'oscillations sont en raison directe des accélérations
dues à la pesanteur.

Soient g et g' les accélérations. Comme précédemment, on
aura

$$\frac{T}{n} = \pi \sqrt{\frac{l}{g}}, \quad \frac{T}{n'} = \pi \sqrt{\frac{l}{g'}},$$

et

$$\frac{T^2}{n^2} = \pi^2 \frac{l}{g}, \quad \frac{T^2}{n'^2} = \pi^2 \frac{l}{g'}.$$

Divisant membre à membre,

$$\frac{n'^2}{n^2} = \frac{g'}{g}.$$

185. *Formule du temps de l'oscillation quand l'amplitude
n'est pas très-petite.* — La formule que nous avons trouvée
n'est rigoureusement vraie que si les oscillations sont très-
petites. Or, pour qu'on puisse les observer, il est évident
qu'elles doivent se produire sur une étendue suffisante. Dans
ce cas, par le calcul des séries, on trouve la formule suivante,
qui donne la durée d'une oscillation :

$$t = \pi \sqrt{\frac{l}{g}} \left[1 + \left(\frac{1}{2}\right)^2 \frac{h}{2l} + \left(\frac{1.3}{2.4}\right)^2 \left(\frac{h}{2l}\right)^2 + \left(\frac{1.3.5}{2.4.6}\right)^2 \left(\frac{h}{2l}\right)^3 + \dots \right].$$

Généralement les amplitudes sont assez petites pour que
tous les termes de la série soient négligeables, les deux premiers exceptés. Alors la formule devient

$$t = \pi \sqrt{\frac{l}{g}} \left[1 + \left(\frac{1}{2}\right)^2 \frac{h}{2l} \right], \quad \text{ou} \quad t = \pi \sqrt{\frac{l}{g}} \left(1 + \frac{1}{8} \frac{h}{l} \right).$$

Dans cette formule l représente la longueur SA du pendule
simple (*fig.* 163) et h la hauteur du point de départ C au-
dessus du point le plus bas A.

Remarquons que $h = l - $ SE. Appelant α l'angle d'écart,
on a

$$\text{SE} = l \cos \alpha,$$

d'où

$$h = l - l \cos \alpha, \quad h = l(1 - \cos \alpha);$$

or

$$2 \sin^2 \tfrac{1}{2} \alpha = 1 - \cos \alpha;$$

donc

$$h = l\,2\sin^2\tfrac{1}{2}\alpha,$$

et en remplaçant dans la valeur de t

$$t = \pi\sqrt{\frac{l}{g}}\left(1 + \frac{1}{8}\frac{l\,2\sin^2\frac{1}{2}\alpha}{l}\right), \quad \text{ou} \quad t = \pi\sqrt{\frac{l}{g}}\left(1 + \frac{1}{4}\sin^2\frac{1}{2}\alpha\right).$$

186. *Pendule composé.* — Quand un solide pesant, de dimensions appréciables, est assujetti à tourner autour d'un axe horizontal qui ne passe pas par le centre de gravité, il prend, sous la seule action de la pesanteur, une position telle que son centre de gravité est situé dans le plan vertical qui passe par l'axe de rotation. Si on l'écarte de cette position et qu'on l'abandonne ensuite à lui-même, il tend à y revenir en exécutant une suite d'oscillations. Un tel système constitue ce qu'on appelle un *pendule composé.*

Ainsi un pendule composé est un corps solide pouvant tourner autour d'un axe horizontal.

187. *Formule du temps de l'oscillation.* — Considérons un solide de masse M dont le centre de gravité G décrit un arc GAC autour d'un axe horizontal projeté au point O (*fig.* 165).

Fig. 165.

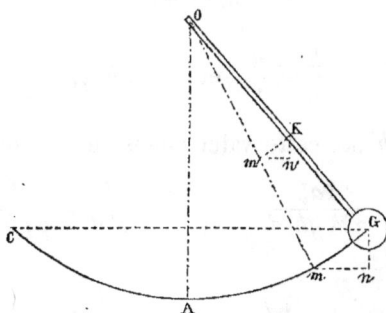

Supposons qu'au bout d'un temps t ce centre de gravité ait parcouru l'arc élémentaire mG que nous désignerons par a. Appelons h la hauteur Gn du point de départ au-dessus du point m et V_t la vitesse angulaire. Le travail développé par la pesanteur dans ce déplacement étant Mgh, en appliquant le théorème des forces vives, nous aurons

$$\mathrm{M}gh = \tfrac{1}{2}\mathrm{I}\mathrm{V}_1^2, \quad \text{d'où} \quad \mathrm{V}_1^2 = \frac{2\,\mathrm{M}\,gh}{\mathrm{I}}.$$

Tandis que le centre de gravité situé à une distance d de l'axe de rotation décrit un arc élémentaire, le point K supposé à l'unité de distance du même axe décrira dans le même temps un arc semblable Km' ou a_1. Ce mouvement élémentaire pouvant être considéré comme uniforme, on a

$$a_1 = \mathrm{V}_1 t \quad \text{ou} \quad \mathrm{V}_1 = \frac{a_1}{t} \quad \text{et} \quad \mathrm{V}_1^2 = \frac{a_1^2}{t^2},$$

d'où

$$\frac{a_1^2}{t_2} = \frac{2\,\mathrm{M}\,gh}{\mathrm{I}} \quad \text{et} \quad t^2 = \frac{\mathrm{I}\,a_1^2}{2\,\mathrm{M}\,gh}.$$

Désignant par h_1 la hauteur du point K au-dessus du point m' et remarquant que les deux triangles $m\mathrm{G}n$, K$m'n'$ sont semblables, on aura

$$\frac{a}{a_1} = \frac{h}{h_1}.$$

Pareillement les arcs semblables a, a_1 donnent la relation suivante :

$$\frac{a}{a_1} = \frac{d}{1},$$

d'où

$$\frac{h}{h_1} = \frac{d}{1} \quad \text{et} \quad h = h_1 d.$$

Remplaçant h par cette valeur dans l'expression du temps,

$$t^2 = \frac{\mathrm{I}\,a_1^2}{2\,\mathrm{M}\,gh_1\,d} \quad \text{ou} \quad t^2 = \frac{\mathrm{I}}{\mathrm{M}\,d} \times \frac{a_1^2}{2\,gh_1},$$

d'où

$$t = \sqrt{\frac{a_1^2}{2\,gh_1}} \times \sqrt{\frac{\mathrm{I}}{\mathrm{M}\,d}}.$$

Nous avons vu, dans la théorie du pendule simple, qu'une expression de la forme $\sqrt{\dfrac{a_1^2}{2\,gh_1}}$ représente le temps élémentaire que la molécule pesante met à parcourir un élément de l'arc d'oscillation. Il est donc aisé de voir que la durée de l'oscillation du pendule simple, ayant une longueur égale à l'unité, entrera dans la durée de l'oscillation du pendule composé.

Pour des arcs élémentaires $b, c, \ldots$, dont les arcs correspondants décrits à l'unité de distance sont $b_i, c_i, \ldots$, nous aurons

$$t' = \sqrt{\frac{b_i}{2gh'_i}} \times \sqrt{\frac{I}{Md}}, \quad t'' = \sqrt{\frac{c_i}{2gh''_i}} \times \sqrt{\frac{I}{Md}}.$$

Faisant la somme, nous aurons la durée d'une oscillation du pendule composé

$$T = \sqrt{\frac{I}{Md}} \left(\sqrt{\frac{a_i^2}{2gh_i}} + \sqrt{\frac{b_i^2}{2gh'_i}} + \sqrt{\frac{c_i^2}{2gh''_i}} + \ldots \right).$$

La somme des termes renfermés entre parenthèses est la durée de l'oscillation du pendule simple qui a pour longueur l'unité ou $\pi \sqrt{\frac{I}{g}}$. Donc

$$T = \pi \sqrt{\frac{I}{g}} \times \sqrt{\frac{I}{Md}} \quad \text{ou} \quad T = \pi \sqrt{\frac{I}{Mgd}}.$$

188. *Centre d'oscillation.* — Le pendule composé est formé de points matériels solidairement liés entre eux et placés à des distances inégales, qui oscilleraient dans des temps différents s'ils étaient libres. De cette liaison résulte un mouvement commun très-complexe dépendant de la forme du pendule; car les vitesses respectives dont ces points matériels seraient animés, s'ils oscillaient seuls, doivent se modifier mutuellement. Toutefois, il doit exister un point du pendule composé qui oscille dans le même temps que le pendule simple ayant pour longueur la distance de ce point au centre de rotation. Ce point porte le nom de *centre d'oscillation*, et sa distance à l'axe de suspension est la *longueur du pendule composé*.

Le centre d'oscillation est donc un point du pendule composé situé sur la perpendiculaire à l'axe de rotation menée par le centre de gravité et jouissant de la propriété d'osciller comme s'il était libre, c'est-à-dire comme un pendule simple ayant pour longueur la distance de ce point à l'axe de rotation.

Le pendule simple, dont les oscillations s'effectuent dans le même temps que celles du pendule composé, est dit *équivalent* à ce dernier.

Si par l'axe horizontal de rotation et par le centre de gravité du pendule on fait passer un plan, et de plus que par le centre d'oscillation on mène dans ce plan une droite parallèle à l'axe de rotation, tous les points de cette droite qui feront partie du pendule composé oscilleront de la même manière que le *pendule simple équivalent*. Cette droite se nomme *axe d'oscillation*.

Le point où l'axe d'oscillation perce le plan perpendiculaire à l'axe de rotation qui passe par le centre de gravité est évidemment le centre d'oscillation.

189. *Longueur du pendule composé.* — Désignons par l la longueur du pendule simple équivalent au pendule composé. D'après ce que nous venons de dire, on aura

$$\pi \sqrt{\frac{l}{g}} = \pi \sqrt{\frac{\mathrm{I}}{\mathrm{M}gd}}.$$

Élevant au carré les deux membres,

$$\pi^2 \frac{l}{g} = \pi^2 \frac{\mathrm{I}}{\mathrm{M}gd} \quad \text{ou} \quad l = \frac{\mathrm{I}}{\mathrm{M}d}.$$

190. *Le centre d'oscillation est au-dessous du centre de gravité.* — Pour le démontrer désignons par I' le moment d'inertie par rapport à un axe parallèle à l'axe de rotation et passant par le centre de gravité. En vertu du théorème fondamental sur les moments d'inertie, nous aurons

$$\mathrm{I} = \mathrm{I}' + \mathrm{M}d^2.$$

Divisant les deux membres par $\mathrm{M}d$,

$$\frac{\mathrm{I}}{\mathrm{M}d} = \frac{\mathrm{I}'}{\mathrm{M}d} + \frac{\mathrm{M}d^2}{\mathrm{M}d} \quad \text{ou} \quad l = d + \frac{\mathrm{I}'}{\mathrm{M}d}.$$

Par conséquent $\frac{\mathrm{I}'}{\mathrm{M}d}$ est la distance du centre de gravité au centre d'oscillation.

191. *L'axe de rotation et l'axe d'oscillation sont réciproques l'un de l'autre.* — Soient SA la longueur l d'un pendule composé, d la distance de l'axe de suspension au centre de

Fig. 166.

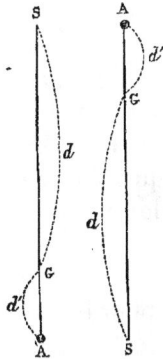

gravite et d' la distance du centre de gravité à l'axe d'oscillation. Désignons par l' la longueur du pendule composé si l'on prend l'axe d'oscillation pour en faire un axe de suspension (*fig.* 166).

En vertu du principe précédent, on a

$$l = d + \frac{\mathrm{I}'}{\mathrm{M}d} ;$$

or

$$l = d + d' ;$$

donc

$$d' = \frac{\mathrm{I}'}{\mathrm{M}d}.$$

Le pendule étant renversé, on a

$$l' = d' + \frac{\mathrm{I}'}{\mathrm{M}d'}.$$

Remplaçant d' par sa valeur $\dfrac{\mathrm{I}'}{\mathrm{M}d}$,

$$l' = \frac{\mathrm{I}'}{\mathrm{M}d} + \frac{\mathrm{I}'}{\dfrac{\mathrm{M}\mathrm{I}'}{\mathrm{M}d}} = \frac{\mathrm{I}'}{\mathrm{M}d} + \frac{\mathrm{I}'.\mathrm{M}d}{\mathrm{M}\mathrm{I}'}.$$

Enfin, en simplifiant, il vient

$$l' = d + \frac{\mathrm{I}'}{\mathrm{M}d} = l.$$

Ainsi par le renversement du pendule, comme nous l'avons indiqué, l'axe de suspension primitif devient axe d'oscillation.

Cette propriété remarquable fournit le moyen de trouver par tâtonnement la longueur du pendule simple équivalent au pendule composé. Il suffit de renverser le pendule et de le suspendre par un point de l'axe longitudinal. Si la durée de l'oscillation est la même qu'avant le renversement, on est sûr que la distance du premier point de suspension au second sera la longueur d'oscillation du pendule composé. Dans le cas contraire, on change le point de suspension jusqu'à ce que l'on trouve un point pour lequel cette condition est satisfaite.

On peut encore obtenir le centre d'oscillation en faisant osciller simultanément le pendule composé et une petite masse pesante suspendue à un fil très-délié. En allongeant ou en raccourcissant ce fil, on cherche un point de suspension tel, que ce second pendule, qui peut être considéré comme un pendule simple, exécute une oscillation dans le même temps que le pendule composé. En portant, à partir de l'axe de suspension, sur le pendule composé, la longueur exacte du pendule simple synchrone, on trouve l'axe d'oscillation.

Quand la longueur du pendule composé est trouvée, on obtient la durée de l'oscillation par les formules du pendule simple

$$t = \pi \sqrt{\frac{l}{g}},$$

si l'amplitude de l'oscillation est très-petite ;

$$t = \pi \sqrt{\frac{l}{g}} \left(1 + \frac{1}{4} \sin^2 \frac{1}{2} \alpha \right)$$

si l'amplitude est relativement grande.

192. *Application de la formule générale du pendule composé à la recherche du moment d'inertie d'un corps.* — L'axe de suspension étant donné, on cherchera le poids du corps et

la distance du centre de gravité à cet axe. En le faisant osciller on déterminera expérimentalement le temps d'une oscillation.

Cela posé, prenons la formule

$$t = \pi \sqrt{\frac{I}{Mgd}},$$

dans laquelle toutes les quantités sont connues, sauf le moment d'inertie I que nous cherchons. Remarquant que $Mg = P$, poids du corps, on aura, en élevant les deux membres au carré,

$$t^2 = \pi^2 \frac{I}{Pd}, \quad \text{d'où} \quad I = \frac{P\,dt^2}{\pi^2}.$$

193. *Valeur de l'accélération due à la pesanteur.* — Les lois du pendule permettent de déterminer la valeur de la quantité g à une latitude quelconque. A cet effet, on détermine par l'observation le temps t de l'oscillation, et de la formule générale on déduit la valeur de g.

Supposons, par exemple, que l'amplitude de l'oscillation soit très-petite.

On a

$$t = \pi \sqrt{\frac{l}{g}}.$$

Élevant au carré, il vient

$$t^2 = \pi^2 \frac{l}{g}, \quad \text{d'où} \quad g = \frac{\pi^2 l}{t^2}.$$

Si le pendule fait n oscillations dans un temps T exprimé en secondes, la durée d'une oscillation sera $\frac{T}{n}$, et par suite, dans la formule précédente, on pourra remplacer t^2 par $\frac{T^2}{n^2}$. On aura donc

$$g = \frac{\pi^2 n^2 l}{T^2}.$$

Si le pendule oscille pendant une heure T $= 3600''$, et l'on a

$$g = \frac{\overline{3,14159}^2}{\overline{3600}^2} n^2 l, \quad \text{où} \quad g = 0,0008726\, n^2 l.$$

194. *Longueur du pendule à secondes.* — Si, dans la formule du temps de l'oscillation, nous faisons $t = 1$, il viendra

$$1 = \pi \sqrt{\frac{l}{g}} \quad \text{ou} \quad 1 = \pi^2 \frac{l}{g},$$

d'où

$$l = \frac{g}{\pi^2}.$$

A la latitude de Paris, on a trouvé la valeur de $g = 9,8088$. Donc

$$l = \frac{9,8088}{3,14159^2} \quad \text{ou} \quad l = 0^m,99385.$$

La quantité π étant constante, la longueur l varie proportionnellement à l'accélération g. Il a donc suffi, pour avoir cette longueur, de chercher, par la méthode indiquée, la valeur de g à différentes latitudes.

Pour différentes localités on a trouvé les nombres consignés dans le tableau suivant :

Localités.	Latitudes.	Valeurs de l.
	o ′ ″	m
Ile de France............	20. 9.19	0,99177
Rio-Janeiro..............	22.55.13	0,99169
Cap de Bonne-Espérance....	33.55.15	0,99257
Formentera..............	38.39.56	0,99298
New-York...............	40.42.43	0,99316
Toulon..................	43. 7. 9	0,99339
Bordeaux................	44.50.26	0,99345
Paris...................	48.50.14	0,99385
Dunkerque..............	51. 2.10	0,99408
Londres.................	51.31. 8	0,09412
Groënland..............	74.32.19	0,99575
Spitzberg...............	70.49.58	0,99604

Tous ces nombres, déterminés à des latitudes différentes, ont entre eux une relation indiquée par la formule suivante :

$$l = 0^m,991033 + 0^m,005638 \sin^2 \alpha,$$

α représentant la latitude du lieu où l'on considère la longueur du pendule qui bat les secondes.

195. *Pendule conique ou régulateur à force centrifuge.* — Quand une machine est destinée à marcher pendant un temps un peu long, il importe que le mouvement soit uniforme ou au moins se rapproche de l'uniformité. Les conséquences que nous avons déduites du principe des vitesses virtuelles, qui seront d'ailleurs confirmées plus loin par l'application du théorème des forces vives appliqué aux machines en mouvement, nous apprennent, en effet, que, si le travail des puissances devient supérieur à celui des résistances, il y a accélération ; et, réciproquement, si le travail des résistances est plus grand que celui des puissances, le mouvement se ralentit : ainsi, dans les deux cas, l'équilibre dynamique est rompu. Il convient donc que le travail des puissances se transmette convenablement aux machines motrices pour que les machines outils exécutent régulièrement le travail auquel elles sont affectées. La théorie générale du volant nous montrera que l'excès du travail des puissances sur celui des résistances, et *vice versâ*, occasionne dans la machine une variation de force vive, qui a pour valeur le double de cet excès. Pour que le mouvement d'une machine s'accomplisse donc avec une moyenne constante, il faut que la valeur moyenne du travail moteur soit égale à la valeur moyenne du travail résistant, pendant un certain nombre de périodes qu'embrasse le mouvement. Cette égalité entre les travaux des puissances et des résistances est réalisée par l'emploi d'organes nommés *régulateurs*. Celui qui est généralement adopté pour les machines à vapeur est le *pendule conique*, qu'on appelle aussi *régulateur à force centrifuge* ou simplement *régulateur à boules*.

Ainsi *tous les régulateurs, quelle que soit leur nature, ont pour objet de conserver à la machine une vitesse constante nommée* vitesse de régime.

Le régulateur dont il s'agit est destiné, par l'action de la force centrifuge, à ramener la machine à la vitesse normale qui lui a été assignée, dès qu'elle est sortie de cette limite.

Cet appareil, dans sa plus grande simplicité, se compose d'un losange ABCD articulé aux quatre sommets (*fig.* 167). Les extrémités supérieures des deux verges AB, AC sont reliées à une tige verticale AX, de position fixe, qui reçoit le mouvement de rotation de la machine au moyen d'une poulie ou de roues d'engrenages. Les extrémités inférieures des deux verges BD, DC sont articulées à un manchon M, qui peut glisser verticalement sur la tige AX. Ce manchon, embrassé par

Fig. 167.

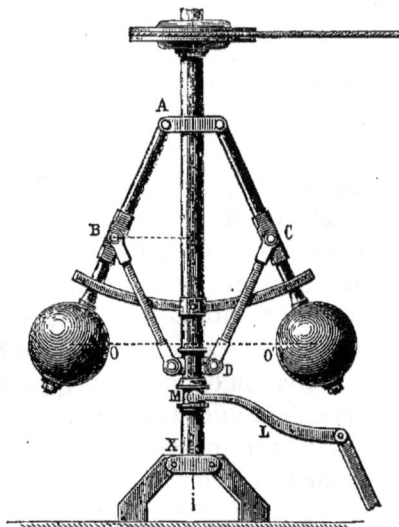

une fourche, fait partie d'un levier L, qui sert à lever ou abaisser soit la vanne d'une roue hydraulique, soit la valve qui règle l'ouverture de passage de la chaudière à la boîte à tiroir.

Il est aisé de comprendre le jeu de cet appareil. Lorsque la machine possède la vitesse de régime ou s'en écarte d'une très-petite quantité, le manchon reste stationnaire, c'est-à-dire que le losange articulé, dans son mouvement de rotation autour de l'axe vertical, conserve la même forme; mais, si la vitesse de la machine croît sensiblement, comme l'appareil reçoit le mouvement par l'intermédiaire des communicateurs que nous avons indiqués, l'accroissement de la force centrifuge qui en résulte fait écarter les boules et, par suite, soulève le manchon. Le levier à fourche qui embrasse ce manchon fait ainsi fermer la vanne de la roue hydraulique ou l'orifice d'admission de la vapeur, ce qui produit une diminution du travail moteur, jusqu'au moment où la machine a repris la vitesse

de régime. Si, au contraire, le mouvement de la machine se
ralentit, la force centrifuge qui agit sur les boules du régulateur diminue, ces boules se rapprochent et le manchon
s'abaisse. Par l'effet de ce mouvement en sens inverse, le levier de transmission fait lever la vanne de la roue, ou ouvrir
l'orifice d'admission de la vapeur. Dans ce cas, le travail moteur croît jusqu'à ce que la machine ait repris sa vitesse normale et que les boules soient revenues à leur écartement primitif.

196. *Conditions de l'établissement du régulateur à force
centrifuge.* — Il faut satisfaire à deux conditions essentielles :
1° quand la machine possède la vitesse de régime, le manchon
doit occuper sur l'axe vertical une position déterminée, ce qui
implique que le losange articulé doit conserver la même forme ;
2° si la vitesse de la machine s'écarte, en plus ou en moins,
de la vitesse de régime, d'une fraction fixée d'avance, la force
centrifuge doit être capable de régler l'ouverture de la vanne
ou de l'orifice d'admission, de manière que le travail moteur
soit en rapport avec le travail résistant.

Fig. 168.

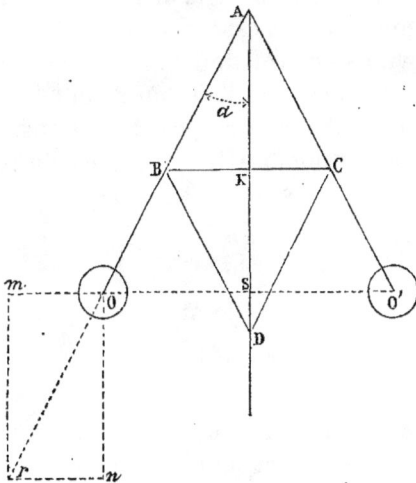

Pour réaliser la première condition, il suffit, connaissant la
vitesse de régime assignée par la nature du travail que l'on

23.

veut produire, de trouver la distance comprise entre le point A et l'horizontale OO', passant par les centres des boules.

La seconde condition consiste à donner aux boules un poids suffisant pour que le régulateur agisse dès que la variation de vitesse a atteint la limite fixée. On est donc conduit à calculer rigoureusement le poids des boules.

1° Appelons P le poids de chaque boule, V_1 la vitesse angulaire du régulateur et R la distance de chaque boule à l'axe vertical. Le mouvement étant uniforme, chaque verge dont nous négligeons le poids sera en équilibre relatif, sous l'action de la force centrifuge et du poids de la boule correspondante, ce qui exige que la résultante Or de ces deux forces (*fig.* 168) soit détruite par la réaction du point A, et par conséquent qu'elle soit dirigée suivant la verge. D'ailleurs, comme les actions combinées de ces deux forces tendent à produire un mouvement autour de ce point, si nous le considérons comme centre des moments, l'équation d'équilibre sera

$$\frac{P}{g}\,V_1^2 R \cdot AS = PR, \quad \text{d'où} \quad AS = \frac{g}{V_1^2}.$$

Il sera donc facile de trouver la distance AS, car le mouvement étant automatique, c'est-à-dire transmis par la machine elle-même, la vitesse de rotation de l'arbre de couche est une des données de la question, d'où l'on déduit la vitesse angulaire V_1 du régulateur par le rapport de la transmission.

Désignant par n le nombre de révolutions du régulateur en une minute, nous aurons

$$V_1 = \frac{2\pi n}{60} = \frac{\pi n}{30} \quad \text{et} \quad V_1^2 = \frac{\pi^2 n^2}{900}.$$

Substituant dans la valeur de AS,

$$AS = \frac{900 \cdot 9,81}{\pi^2 n^2} = \frac{8829}{\pi^2 n^2}.$$

La valeur de AS peut encore être trouvée d'une autre manière. Appelant t le temps d'une révolution du régulateur, d'après les lois du mouvement uniforme, on a

$$V_1 = \frac{2\pi}{t} \quad \text{et} \quad V_1^2 = \frac{4\pi^2}{t^2}.$$

Remplaçant V_1^2 par cette valeur dans l'expression de AS, il viendra

$$AS = \frac{gt^2}{4\pi^2},$$

d'où

$$t^2 = \frac{4\pi^2 AS}{g} \quad \text{et} \quad t = 2\pi\sqrt{\frac{AS}{g}},$$

ce qui nous apprend que *la durée d'une révolution du pendule conique est le double de celle d'une oscillation du pendule simple, qui aurait pour longueur la distance du sommet de l'axe vertical à l'horizontale, passant par les centres de gravité des boules.* Pour trouver expérimentalement cette distance, il suffit de suspendre une balle de plomb à un fil inextensible et de chercher par tâtonnement, en allongeant ce fil au-dessous du point de suspension, la longueur du pendule simple dont la durée de l'oscillation soit la moitié de celle d'une révolution du pendule conique. Il est facile de trouver également la distance AD du manchon à l'extrémité de la tige, quand la machine possède la vitesse de régime. A cet effet, menons la diagonale BC du losange et appelons α l'angle d'écart de chaque verge. Le triangle rectangle ABK donne la relation suivante :

$$AK = AB\cos\alpha \quad \text{et} \quad 2AK \text{ ou } AD = 2AB\cos\alpha.$$

De même, si nous considérons le triangle AOS, nous aurons

$$AS = AO\cos\alpha, \quad \text{d'où} \quad \cos\alpha = \frac{AS}{AO}.$$

Remplaçant $\cos\alpha$ par cette valeur dans l'expression de AD,

$$AD = \frac{2AB}{AO}AS.$$

Substituant à AS sa valeur $\frac{g}{V_1^2}$, précédemment trouvée,

$$AD = \frac{2AB}{AO}\frac{g}{V_1^2}.$$

Nous aurons ainsi la position du manchon sur la tige verticale, quand la machine possède la vitesse de régime, pourvu

que la longueur des verges et la grandeur des côtés du losange
soient données. Par une simple construction géométrique, on
pourra construire le losange. En effet, les centres des boules
étant situés sur une horizontale distante du point A d'une

quantité $AS = \dfrac{g}{V_1^2}$, si de ce point on décrit un arc de cercle de

rayon AO, égal à la longueur de l'une des verges, les points
de rencontre de cet arc avec l'horizontale seront les positions
des centres des boules. D'autre part, comme les côtés du losange sont donnés d'après la constitution organique de la machine, en fonction de la longueur des verges, si du sommet B
on abaisse une perpendiculaire BK sur la verticale du point A,
en prenant $KD = AK$, on aura évidemment la position du
manchon. La seconde relation peut encore servir à résoudre

la même question; car, la longueur $AD = \dfrac{2\,AB}{AO}\dfrac{g}{V_1^2}$ étant con-

nue, on est ramené à construire un triangle, connaissant les
longueurs des trois côtés.

2° Nous avons dit que, la vitesse de la machine croissant de
plus en plus, le travail moteur l'emporte sur le travail résistant
et qu'il convient, pour rétablir l'équilibre dynamique, de diminuer l'action de la force motrice, en abaissant la vanne ou en ré-
trécissant l'orifice d'admission. Or, pour que ces effets puissent
avoir lieu, le manchon doit éprouver certaines résistances, provenant du frottement et du poids des pièces qui transmettent
le mouvement à la vanne ou à la valve régulatrice. Ces résistances peuvent être approximativement estimées par l'expérience, en faisant passer sur une poulie de renvoi une corde,
sur laquelle on suspend des poids, en quantité suffisante pour
que le manchon commence à se mouvoir verticalement.

Appelons p la résultante de toutes les résistances suppor-
tées par le manchon et soit DS' (*fig.* 169) la longueur qui représente son intensité. Cette force DS' se décompose en deux
autres, l'une DF agissant dans la direction de la verge BD, et
l'autre ED suivant la verge DC. Le point d'application de la
composante DF peut être transporté au point B, où elle se décompose en deux autres, l'une BN verticale et l'autre BI dirigée suivant la verge BA. Cette dernière est évidemment
détruite par la réaction du point A. A cause de l'égalité des

triangles NBF′, S′DF, la composante BN sera égale à DS′ ou p, résistance qu'éprouve le manchon. Remarquons encore que la force BN peut aussi être décomposée en deux autres : l'une

Fig. 169.

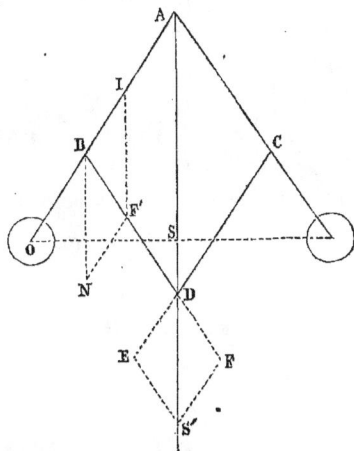

verticale passant par le point fixe A, qui sera d'un effet nul, et l'autre parallèle et de même sens, appliquée au centre de la boule. Cette composante viendra s'ajouter au poids même de la boule. D'après ce que nous avons vu sur la composition et la décomposition des forces parallèles, sa grandeur sera

$$p\,\frac{AB}{AO}.$$

Ainsi la force verticale, appliquée au centre de gravité de chaque boule, aura pour valeur

$$P + p\,\frac{AB}{AO}.$$

Cela posé, imposons-nous la condition que la force centrifuge des boules soit capable de soulever le manchon, dès que la variation de vitesse sera une fraction $\frac{1}{K}$ de la valeur normale. Dans ce cas, la vitesse angulaire sera devenue

$$V_1 + \frac{V_1}{K} = V_1\left(1 + \frac{1}{K}\right).$$

Pour plus de simplicité dans les calculs, posons $\frac{1}{K} = n$. Alors, dans l'équation d'équilibre, la vitesse angulaire V_1 sera remplacée par $(n + 1)V_1$, ce qui donnera $MV_1^2(1 + n)^2 R$ pour la valeur de la force centrifuge. Prenant, comme précédemment, le point A pour centre des moments, nous aurons l'équation d'équilibre suivante :

$$\left(P + p\,\frac{AB}{OA} \right) R = \frac{P}{g}\, V_1^2 R\, (1 + n)^2 AS.$$

Divisant les deux membres par R et remplaçant AS par sa valeur $\frac{g}{V_1^2}$,

$$P + p\,\frac{AB}{OA} = \frac{P}{g}\, V_1^2 (1 + n)^2 \frac{g}{V_1^2} \quad \text{ou} \quad P + p\,\frac{AB}{OA} = P(1 + n)^2,$$

d'où

$$P(1 + n)^2 - P = p\,\frac{AB}{OA} \quad \text{et} \quad P(1 + n^2 + 2n) - P = p\,\frac{AB}{OA}.$$

La quantité n^2, étant très-petite, pourra être négligée. Il viendra donc

$$P(1 + 2n - 1) = p\,\frac{AB}{OA}, \quad \text{d'où} \quad P = p\,\frac{AB}{2n\,OA}.$$

Substituant à n sa valeur $\frac{1}{K}$, nous aurons

$$P = \frac{p\,KAB}{2\,OA}.$$

Si la vitesse s'écartait en moins de la vitesse de régime, le manchon éprouverait une résistance en sens contraire et, par conséquent, glisserait de haut en bas. Dans ce cas, on doit remplacer p par $-p$ et la vitesse angulaire par $V_1 - \frac{V_1}{K}$ ou $V_1\left(1 - \frac{1}{K}\right)$, ce qui revient à mettre $-K$ à la place de K dans l'équation finale ; et, comme le produit de deux quantités de même signe est toujours positif, nous voyons que l'équation qui donne le poids des boules ne change pas.

On peut d'ailleurs parvenir directement au même résultat en remplaçant $V_1\left(1+\dfrac{1}{K}\right)$ par $V_1\left(1-\dfrac{1}{K}\right)$ dans l'équation générale d'équilibre.

On a ainsi

$$\left(P - p\,\frac{AB}{AO}\right)R = \frac{P}{g}\,V_1^2\,(1-n)^2\,R.\,AS.$$

Faisant les mêmes réductions que précédemment,

$$P - p\,\frac{AB}{AO} = P(1-n)^2,$$

$$P - P(1-n)^2 = p\,\frac{AB}{AO},$$

$$P - P(1 + n^2 - 2n) = p\,\frac{AB}{AO}.$$

Faisant abstraction de n^2,

$$2Pn = p\,\frac{AB}{AO},$$

d'où

$$P = p\,\frac{AB}{2n\,AO} \quad \text{ou} \quad P = \frac{p\,K.\,AB}{2\,AO}.$$

La valeur de n dépend du travail que l'on veut produire. Elle varie de $\frac{1}{10}$ à $\frac{1}{20}$ et même, d'après M. Poncelet, on peut la porter à $\frac{1}{50}$; mais, pour qu'on n'ait pas à craindre que les boules rencontrent le levier à fourche qui embrasse le manchon, on fait le rapport $\dfrac{AB}{AO} = \frac{2}{3}$. Si les longueurs des verges et des côtés du losange sont ainsi réglées entre elles, en faisant successivement $K = 20$ et $K = 50$, on aura

$$P = \frac{20\,p.\,AB}{2\,AO} = \frac{2.\,20\,p}{2.\,3} = 6{,}67\,p,$$

$$P = \frac{50.\,2\,p}{3.\,2} = \frac{50\,p}{3} = 16{,}67\,p.$$

Nous voyons qu'il doit exister une certaine relation entre le poids des boules et le degré de sensibilité de l'appareil, et que ce poids peut devenir très-considérable si l'on veut que le régulateur soit très-sensible. Toutefois on peut obvier à cet inconvénient en diminuant le rapport $\dfrac{AB}{AO}$, c'est-à-dire en augmentant la valeur de AO par rapport à AB, ce qui nous conduit à donner à l'appareil une autre disposition, que nous étudierons plus loin.

Pour établir la formule précédente, on a négligé le poids des verges. La force centrifuge que nous avons fait intervenir et qui résulte du poids des boules seulement est donc trop faible ; mais comme la différence est très-petite, et que d'ailleurs elle sert à vaincre les frottements dont nous avons fait abstraction, on peut se contenter, pour les besoins de la pratique, des nombres obtenus par l'application de la formule théorique. On a trouvé qu'en tenant compte du poids des verges il n'en résulterait environ qu'une diminution de $\frac{1}{125}$ pour le poids des boules calculé d'après la formule.

197. *Amplitude du mouvement du manchon.* — Au moyen de ces formules, il est aisé de trouver les positions des boules et du manchon, quand le régulateur passe successivement à des vitesses différentes. Nous verrons plus loin, après avoir décrit les différents types de cet appareil, comment cette question peut être traitée dans toute sa généralité. Dans le cas simple du régulateur à forme de losange, bornons-nous à chercher le déplacement vertical des boules pour une variation quelconque de vitesse.

Nous avons trouvé précédemment

$$AS \quad \text{ou} \quad x = \frac{g}{V_1^2}.$$

Désignons par x' cette distance quand le régulateur possédera une vitesse $V_1'' = V_1(1 + n')$. Si nous appelons R' la nouvelle distance du centre des boules à l'axe, l'équation d'équilibre sera

$$\frac{P}{g} V_1''^2 R' x' = \left(P + p\, \frac{AB}{OA} \right) R'$$

ou

$$P V_1''^2 x' = \left(P + p\, \frac{AB}{OA} \right) g,$$

d'où

$$x' = \frac{\left(P + p\,\dfrac{AB}{OA}\right) g}{P V''^2_{1_{,2}}}.$$

Remplaçant V''^2_1 par sa valeur $V^2_1 (1 + n')^2$,

$$x' = \frac{\left(P + p\,\dfrac{AB}{OA}\right) g}{P\left(1 + n'^2 + 2 n'\right) V^2_1}.$$

Négligeant le terme n'^2,

$$x' = \frac{\left(1 + \dfrac{p}{P}\,\dfrac{AB}{OA}\right) g}{\left(1 + 2 n'\right) V^2_1}.$$

Il est visible que par un simple tracé on déterminera la position du manchon et par suite l'amplitude du mouvement à partir de la position moyenne.

Le déplacement vertical des boules a pour valeur $x - x'$. On aura donc

$$x - x' = \frac{g}{V^2_1} - \frac{\left(1 + \dfrac{p}{P}\,\dfrac{AB}{OA}\right) g}{\left(1 + 2 n\right) V^2_1}.$$

Quand le régulateur affecte la forme d'un losange, le déplacement vertical du sommet B est la moitié du chemin parcouru par le manchon. En effet, si l'on fait mouvoir le point D jusqu'à ce qu'il se confonde avec le sommet A, ce point aura décrit la diagonale AD du losange, et les deux côtés BD, DC étant venus dans le prolongement l'un de l'autre, les points B et C se seront élevés d'une quantité AK égale à la moitié de AD. Il est d'ailleurs facile d'établir cette proposition pour un déplacement quelconque. Considérons, à cet effet, le losange ABCD (*fig.* 170) et supposons que le centre O de la boule ait décrit l'arc de cercle OO'. Le losange articulé prendra la forme AB'D'C', le point D qui représente la position moyenne du manchon se sera élevé d'une quantité DD', et K*m* projection de l'arc BB' sur la verticale sera l'élévation du sommet B' au-dessus de la position qu'il occupait primitivement. Dans le losange ABCD, nous aurons

$$AD = 2\,AK;$$

de même, dans le losange $AB'D'C'$, on aura

$$AD' = 2\,A\,m.$$

Retranchant membre à membre,

$$AD - AD' \quad \text{ou} \quad DD' = 2(AK - A\,m) = 2\,K\,m.$$

Remarquons que $x - x'$ étant le déplacement correspondant des boules, comme les chemins décrits par les points O et B

Fig. 170.

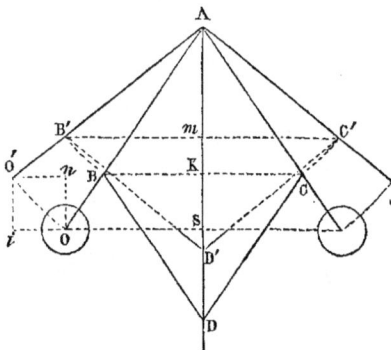

sont proportionnels aux longueurs AO et AB, si y représente la quantité dont s'est élevé le point B, il viendra

$$\frac{x - x'}{y} = \frac{AO}{AB}, \quad \text{d'où} \quad y = \frac{AB}{AO}(x - x').$$

Appelant h le déplacement du manchon, on aura

$$h = 2(x - x')\frac{AB}{AO}.$$

Second dispositif. — La formule $P = \dfrac{p\,K.AB}{2\,AO}$, relative au régulateur à forme de losange, nous montre que le poids croît en raison directe de la résistance supportée par le manchon et du degré de sensibilité de l'appareil. Si donc cette résistance devient relativement considérable et que l'appareil soit destiné à fonctionner pour une variation de vitesse très-petite, le poids des boules peut devenir très-grand, à moins que l'on ne diminue sensiblement $\frac{AB}{AO}$, ce qui nous conduit à donner au régulateur une nouvelle disposition, dans laquelle on fait $AO = 3AB$ et $4AB$ (*fig.* 171).

Fig. 171.

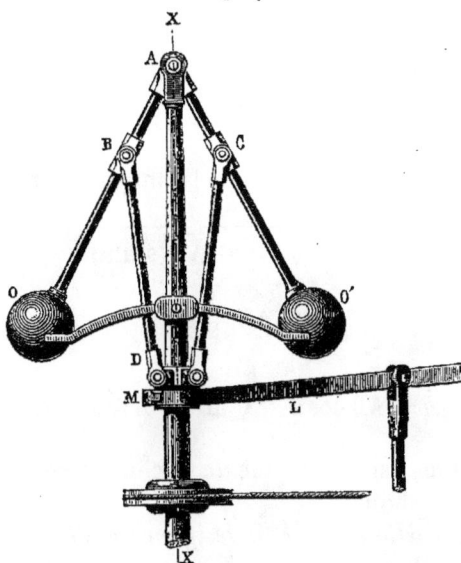

Dans cette nouvelle forme donnée à l'appareil les côtés opposés du quadrilatère articulé ne sont pas égaux entre eux. Les tiges reliées au manchon sont plus grandes que les côtés du quadrilatère, articulés au sommet de la tige verticale. On donne aux deux premières une longueur à peu près égale à la longueur AO de la verge comprise entre le point A et le centre de la boule (*fig.* 171). La théorie de ce régulateur devient très-compliquée, et, pour éviter des constructions graphiques qui ne donneraient que des résultats peu exacts, on est obligé d'avoir recours au calcul des infiniment petits. Le lecteur qui possède les premières notions du Calcul infinitésimal pourra se rendre compte de la mise en équation du problème en se pénétrant bien de l'esprit qui préside à la recherche des infiniment petits d'une fonction.

Désignons par α l'angle formé par les verges des boules avec l'axe vertical, et par h la distance du sommet A de cet axe à la position du manchon indiquée par le point D lorsque la machine possède la vitesse de régime. (*La fig.* 170 *du premier dispositif sert à la démonstration.*)

Du triangle rectangle ABK on déduit

$$AK = AB \cos\alpha,$$

et du triangle BKD

$$KD = \sqrt{\overline{BD}^2 - \overline{BK}^2}.$$

Comme $BK = AB \sin\alpha$, en remplaçant, nous aurons

$$KD = \sqrt{\overline{BD}^2 - \overline{AB}^2 \sin^2\alpha};$$

or

$$h = AK + KD;$$

donc

$$h = AB \cos\alpha + \sqrt{\overline{BD}^2 - \overline{AB}^2 \sin^2\alpha}.$$

Représentons par le symbole dh le chemin élémentaire décrit par le manchon.

(*La caractéristique d sert à désigner des différences infiniment petites. Placée à gauche d'une quantité finie représentée algébriquement, on a ainsi un terme infiniment petit, qui se nomme la* différentielle *de cette quantité.*)

Pour la valeur du déplacement élémentaire on aura

$$dh = -AB \sin\alpha\, d\alpha - \frac{AB \cos\alpha\, d\alpha \sin\alpha}{\sqrt{\overline{BD}^2 - \overline{AB}^2 \sin^2\alpha}}$$

ou

$$dh = -AB \sin\alpha\, d\alpha \left(1 + \frac{AB \cos\alpha}{\sqrt{\overline{BD}^2 - \overline{AB}^2 \sin^2\alpha}}\right).$$

Si nous multiplions cette expression par l'effort p que supporte le manchon, nous aurons le travail élémentaire de cette force

$$- \mathrm{AB} \sin\alpha\, d\alpha \left(1 + \frac{\mathrm{AB} \cos\alpha}{\sqrt{\overline{\mathrm{BD}}^2 - \overline{\mathrm{AB}}^2 \sin^2\alpha}} \right) p.$$

Quand le manchon décrit le chemin élémentaire dh, le centre O de la boule décrit l'arc infiniment petit OO′ qui, exprimé en degrés, est une différentielle de l'angle α et que nous désignerons conséquemment par $d\alpha$. Pour avoir sa valeur métrique, il suffit de multiplier par le rayon OA et le produit OA$d\alpha$ sera un infiniment petit de l'arc développé α, dont le centre est en A. Or, comme le poids et la force centrifuge agissent obliquement à la direction du chemin parcouru, pour avoir leurs travaux élémentaires respectifs, il faudra multiplier ces forces par les projections du chemin sur leurs directions. La projection de l'arc élémentaire OO′ sur la direction de la force centrifuge étant Oi, le triangle rectangle iOO′ donnera

$$\mathrm{O}i = \mathrm{OO}' \times \cos i\mathrm{OO}',$$

et, comme l'angle iOO′ est égal à l'angle α,

$$\mathrm{O}i = \mathrm{OO}' \times \cos\alpha.$$

Remplaçant OO′ par sa valeur OA$d\alpha$,

$$\mathrm{O}i = \mathrm{OA} \cos\alpha\, d\alpha.$$

Pour une boule, la force centrifuge a pour valeur $\dfrac{\mathrm{P}}{g} \mathrm{V}_1'^2 \mathrm{R}$, et, comme le rayon $\mathrm{R} = \mathrm{AO} \sin\alpha$, le travail élémentaire de cette force sera exprimé par $\dfrac{\mathrm{P}}{g} \mathrm{V}_1'^2 \overline{\mathrm{AO}}^2 \cos\alpha \sin\alpha\, d\alpha$.

La projection de l'arc OO′ sur la verticale étant On, le travail élémentaire développé par le poids de chaque boule sera

$$\mathrm{P} \times \mathrm{O}n;$$

or

$$\mathrm{O}n = \mathrm{OO}' \sin\alpha = \mathrm{OA} \sin\alpha\, d\alpha,$$

d'où

$$\mathrm{P} \times \mathrm{O}n = \mathrm{P}.\mathrm{OA} \sin\alpha\, d\alpha.$$

En vertu du principe des travaux élémentaires, pour qu'il y

ait équilibre, il faut que le travail des puissances soit égal à celui des résistances ou que la somme algébrique des forces qui agissent sur le système soit égale à zéro.

Donc l'équation d'équilibre sera

$$2 \frac{P}{g} V_1'^2 \overline{AO}^2 \cos\alpha \sin\alpha \, d\alpha - 2 POA \sin\alpha \, d\alpha$$

$$- AB \sin\alpha \, d\alpha \left(1 + \frac{AB \cos\alpha}{\sqrt{\overline{BD}^2 - \overline{AB}^2 \sin^2\alpha}} \right) p = 0.$$

Pour trouver la position des boules qui correspondent à la vitesse de régime, remarquons que, dans ce cas, le manchon étant stationnaire, l'effort qu'il supporte est nul. Si donc nous faisons $p = 0$, le troisième terme s'évanouit et l'équation d'équilibre devient

$$2 \frac{P}{g} V_1^2 \overline{AO}^2 \cos\alpha - 2 POA = 0,$$

après avoir divisé par $\sin\alpha \, d\alpha$ et remplacé V_1' par la vitesse de régime V_1, puisque la variation de vitesse ne s'est pas encore produite.

De là, en réduisant, on a

$$\frac{V_1^2}{g} AO \cos\alpha = 1;$$

or

$$AO \cos\alpha = AS;$$

donc

$$AS = \frac{g}{V_1^2},$$

résultat identique à celui que nous avons déjà trouvé quand le quadrilatère articulé est un losange.

Cette relation nous servira à trouver le poids des boules concurremment avec l'équation générale d'équilibre, lorsque le régulateur a pris la vitesse

$$V_1' = V_1 + \frac{V_1}{K} \quad \text{ou} \quad V_1(1 + n).$$

Il suffira de remplacer dans cette équation $\cos\alpha$ par sa valeur déduite de

$$AS = \frac{g}{V_i^2} = AO\cos\alpha,$$

qui donne

$$\cos\alpha = \frac{g}{AOV_i^2}.$$

Faisant d'abord passer dans le second membre le terme qui contient le facteur p, on aura

$$\frac{2PV_i'^2\overline{AO}^2\cos\alpha}{g} - 2POA = AB\left(1 + \frac{AB\cos\alpha}{\sqrt{\overline{BD}^2 - \overline{AB}^2\sin^2\alpha}}\right)p;$$

faisant la substitution indiquée pour $\cos\alpha$ et divisant les deux membres par $2AO$,

$$\frac{PV_i'^2}{V_i^2} - P = \frac{AB}{2AO}\left(1 + \frac{ABg}{AOV_i^2\sqrt{\overline{BD}^2 - \overline{AB}^2\sin^2\alpha}}\right)p.$$

Remplaçant $V_i'^2$ par sa valeur $V_i^2(1+n)^2$ en fonction de la vitesse de régime,

$$P\left[\frac{V_i^2(1+n)^2}{V_i^2} - 1\right] = \frac{AB}{2AO}\left(1 + \frac{ABg}{AOV_i^2\sqrt{\overline{BD}^2 - \overline{AB}^2\sin^2\alpha}}\right)p$$

ou

$$P(1 + n^2 + 2n - 1) = \frac{AB}{2AO}\left(1 + \frac{ABg}{AOV_i^2\sqrt{\overline{BD}^2 - \overline{AB}^2\sin^2\alpha}}\right)p.$$

Négligeant le terme n^2 qui est très-petit, on a

$$P = \frac{AB}{4AOn}\left(1 + \frac{ABg}{AOV_i^2\sqrt{\overline{BD}^2 - \overline{AB}^2\sin^2\alpha}}\right)p.$$

Faisant passer le facteur AOV_i^2 sous le radical,

$$P = \frac{AB}{4AOn}\left[1 + \frac{ABg}{\sqrt{(\overline{BD}^2 - \overline{AB}^2\sin^2\alpha)V_i^4\overline{AO}^2}}\right]p;$$

si nous effectuons la multiplication indiquée sous le radical, on aura

$$P = \frac{AB}{4 AO n}\left(1 + \frac{AB\,g}{\sqrt{\overline{BD}^2\,V_1^4\,\overline{AO}^2 - \overline{AB}^2\,V_1^4\,\overline{AO}^2\,\sin^2\alpha}}\right) p.$$

Or

$$AO \sin\alpha = OS \quad \text{et} \quad \overline{OS}^2 = \overline{AO}^2 - \overline{AS}^2 = \overline{AO}^2 - \frac{g^2}{V_1^4};$$

donc

$$\overline{AO}^2 \sin^2\alpha = \overline{AO}^2 - \frac{g^2}{V_1^4}.$$

Remplaçons sous le radical $\overline{AO}^2 \sin^2\alpha$ par cette valeur,

$$P = \frac{AB}{4 AO n}\left(1 + \frac{AB\,g}{\sqrt{\overline{BD}^2\,V_1^4\,\overline{AO}^2 - \overline{AB}^2\,V_1^4\left(\overline{AO}^2 - \frac{g^2}{V_1^4}\right)}}\right);$$

effectuant la multiplication sous le radical,

$$P = \frac{AB}{4 AO n}\left(1 + \frac{AB\,g}{\sqrt{\overline{BD}^2\,V_1^4\,\overline{AO}^2 - \overline{AB}^2\,V_1^4\,\overline{AO}^2 + \overline{AB}^2\,g^2}}\right) p;$$

mettant sous le radical la quantité $V_1^4\,\overline{AO}^2$ en facteur commun,

$$P = \frac{AB}{4 AO n}\left[1 + \frac{AB\,g}{\sqrt{(\overline{BD}^2 - \overline{AB}^2)\,V_1^4\,\overline{AO}^2 + \overline{AB}^2\,g^2}}\right] p.$$

Cette relation nous montre que le poids des boules ne dépend pas seulement, comme dans le premier dispositif, du rapport $\frac{AB}{AO}$ et de la variation de la vitesse angulaire, mais encore des quantités BD, V_1 et AB considérées d'une manière absolue.

Il est aisé de voir que la théorie du régulateur, qui affecte la forme d'un losange, rentre dans le cas que nous venons de traiter, car, la figure devenant un losange, BD = AB; conséquemment le terme $(\overline{BD}^2 - \overline{AB}^2)\,V_1^4\,\overline{AO}^2 = 0$, et il reste

$$P = \frac{AB}{4 AO n}\left(1 + \frac{AB\,g}{\sqrt{\overline{AB}^2\,g^2}}\right) p,$$

$$P = \frac{AB}{4 AO n}\left(1 + \frac{AB\,g}{AB\,g}\right) p = \frac{2 AB}{4 AO n} p = \frac{AB}{2 AO n} p.$$

Remplaçant n par $\frac{1}{K}$, il vient

$$P = \frac{AB.Kp}{2\,AO},$$

résultat que nous avons déjà trouvé directement.

Le rapport $\frac{AB}{AO}$ étant égal à $\frac{1}{3}$, comme ordinairement $BD = 3,5 \times AB$ et $n = \frac{1}{50}$, en remplaçant par ces données numériques, nous aurons

$$P = \frac{50}{12}\left(1 + \frac{AB\,g}{\sqrt{\left(\frac{49}{4}\overline{AB}^2 - \overline{AB}^2\right)V_1^4\,9\overline{AB}^2 + \overline{AB}^2\,g^2}}\right)p,$$

$$P = 4,17\left(1 + \frac{AB\,g}{\sqrt{\frac{45}{4}V_1^4 \times 9\overline{AB}^4 + \overline{AB}^2\,g^2}}\right)p,$$

$$P = 4,17\left(1 + \frac{AB\,g}{\sqrt{\dfrac{405\,\overline{AB}^4\,V_1^4 + 4\,\overline{AB}^2\,g^2}{4}}}\right)p,$$

$$P = 4,17\left(1 + \frac{AB\,g}{\sqrt{\dfrac{\overline{AB}^2}{4}\left(405\,\overline{AB}^2\,V_1^4 + 4\,g^2\right)}}\right)p,$$

$$P = 4,17\left(1 + \frac{AB\,g}{\dfrac{AB}{2}\sqrt{405\,\overline{AB}^2\,V_1^4 + 4\,g^2}}\right)p,$$

$$P = 4,17\left(1 + \frac{2\,g}{\sqrt{405\,\overline{AB}^2\,V_1^4 + 4\,g^2}}\right)p.$$

Troisième dispositif. — Dans la disposition précédente donnée au régulateur, on doit, ainsi que nous l'avons établi, augmenter le rapport $\frac{OA}{AB}$, ce qui oblige à allonger considé-rablement les verges et à placer le manchon bien au-dessous des boules, pour éviter que, dans leur mouvement de rota-tion autour de l'axe vertical, elles viennent rencontrer le le-vier à fourche. On obvie à cet inconvénient par l'emploi d'un

24.

troisième dispositif qui tient du premier par la forme en losange du quadrilatère articulé et du second par la grandeur du rapport $\dfrac{OA}{AB}$. Le manchon est placé au sommet de la tige; par conséquent le sommet fixe du losange occupe une position intermédiaire entre les boules et le manchon. Les tiges auxquelles sont adaptées les boules, au lieu d'être disposées dans le prolongement des côtés du losange, forment avec ces côtés un angle β que l'on fait généralement égal à 30 degrés (*fig.* 172 et 173). Désignons, comme précédemment, par α

Fig. 172.

Fig. 173.

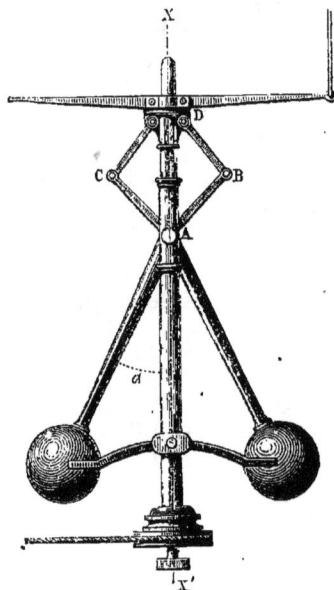
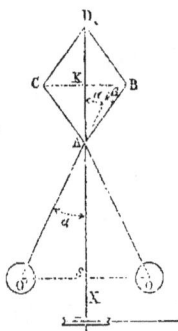

l'angle des verges avec la verticale et par *h* la distance AD du point fixe A à la position qu'occupe le manchon, quand la machine possède la vitesse de régime.

Du triangle AKB on déduit

$$AK = AB\cos(\alpha + \beta),$$

d'où

$$2AK \quad \text{ou} \quad h = 2AB\cos(\alpha + \beta).$$

L'infiniment petit dh, ou le chemin élémentaire parcouru par le manchon, a pour valeur

$$- 2\,AB \sin(\alpha + \beta)\, d\alpha.$$

En vertu du principe des vitesses virtuelles, V'_1 étant la limite que doit prendre la machine pour que le manchon soit sur le point d'être soulevé, l'équation d'équilibre sera

$$2\,\frac{P}{g}\overline{AO}^2\,V'^2_1 \cos\alpha \sin\alpha\, d\alpha - 2\,P.AO \sin\alpha\, d\alpha - 2\,AB \sin(\alpha + \beta)\, d\alpha\, p = 0.$$

Divisant par $2 \sin\alpha\, d\alpha$, il vient

$$\frac{P}{g}\overline{AO}^2\,V'^2_1 \cos\alpha - P.AO - AB\,\frac{\sin(\alpha + \beta)}{\sin\alpha}\, p = 0.$$

Lorsque la machine possède la vitesse de régime, l'effort supporté par le manchon étant nul, le troisième terme s'évanouit, et l'équation devient

$$\frac{P}{g}\overline{AO}^2\,V^2_1 \cos\alpha - P.AO = 0.$$

Divisant par P.AO, on a

$$\frac{AO \cos\alpha\,V^2_1}{g} - 1 = 0, \quad \text{d'où} \quad AO \cos\alpha = \frac{g}{V^2_1}.$$

Or, dans le triangle rectangle AOS, on a $AS = AO \cos\alpha$. Donc

$$AS = \frac{g}{V^2_1}.$$

Si dans l'équation générale d'équilibre on transporte le troisième terme dans le second membre, après avoir divisé par AO, on a

$$\frac{P}{g}\,AOV'^2_1 \cos\alpha - P = \frac{AB}{AO}\,\frac{\sin(\alpha + \beta)}{\sin\alpha}\, p.$$

Or

$$AO \cos\alpha = \frac{g}{V'^2_1}.$$

En substituant, il viendra

$$\frac{P}{g} V_1'^2 \frac{g}{V_1^2} - P = \frac{AB}{AO} \frac{\sin(\alpha + \beta)}{\sin \alpha} p,$$

ou

$$P \left(\frac{V_1'^2}{V_1^2} - 1 \right) = \frac{AB}{AO} \frac{\sin(\alpha + \beta)}{\sin \alpha} p,$$

$$P \left(\frac{V_1'^2 - V_1^2}{V_1^2} \right) = \frac{AB}{AO} \frac{\sin(\alpha + \beta)}{\sin \alpha} p.$$

Déduisant la valeur de P, on a

$$P = \frac{V_1^2}{V_1'^2 - V_1^2} \frac{AB}{AO} \frac{\sin(\alpha + \beta)}{\sin \alpha} p.$$

Remplaçons $\sin(\alpha + \beta)$ par sa valeur,

$$P = \frac{V_1^2}{V_1'^2 - V_1^2} \frac{AB}{AO} \frac{\sin\alpha \cos\beta + \sin\beta \cos\alpha}{\sin \alpha} p,$$

$$P = \frac{V_1^2}{V_1'^2 - V_1^2} \frac{AB}{AO} (\cos\beta + \sin\beta \cotang\alpha) p,$$

ou

$$P = \frac{V_1^2}{V_1'^2 - V_1^2} \frac{AB}{AO} \left(\cos\beta + \frac{\sin\beta}{\tang\alpha} \right) p.$$

Or

$$\tang\alpha = \frac{SO}{SA} = \frac{\sqrt{\overline{AC}^2 - \frac{g^2}{V_1^4}}}{SA} = \sqrt{\overline{AO}^2 - \frac{g^2}{V_1^4}} : \frac{g}{V_1^2},$$

ou

$$\tang\alpha = \frac{\sqrt{\overline{AO}^2 V_1^4 - g^2}}{V_1^4} : \frac{g}{V_1^2},$$

$$\tang\alpha = \frac{\sqrt{\overline{AO}^2 V_1^4 - g^2}}{V_1^4} \times \frac{V_1^2}{g},$$

$$\tang\alpha = \frac{\sqrt{\overline{AO}^2 V_1^4 - g^2}}{g}.$$

Par conséquent

$$\frac{\sin\beta}{\tang\alpha} = \frac{\sin\beta\, g}{\sqrt{\overline{AO}^2 V_1^4 - g^2}}.$$

Introduisant cette valeur dans l'expression générale de P, il vient

$$P = \frac{V_1^2}{V_1'^2 - V_1^2} \frac{AB}{AO} \left(\cos\beta + \frac{\sin\beta \, g}{\sqrt{\overline{AO}^2 \, V_1^4 - g^2}} \right) p.$$

Comme dans les cas précédents, faisons $V_1' = V_1(1 + n)$;

$$P = \frac{V_1^2}{V_1^2(1+n)^2 - V_1^2} \frac{AB}{AO} \left(\cos\beta + \sin\beta \frac{g}{\sqrt{\overline{AO}^2 \, V_1^4 - g^2}} \right) p,$$

ou

$$P = \frac{AB}{2\,n\,AO} \left(\cos\beta + \sin\beta \frac{g}{\sqrt{\overline{AO}^2 \, V_1^4 - g^2}} \right) p.$$

Si à la quantité n nous substituons $\frac{1}{K}$, nous aurons

$$P = \frac{p\,K.AB}{2\,AO} \left(\cos\beta + \sin\beta \frac{g}{\sqrt{\overline{AO}^2 \, V_1^4 - g^2}} \right).$$

Remplaçant K par 50 et le rapport $\frac{AB}{AO}$ par $\frac{1}{3}$,

$$P = 8,33\,p \left(\cos\beta + \sin\beta \frac{g}{\sqrt{\overline{AO}^2 \, V_1^4 - g^2}} \right).$$

Si nous faisons $\beta = 0$, auquel cas les verges des boules sont dans le prolongement des côtés du losange, on a

$$P = \frac{p\,K.AB}{2\,AO},$$

expression que nous avons déjà trouvée pour le premier dispositif et qu'on aurait pu obtenir directement en décomposant la force p en deux autres, suivant les côtés du losange.

La quantité renfermée entre parenthèses étant plus grande que l'unité, on voit que l'angle β, formé par les verges des boules avec les côtés du losange, a pour effet d'accroître le poids des boules. En résumé, ces conditions théoriques serviront à fixer le constructeur sur le choix du dispositif, d'après la constitution organique de la machine.

Conditions relatives aux vitesses maxima et minima que doit prendre la machine. — Pour que l'appareil fonctionne efficacement, il faut qu'à des vitesses limites fixées d'avance l'orifice puisse être complétement ouvert ou fermé; car il est certain que le manchon restera immobile, si la vitesse ne dépasse pas, soit en plus, soit en moins, la vitesse $V'_1 = V_1(1 + n)$.

Désignons par h' et h'' les hauteurs du point fixe A au-dessus des positions que devra occuper le manchon pour que l'orifice soit entièrement fermé ou ouvert et par α', α'' les angles d'écart des verges, qui correspondent à ces positions. Appelons V''_1 et V'''_1 les vitesses maxima et minima que l'on veut laisser prendre à la machine pour qu'il en soit ainsi. Posons à cet effet

$$V''_1 = V_1(1 + n') \quad \text{et} \quad V'''_1 = V_1(1 - n'').$$

Considérons le cas où le quadrilatère articulé est un losange (*fig.* 168). En établissant successivement les conditions d'équilibre pour ces différentes vitesses par le principe des travaux élémentaires ou par le théorème des moments, nous aurons les quatre équations suivantes :

$$(1) \qquad \frac{P}{g} V_1^2 \overline{AO}^2 \cos\alpha - P.AO = 0$$

lorsque la machine possède la vitesse de régime;

$$(2) \qquad \frac{P}{g} V_1'^2 \overline{AO}^2 \cos\alpha - P.AO - p\,AB = 0$$

si la machine a pris la vitesse assignée pour que le manchon puisse être soulevé;

$$(3) \qquad \frac{P}{g} V_1''^2 \overline{AO}^2 \cos\alpha' - P.AO - p\,AB = 0$$

pour la vitesse maxima qui correspond à la fermeture de l'orifice;

$$(4) \qquad \frac{P}{g} V_1'''^2 \overline{AO}^2 \cos\alpha'' - P.AO + p\,AB = 0$$

pour la vitesse minima relative à l'ouverture complète de l'orifice.

Déduisons de la première équation la valeur de AO cos α. En divisant par P.AO, il vient

$$\frac{V_1^2 AO \cos\alpha}{g} - 1 = 0,$$

d'où

$$AO \cos\alpha = SA = \frac{g}{V_1^2}.$$

La seconde équation peut être transformée en une équation équivalente donnant le poids de chaque boule. Faisons passer, à cet effet, le terme pAB dans le second membre, et divisons par AO

$$\frac{PV_1'^2 AO \cos\alpha}{g} - P = p \frac{AB}{AO}.$$

Remplaçant AO cos α par sa valeur $\frac{g}{V_1^2}$,

$$\frac{PV_1'^2 g}{g V_1^2} - P = p \frac{AB}{AO}$$

ou

$$P\left(\frac{V_1'^2}{V_1^2} - 1\right) = p\frac{AB}{AO}, \quad P\left(\frac{V_1'^2 - V_1^2}{V_1^2}\right) = p\frac{AB}{AO},$$

d'où

$$P = \frac{V_1^2}{V_1'^2 - V_1^2} p \frac{AB}{AO}, \quad P = \frac{V_1^2}{V_1'^2 - V_1^2} \frac{AB}{AO} p.$$

Substituant à $V_1'^2$ sa valeur $V_1^2(1+n)^2$ en fonction de la vitesse normale,

$$P = \frac{V_1^2}{V_1^2(1+n)^2 - V_1^2}\frac{AB}{AO} p, \quad P = \frac{1}{1 + n^2 + 2n - 1}\frac{AB}{AO},$$

ou, en négligeant la quantité n^2, qui est très-petite,

$$P = \frac{AB}{2AO\,n} p.$$

Présentement, déduisons successivement les valeurs de AO cos α' et AO cos α''. Si nous considérons la troisième équation d'équilibre, en faisant d'abord passer $p\frac{AB}{AO}$ dans le second membre et en divisant par P.AO, il vient

$$\frac{V_1''^2}{g} AO \cos\alpha' - 1 = \frac{AB}{AO}\frac{p}{P},$$

d'où

$$AO \cos\alpha' = \frac{g}{V_1''^2} + \frac{g}{V_1''^2}\frac{AB}{AO}\frac{p}{P}.$$

Substituant à P sa valeur trouvée plus haut au moyen de la deuxième équation, on aura

$$AO \cos\alpha' = \frac{g}{V_1''^2} + \frac{g}{V_1''^2}\frac{AB}{AO}\frac{p}{p\dfrac{AB}{AO}\dfrac{V_1^2}{(V_1'^2 - V_1^2)}}$$

ou bien

$$AO \cos\alpha' = \frac{g}{V_1''^2} + \frac{g}{V_1''^2}\cdot\frac{V_1'^2 - V_1^2}{V_1^2}.$$

Réduisant au même dénominateur,

$$AO \cos\alpha' = \frac{gV_1^2 + g(V_1'^2 - V_1^2)}{V_1''^2 V_1^2};$$

mettant g en facteur commun,

$$AO \cos\alpha' = \frac{g(V_1^2 + V_1'^2 - V_1^2)}{V_1''^2 V_1^2}$$

ou

$$AO \cos\alpha' = \frac{V_1'^2}{V_1''^2}\frac{g}{V_1^2} \quad \text{et} \quad \cos\alpha' = \frac{V_1'^2}{V_1''^2}\frac{g}{AO.V_1^2}.$$

Remplaçant V_1^2 par sa valeur $V_1^2(1+n)^2$ et $V_1''^2$ par $V_1^2(1+n')^2$,

$$AO \cos\alpha' = \frac{V_1^2(1+n)^2}{V_1^2(1+n')^2}\frac{g}{V_1^2}, \quad AO \cos\alpha' = \frac{(1+2n)}{(1+2n')}\frac{g}{V_1^2},$$

d'où

$$\cos\alpha' = \frac{(1+2n)}{(1+2n')}\frac{g}{AO.V_1^2}.$$

Dans l'équation (4), faisons les mêmes transformations, il viendra

$$\frac{V_1'''^2 AO \cos\alpha''}{g} - 1 = -\frac{AB}{AO}\frac{p}{P},$$

$$AO \cos\alpha'' - \frac{g}{V_1'''^2} = -\frac{g}{V_1'''^2}\frac{AB}{AO}\frac{p}{P},$$

d'où

$$AO \cos \alpha'' = \frac{g}{V_1'''^2} - \frac{g \cdot AB \cdot p}{V_1'''^2 AO \cdot P}.$$

Remplaçant P par sa valeur,

$$AO \cos \alpha'' = \frac{g}{V_1'''^2} - \frac{g \cdot AB \cdot p}{V_1'''^2 AO \dfrac{p \cdot AB \cdot V_1^2}{AO(V_1'^2 - V_1^2)}}$$

ou

$$AO \cos \alpha'' = \frac{g}{V_1'''^2} - \frac{g}{V_1'''^2} \frac{V_1'^2 - V_1^2}{V_1^2}.$$

Réduisant au même dénominateur,

$$AO \cos \alpha'' = \frac{g V_1^2 - g(V_1'^2 - V_1^2)}{V_1'''^2 V_1^2}.$$

Mettant g en facteur commun,

$$AO \cos \alpha'' = \frac{g(V_1^2 - V_1'^2 + V_1^2)}{V_1'''^2 V_1^2}$$

ou

$$AO \cos \alpha'' = \frac{2 V_1^2 - V_1'^2}{V_1'''^2} \frac{g}{V_1^2} \quad \text{et} \quad \cos \alpha'' = \frac{2 V_1^2 - V_1'^2}{V_1'''^2} \frac{g}{AO \cdot V_1^2}.$$

Remplaçant $V_1'^2$ par $V_1^2(1 + n)^2$ et $V_1'''^2$ par $V_1^2(1 - n'')^2$, il viendra

$$AO \cos \alpha'' = \frac{2 V_1^2 - V_1^2(1 + n)^2}{V_1^2(1 - n'')^2} \frac{g}{V_1^2}$$

ou

$$AO \cos \alpha'' = \frac{2 - (1 + n)^2}{(1 - n'')^2} \frac{g}{V_1^2},$$

$$AO \cos \alpha'' = \frac{2 - 1 - n^2 - 2n}{1 + n''^2 - 2n''} \frac{g}{V_1^2}.$$

Comme dans les cas précédents, faisons abstraction de n^2 et de n''^2;

$$AO \cos \alpha'' = \frac{(1 - 2n)}{(1 - 2n'')} \frac{g}{V_1^2}, \quad \text{d'où} \quad \cos \alpha'' = \frac{(1 - 2n)}{(1 - 2n'')} \frac{g}{AO \cdot V_1^2}.$$

Pour avoir les deux amplitudes du mouvement du manchon au-dessus et au-dessous de la position moyenne, il suffira de retrancher h' de h quand le mouvement est ascensionnel, et h de h'' pour le mouvement de descente.

De l'équation $AO \cos \alpha = \dfrac{g}{V_1^2}$ on déduit $\cos \alpha = \dfrac{g}{AO \cdot V_1^2}$.

Or nous avons trouvé d'une manière générale $h = 2\,AB \cos \alpha$. Remplaçant $\cos \alpha$ par sa valeur, on aura

$$h = \frac{2\,AB}{AO}\,\frac{g}{V_1^2}.$$

Introduisant successivement les deux valeurs $\cos \alpha'$ et $\cos \alpha''$ dans l'expression générale de h, pour une position quelconque du manchon, il viendra

$$h' = \frac{2\,AB}{AO}\,\frac{V_1'^2}{V_1''^2}\,\frac{g}{V_1^2} \qquad\qquad h' = \frac{2\,AB}{AO}\,\frac{1 + 2n}{1 + 2n'}\,\frac{g}{V_1^2}.$$

$$h'' = \frac{2\,AB}{AO}\,\frac{2V_1^2 - V_1'^2}{V_1''^2}\,\frac{g}{V_1^2}, \qquad h'' = \frac{2\,AB}{AO}\,\frac{1 - 2n}{1 - 2n''}\,\frac{g}{V_1^2}.$$

Par conséquent

$$h - h' = \frac{2\,AB}{AO}\,\frac{g}{V_1^2} - \frac{2\,AB}{AO}\,\frac{V_1'^2}{V_1''^2}\,\frac{g}{V_1^2},$$

$$h - h' = \frac{2\,AB}{AO}\left(1 - \frac{V_1'^2}{V_1''^2}\right)\frac{g}{V_1^2}$$

et

$$h - h' = \frac{2\,AB}{AO}\,\frac{g}{V_1^2} - \frac{2\,AB}{AO}\,\frac{1 + 2n}{1 + 2n'}\,\frac{g}{V_1^2},$$

$$h - h' = \frac{2\,AB}{AO}\left(1 - \frac{1 + 2n}{1 + 2n'}\right)\frac{g}{V_1^2},$$

$$h - h' = \frac{2\,AB}{AO}\,\frac{1 + 2n' - 1 - 2n}{1 + 2n'}\,\frac{g}{V_1^2},$$

$$h - h' = \frac{4\,AB}{AO}\,\frac{n' - n}{1 + 2n'}\,\frac{g}{V_1^2}.$$

Pour l'amplitude de la course dans le mouvement de descente, nous aurons

$$h'' - h = \frac{2\,AB}{AO}\,\frac{2V_1^2 - V_1'^2}{V_1''^2}\,\frac{g}{V_1^2} - \frac{2\,AB}{AO}\,\frac{g}{V_1^2},$$

$$h'' - h = \frac{2\,AB}{AO}\left(\frac{2V_1^2 - V_1'^2}{V_1''^2} - 1\right)\frac{g}{V_1^2},$$

$$h'' - h = \frac{2\,AB}{AO}\,\frac{2V_1^2 - V_1'^2 - V_1''^2}{V_1''^2}\,\frac{g}{V_1^2},$$

et

$$h'' - h = \frac{2\,\mathrm{AB}}{\mathrm{AO}}\,\frac{1 - 2n}{1 - 2n''}\,\frac{g}{\mathrm{V}_1^2} - \frac{2\,\mathrm{AB}}{\mathrm{AO}}\,\frac{g}{\mathrm{V}_1^2},$$

$$h'' - h = \frac{2\,\mathrm{AB}}{\mathrm{AO}}\left(\frac{1 - 2n}{1 - 2n''} - 1\right)\frac{g}{\mathrm{V}_1^2},$$

$$h'' - h = \frac{2\,\mathrm{AB}}{\mathrm{AO}}\,\frac{1 - 2n - 1 + 2n''}{1 - 2n''}\,\frac{g}{\mathrm{V}_1^2},$$

$$h'' - h = \frac{4\,\mathrm{AB}}{\mathrm{AO}}\,\frac{n'' - n}{1 - 2n''}\,\frac{g}{\mathrm{V}_1^2}.$$

Divisant membre à membre les égalités qui déterminent les deux parties de la course du manchon, il viendra

$$\frac{h - h'}{h'' - h} = \frac{1 - \dfrac{\mathrm{V}_1'^2}{\mathrm{V}_1''^2}}{\dfrac{2\,\mathrm{V}^2 - \mathrm{V}_1'^2 - \mathrm{V}_1'''^2}{\mathrm{V}_1'''^2}}.$$

Le facteur commun $\dfrac{2\,\mathrm{AB}}{\mathrm{AO}}\,\dfrac{g}{\mathrm{V}_1^2}$ se supprimant, nous voyons, à cause de la relation qui existe entre les différentes vitesses et la vitesse moyenne, que le rapport des deux amplitudes sera déterminé, si l'on se donne les variations de la vitesse de régime en plus et en moins, c'est-à-dire les quantités n, n', n''. Supposons, par exemple, que l'on s'impose la condition que les deux parties de la course soient égales; on aura

$$h - h' = h'' - h.$$

Par conséquent les nombres n, n', n'' doivent satisfaire à l'équation suivante :

$$1 - \frac{\mathrm{V}_1'^2}{\mathrm{V}_1''^2} = \frac{2\,\mathrm{V}_1^2 - \mathrm{V}_1'^2}{\mathrm{V}_1'''^2} - 1, \quad 2 - \frac{\mathrm{V}_1'^2}{\mathrm{V}_1''^2} = \frac{2\,\mathrm{V}_1^2 - \mathrm{V}_1'^2}{\mathrm{V}_1'''^2}$$

ou

$$\frac{2\,\mathrm{V}_1''^2 - \mathrm{V}_1'^2}{\mathrm{V}_1''^2} = \frac{2\,\mathrm{V}_1^2 - \mathrm{V}_1'^2}{\mathrm{V}_1'''^2}.$$

En intervertissant l'ordre des termes extrêmes, nous aurons

$$\frac{\mathrm{V}_1'''^2}{\mathrm{V}_1''^2} = \frac{2\,\mathrm{V}_1^2 - \mathrm{V}_1'^2}{2\,\mathrm{V}_1''^2 - \mathrm{V}_1'^2}.$$

Au moyen de cette relation, il sera facile de trouver l'une des quantités n, n', n'', quand on connaîtra les deux autres. Proposons-nous de trouver la variation de la vitesse de régime, pour que la force centrifuge soit capable de vaincre la résistance verticale supportée par le manchon, si l'orifice doit être complétement fermé ou ouvert, dès que la vitesse normale du régulateur a subi un accroissement ou une diminution de $\frac{1}{25}$ ou $0,04$. La question étant ainsi posée, n est l'inconnue et les vitesses maxima et minima ont pour valeurs respectives $V_1(1 + 0,04)$ et $V_1(1 - 0,04)$, ou bien $V''_1 = 1,04\,V_1$, $V'''_1 = 0,96\,V_1$, ce qui implique évidemment que dans la relation précédente $n' = n''$. Nous aurons donc

$$\frac{\overline{0,96}^2\,V_1^2}{\overline{1,04}^2\,V_1^2} = \frac{2\,V_1^2 - V_1^2(1 + n)^2}{2\,V_1^2 \times \overline{1,04}^2 - V_1^2(1 + n)^2}.$$

Supprimant le facteur commun V_1^2,

$$\frac{\overline{0,96}^2}{\overline{1,04}^2} = \frac{2 - (1 + n)^2}{2 \times \overline{1,04}^2 - (1 + n)^2},$$

$$\frac{0,9216}{1,0816} = \frac{2 - 1 - n^2 - 2\,n}{2,1632 - 1 - n^2 - 2\,n}.$$

Négligeant le terme n^2, on aura

$$\frac{0,9216}{1,0816} = \frac{1 - 2\,n}{1,1632 - 2\,n},$$

d'où

$$0,9216 \times 1,1632 - 1,8432\,n = 1,0816 - 2,1632\,n,$$
$$1,07200512 - 1,8432\,n = 1,0816 - 2,1632\,n,$$
$$2,1632\,n - 1,8432\,n = 1,0816 - 1,07200512,$$
$$0,32\,n = 0,009595,$$

d'où

$$n = \frac{0,009595}{0,32} = 0,029 \text{ ou } 0,03 \text{ environ.}$$

Par conséquent

$$V'_1 = V_1(1 + 0,03) \quad \text{ou} \quad V'_1 = 1,03\,V_1$$

quand le mouvement devient accéléré, et

$$V'_1 = 0,97\, V_1$$

si la vitesse de régime décroît.

On peut également, au moyen de la même relation, se proposer de trouver la vitesse que devra prendre le régulateur pour que l'orifice soit complétement ouvert, connaissant la vitesse de régime V_1, la vitesse V'_1 qui correspond à l'instant où le manchon sera sur le point de se mouvoir, et la vitesse V''_2 relative à la fermeture de l'orifice. Alors les quantités connues sont n, n' et l'inconnue est n''. Nous aurons donc, en appliquant l'équation précitée, si nous supposons $n = \frac{1}{50}$ ou $0,02$ et $n'' = 0,04$,

$$\frac{V_1^2 (1 - n'')^2}{V_1^2 \times \overline{1,04}^2} = \frac{2\, V_1^2 - V_1^2 \times \overline{1,02}}{2\, V_1^2 \times \overline{1,04}^2 - V_1^2 \times \overline{1,02}^2}$$

ou

$$\frac{(1 - n'')^2}{\overline{1,04}^2} = \frac{2 - \overline{1,02}^2}{2 \times \overline{1,04}^2 - \overline{1,02}^2},$$

$$\frac{1 - 2 n''}{1,6816} = \frac{0,9596}{1,1228},$$

d'où

$$1,1228 - 2,2456\, n'' = 1,0379 \quad \text{et} \quad n'' = 0,037;$$

par conséquent

$$V'''_1 = V_1 (1 - 0,037) = 0,923\, V_1.$$

Comme pour des variations de vitesse égales des deux côtés de la position moyenne du manchon $n'' = 0,04$, nous voyons que la différence des écarts inégaux est très-petite, puisqu'elle est exprimée par $0,04 - 0,037$ ou $0,003$. Par suite, il n'est pas absolument indispensable de régler la course du manchon de manière que les deux vitesses maxima et minima diffèrent également de la vitesse de régime, soit en plus, soit en moins, selon que le mouvement devient accéléré ou retardé.

198. *Application du pendule conique aux roues hydrauliques.* — Cet appareil peut être utilement employé à régler la dépense.d'eau qui convient à la vitesse de régime. Comme, dans ce cas, la force centrifuge des boules serait insuffisante pour opérer la levée de la vanne, c'est du mouvement même de la roue que l'on tire la force nécessaire pour opérer cette manœuvre. Le levier L (*fig.* 174), qui embrasse le manchon du

Fig. 174.

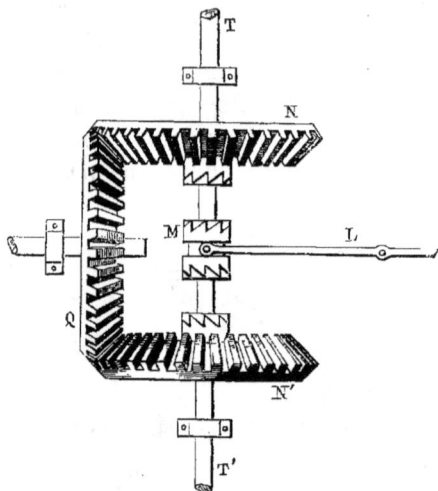

régulateur, sert à faire glisser un manchon d'embrayage M, muni d'une double griffe, le long d'un arbre TT', qui reçoit le mouvement de la machine. Deux roues coniques folles N, N', montées sur cet arbre, engrènent avec une troisième roue conique Q, calée sur un arbre qui sert à faire monter ou descendre la vanne, selon que cette roue tourne dans un sens ou dans l'autre. Il est aisé de comprendre que la force centrifuge n'a d'autre objet que de faire d'abord glisser longitudinalement le manchon M sur l'arbre TT' et ensuite d'embrayer ce manchon avec l'une ou l'antre des roues folles. Quand la machine possède la vitesse de régime, le manchon à double griffe occupe une position intermédiaire entre les deux roues, c'est-à-dire qu'il n'est solidaire d'aucune d'elles. Si le mouvement devient accéléré, le manchon embraye la roue N, qui alors tourne avec l'arbre TT' et fait ainsi fermer la vanne. Dans le cas où le mouvement se ralentit, le manchon descend pour embrayer la roue N', qui tourne ainsi avec l'arbre et la roue Q. Il en résulte que le mouvement de celle-ci a lieu en sens contraire de celui qui lui avait été communiqué par la roue N, quand elle était embrayée par le manchon, et que la vanne doit s'élever; conséquemment la dépense d'eau devient plus considérable. Ainsi toute l'économie de ce mécanisme consiste à faire fermer la vanne, quand la vitesse a atteint une limite fixée, ce que l'on obtient en embrayant la roue N avec le manchon à griffe et à la faire ouvrir dès que le mouvement se retarde, ce qui exige que le manchon vienne faire corps avec la seconde roue N'.

Dans cette application du régulateur à boules, la théorie est la même que celle qui a été donnée. L'effort vertical p, supporté par le manchon qui se meut le long de la tige verticale de l'appareil, s'obtient en cherchant, au moyen d'un dynamomètre, la force que l'on doit appliquer à ce manchon pour faire embrayer le manchon M avec l'une des roues N, N', ce qui ne présente aucune difficulté, quand le mécanisme de l'embrayage et du levier à fourche est établi.

Le régulateur dont il est question est encore employé dans les moulins à farine, pour faire connaître la vitesse des meules. Le manchon, à cet effet, est relié à une crémaillère, qui engrène avec un pignon, dont l'axe est muni d'une aiguille assujettie ainsi à parcourir les degrés d'un limbe circulaire. La graduation s'obtient expérimentalement et des chiffres inscrits sur le limbe indiquent à quels nombres de tours des meules correspondent les différentes positions de l'aiguille. On a encore soin de disposer sur le manchon une griffe, qui vient frapper le ressort d'une sonnette, quand la vitesse des meules dépasse les limites maxima et minima que l'on s'est imposées, d'après la nature des produits que l'on veut obtenir. Cette sonnerie a pour objet de prévenir le garde-moulin.

199. *Inconvénients du pendule conique.* — Cet appareil, bien connu avant que Watt l'eût introduit dans sa machine à vapeur pour régulariser l'action de la force motrice, a le grave défaut de fonctionner toujours trop tard. Quoique fort ingénieux, il ne saurait atteindre complétement le but que l'on se propose, à moins que la variation de vitesse, occasionnée par l'excès du travail des puissances sur celui des résistances, ne doive durer un temps très-appréciable. Dans de telles conditions, le pendule conique peut servir à régler le travail moteur. Comme généralement la cause de la variation est de courte durée et que la vanne ne commence à se mouvoir qu'à partir d'une augmentation ou d'une diminution de la vitesse de régime, il s'ensuit qu'il s'écoule un certain temps entre le moment où la cause de la variation s'est manifestée et celui où l'action du régulateur doit y mettre fin. Dès lors l'inconvénient de cet appareil est de ne pouvoir augmenter ou diminuer la puissance motrice, aussitôt que la machine s'écarte, en plus ou en moins, de la vitesse normale qu'il convient d'adopter, suivant la nature du travail industriel. De plus il est évident qu'il fonctionnera d'une manière incertaine et irrégulière, si la résistance du système qui sert à mettre la vanne en mouvement ne conserve pas une valeur constante ou s'en écarte trop, ce qui fort souvent a lieu. Enfin, quand la machine est par elle-même animée d'un mouvement oscillatoire ou périodiquement variable, comme celles qui portent des balanciers, des bielles et des manivelles, le manchon ne fera qu'osciller, à chaque révolution, au-dessus et au-dessous de la position correspondant à la vitesse de régime. Il en résultera donc que la vanne prendra des mouvements en sens contraires plus nuisibles qu'utiles et qui ne pourront, en aucune façon, empêcher la périodicité de la vitesse de la machine. On est ainsi amené à recourir à l'emploi du volant, dont nous donnerons plus loin la théorie, et le rôle du pendule conique se trouve borné à agir sur la vanne, de manière que les écarts de la vitesse ne soient pas trop considérables dans une suite continue de périodes.

200. *Centre de percussion.* — Quand un corps est assujetti à tourner autour d'un axe fixe qui ne passe pas par le centre de gravité, on appelle *centre de percussion* de ce corps le point d'application de la résultante de toutes les forces d'inertie du système.

Soit un corps Q (*fig.* 175) assujetti à tourner autour d'un axe O que, pour plus de simplicité, nous supposons perpendiculaire au plan du tableau. Pendant le mouvement de rotation, les masses élémentaires de ce corps développent des forces d'inertie, dont les directions sont respectivement perpendiculaires à leurs distances à l'axe de rotation. Désignant

Fig. 175.

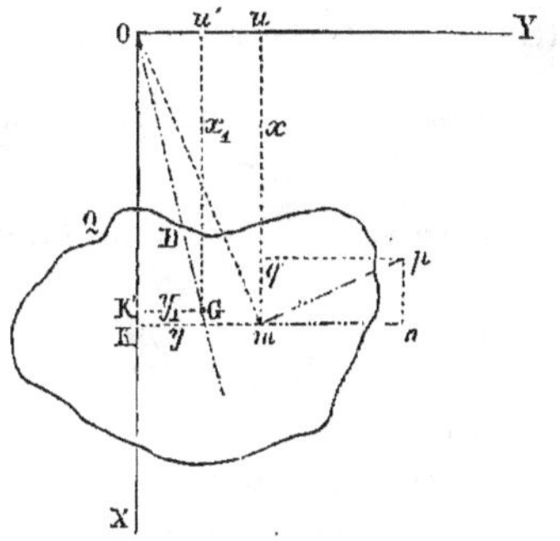

par v le degré de vitesse correspondant à la masse élémentaire m dans le temps très-court t et par r la distance à l'axe, nous aurons

$$f = m \frac{v}{t}.$$

Si v_1 est le degré de vitesse d'un point situé à l'unité de distance, $v = v_1 r$; donc

$$f = m \frac{v_1 r}{t},$$

et le moment par rapport à l'axe de rotation sera

$$\frac{m v_1 r^2}{t}.$$

Pour les moments, par rapport au même axe, des forces d'inertie f', f'', f''', ... des molécules m', m'', m''', ..., dont les distances respectives à l'axe sont r, r', r'', ..., nous aurons successivement

$$\frac{m' v_1 r'^2}{t}, \quad \frac{m'' v_1 r''^2}{t}, \quad \frac{m''' v_1 r'''^2}{t}, \ldots$$

Par conséquent, le moment du corps sera

$$\frac{v_1}{t} (m r^2 + m' r'^2 + m'' r''^2 + \ldots) \quad \text{ou} \quad I \frac{v_1}{t},$$

25.

en appelant I le moment d'inertie du corps par rapport à l'axe de rotation.

Présentement décomposons chaque force d'inertie en deux autres, l'une horizontale et l'autre verticale, et désignons par f_h et f_v les composantes mn, mq de la force d'inertie mp de la molécule m. Le triangle rectangle mpn donne immédiatement

$$mn = mp \cos mpn \quad \text{et} \quad pn \quad \text{ou} \quad qm = mp \cos qmp.$$

Remplaçant mp par sa valeur $\dfrac{mv_1 r}{t}$, on aura

$$f_h = \frac{mv_1 r}{t} \cos pmn, \quad f_v = \frac{mv_1 r}{t} \cos qmp.$$

Appelons x, y les coordonnées du point matériel m, par rapport à deux plans, l'un vertical et l'autre horizontal, passant par l'axe de rotation. Comme l'angle pmn est égal à l'angle Omu et l'angle qmp à l'angle mOu, à cause de la perpendicularité des côtés, nous aurons

$$f_h = \frac{mv_1 r}{t} \cos Omu, \quad f_v = \frac{mv_1 r}{t} \cos mOu.$$

Or

$$\cos Omu = \frac{x}{r} \quad \text{et} \quad \cos mOu = \frac{y}{r};$$

donc

$$f_h = \frac{mv_1 r}{t} \frac{x}{r}, \quad f_v = \frac{mv_1 r}{t} \frac{y}{r},$$

ou

$$f_h = m x \frac{v_1}{t} \quad \text{et} \quad f_v = m y \frac{v_1}{t}.$$

Pour la valeur des composantes des forces d'inertie des autres masses élémentaires, nous aurons pareillement

$$f_h' = m' x' \frac{v_1}{t}, \qquad f_v' = m' y' \frac{v_1}{t},$$

$$f_h'' = m'' x'' \frac{v_1}{t}, \qquad f_v'' = m'' y'' \frac{v_1}{t},$$

$$f_h''' = m''' x''' \frac{v_1}{t}; \qquad f_v''' = m''' y''' \frac{v_1}{t}.$$

On est ainsi ramené à considérer deux groupes de forces, l'un composé de forces horizontales et l'autre de forces verticales. Appelant S la résultante des forces du premier groupe et S' celle des forces du second, il viendra

$$S = \frac{v_1}{t}(mx + m'x' + m''x'' + \ldots),$$

$$S' = \frac{v_1}{t}(my + m'y' + m''y'' + \ldots).$$

Désignons par D la distance du centre de gravité G du corps à l'axe de rotation et par x_1, y_1 les coordonnées de ce point. En vertu du principe des moments, les deux sommes renfermées entre parenthèses étant respectivement égales à Mx_1 et My_1, on aura

$$S = \frac{v_1}{t}Mx_1, \quad S' = \frac{v_1}{t}My_1.$$

Les deux forces S, S' étant rectangulaires, si nous appelons R leur résultante, il viendra

$$R^2 = S^2 + S'^2,$$

ou, en substituant à S et S' leurs valeurs,

$$R^2 = \frac{v_1^2}{t^2}M^2 x_1^2 + \frac{v_1^2}{t^2}M^2 y_1^2.$$

$$R^2 = \frac{v_1^2}{t^2}M^2(x_1^2 + y_1^2);$$

or

$$x_1^2 + y_1^2 = D^2,$$

donc

$$R^2 = \frac{v_1^2}{t^2}M^2 D^2, \quad \text{d'où} \quad R = \frac{v_1}{t}MD.$$

Remarquons que la composante horizontale S de la résultante générale peut être mise sous la forme suivante :

$$\frac{Mv_1D}{t}\cos OGu', \quad \text{puisque} \quad \cos OGu' = \frac{x_1}{D}.$$

Or, si au point où la résultante générale doit être appliquée nous la décomposons en deux autres parallèlement aux axes des coordonnées, et si nous appelons α l'angle que sa direction fait avec l'axe horizontal, la valeur de la composante horizontale sera

$$\frac{v_1}{t} \, \text{MD} \cos\alpha, \quad \text{d'où} \quad \frac{v_1}{t} \, \text{MD} \cos\alpha = \frac{v_1}{t} \, \text{MD} \cos \text{OG} u';$$

par conséquent l'angle α sera égal à l'angle $\text{OG} u'$.

Comme l'un des côtés de l'angle α est perpendiculaire à $\text{G} u'$, l'autre, qui représente la direction de la résultante générale, le sera à GO ou D. De là cette conclusion :

La résultante générale des deux groupes de forces fait avec les deux axes des coordonnées des angles dont les cosinus sont respectivement $\frac{x_1}{D}$, $\frac{y_1}{D}$; *et de plus la direction de cette résultante est perpendiculaire à la droite qui mesure la plus courte distance du centre de gravité à l'axe de rotation.*

Maintenant supposons que A soit le point d'application de la résultante R, et AO la distance de ce point à l'axe. Le moment de cette résultante sera égal à la somme des moments de toutes les forces partielles d'inertie, et aura pour valeur

$$\frac{v_1}{t} \, \text{MD}.\text{AO}.$$

Comme nous avons trouvé plus haut $I \frac{v_1}{t}$ pour expression de la somme de tous ces moments, nous aurons

$$\frac{v_1}{t} \, \text{MD}.\text{AO} = \frac{v_1}{t} \, I, \quad \text{d'où} \quad \text{AO} = \frac{I}{\text{MD}}.$$

C'est le point trouvé au moyen de cette relation, que nous avons appelé *centre de percussion.* Comme on le voit, *il coïncide avec le centre d'oscillation; par conséquent, il est situé dans le plan perpendiculaire à l'axe qui passe par le centre de gravité du corps tournant et sur la droite qui mesure la plus courte distance de ce point à l'axe. De plus, le centre de percussion se confondant avec le centre d'oscillation, la distance AO est égale à la longueur du pendule simple équivalent au pendule, composé que formerait le corps en oscillant autour de l'axe supposé horizontal. Ainsi, lorsqu'un corps est animé d'un mouvement de rotation autour d'un axe, si l'on applique au centre de percussion une force égale et directement opposée à la résultante de toutes les forces d'inertie, le corps sera réduit au repos sans qu'il en résulte aucun choc sur l'axe. Réciproquement, le corps étant en repos, si au centre de percussion on applique une force égale et directement opposée à la résultante des forces d'inertie, ce corps tournera, sans qu'aucune pression soit exercée sur l'axe.* Lorsque cette condition est satisfaite, la fixité de l'axe ne gêne en aucune façon le mouvement que la force tend à imprimer au corps; mais s'il en est autrement, c'est-à-dire si l'axe fixe n'est pas celui autour duquel la force ferait tourner le corps s'il était libre, le mouvement est modifié, et par suite il en résulte une réaction sur l'axe. Il importe donc, pour que le mouvement ne soit pas gêné, que la force qui doit le produire passe par le centre de percussion.

C'est par le centre de percussion qu'un marteau doit frapper la résistance vers laquelle il est dirigé. Or, la masse de la tête étant très-considérable par rapport à celle du manche, le centre de percussion est très-rapproché du centre de gravité de la tête. Il est donc aisé de comprendre pourquoi l'ouvrier n'éprouve pas de contre-coup dans la main, et pourquoi, dans les lourds marteaux de forge établis d'après ces principes, il ne se produit pas d'ébranlement sensible sur l'axe de rotation. Les mêmes considérations peuvent servir à trouver expérimentalement le centre de percussion d'un solide quelconque. A cet effet, on dispose l'axe de rotation sur un appui fixe, et l'on cherche par le tâtonnement la position que devra occuper un arrêt en forme de pointe, sur un plan horizontal, pour que le corps, en tombant sur cet arrêt d'une certaine hauteur, ne bascule pas autour de l'axe de rotation. On est sûr, dans ce cas, que le corps a choqué l'arrêt par un point qui est le centre de percussion.

201. *Choc des corps dans le mouvement de rotation.* — *Pendule balistique.* — Considérons un corps de poids P suspendu à un axe O autour duquel il peut librement tourner, et supposons qu'étant en repos il soit choqué au point *a* (*fig.* 176) par un autre corps de poids p suivant une direction bc perpendiculaire aux surfaces en contact et située dans un plan perpendiculaire à l'axe de rotation O. Désignons par V la vitesse du corps p avant le choc et par F l'intensité des forces de

Fig 176.

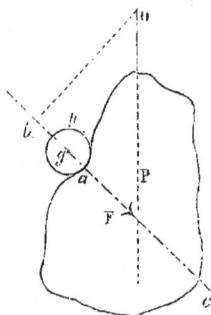

compression égales et contraires qui se manifestent sur les deux corps. Si de plus nous appelons v le petit degré de vitesse perdu par le corps choquant pendant un temps élémentaire t, nous aurons

$$F = \frac{mv}{t} = \frac{p}{g}\frac{v}{t}.$$

Remarquons que l'action de la force F sur le corps choqué P aura pour effet de lui imprimer un mouvement de rotation autour de l'axe auquel il est suspendu. Si donc v_1 est le petit degré de vitesse angulaire correspondant au temps élémentaire t, comme les forces d'inertie partielles qui vont se produire dans le corps choqué doivent faire équilibre à la force F, la somme des moments de ces forces par rapport à l'axe O sera égale au moment de la force F par rapport au même axe. Désignant par I le moment d'inertie du corps de poids P par rapport à cet axe, en vertu de ce qui a été dit sur le centre de percussion, le moment de toutes les forces d'inertie partielles sera

$$\frac{I v_1}{t}.$$

La droite Ob mesurant la plus courte distance de l'axe O à la direction de la force F, l'équation d'équilibre sera

$$FOb = \frac{Iv_i}{t}, \quad \text{d'où} \quad F = \frac{Iv_i}{Ob.t}.$$

Remplaçant F par sa valeur, il vient

$$\frac{mv}{t} = \frac{Iv_i}{Ob.t} \quad \text{ou} \quad mv \times Ob = Iv_i.$$

Désignant par v', v'', v''',... les petits degrés de vitesse perdus par le corps choquant pendant de nouveaux temps élémentaires et par v'_i, v''_i, v'''_i,... les degrés de vitesse angulaire gagnés pendant les mêmes temps par le corps choqué, nous aurons par analogie

$$mv' \times Ob = Iv'_i,$$
$$mv'' \times Ob = Iv''_i,$$
$$mv''' \times Ob = Iv'''_i.$$

Ajoutant ces égalités membre à membre,

$$m.Ob(v + v' + v''' + \ldots) = I(v_i + v'_i + v''_i + v'''_i + \ldots).$$

Si nous appelons V' la vitesse totale perdue par le corps choquant et V_i la vitesse totale angulaire gagnée par le corps choqué, on aura

$$V' = v + v' + v'' + v''' + \ldots,$$
$$V_i = v_i + v'_i + v''_i + v'''_i + \ldots$$

et, en substituant dans l'égalité précédente,

$$mV'.Ob = I.V_i.$$

Quand les deux corps auront cessé de réagir l'un sur l'autre, ils tourneront autour de l'axe animés de la vitesse commune V_i, comme s'ils ne formaient qu'un seul et même corps, et la vitesse absolue du corps choquant sera $V_i Ob$. Par conséquent la vitesse V' qu'il aura perdue sera $V - V_i Ob$, en fonction de la vitesse de rotation communiquée au corps choqué. Remplaçant dans l'égalité précédente V' par cette valeur, nous aurons

$$mOb(V - V_iOb) = I.V_i, \quad \text{ou} \quad mVOb - mV_i\overline{Ob}^2 = I.V_i,$$
$$mV_i\overline{Ob}^2 + IV_i = mVOb, \quad V_i\left(m\overline{Ob}^2 + I\right) = mVOb,$$

d'où

$$V_1 = \frac{m \, V . O b}{m O b' + 1},$$

formule qui donne la vitesse de rotation du corps choqué en fonction du moment d'inertie de ce corps par rapport à l'axe de rotation et de la vitesse que possédait le corps choquant au moment où le choc a eu lieu.

Le pendule balistique est un appareil employé dans l'artillerie pour mesurer la vitesse des projectiles. Son invention est attribuée à l'ingénieur anglais Robins, bien que l'idée première en ait été donnée en 1707 par Jacques Cassini. A l'origine, cet instrument se composait d'une grande masse de bois suspendue à un axe horizontal. Le projectile, lancé à une petite distance de cette masse, pénétrait dans une cavité remplie d'une substance molle et imprimait au pendule un mouvement de rotation autour des couteaux de suspension. En mesurant l'amplitude de l'arc décrit par une aiguille solidaire de la masse, on parvenait à trouver la valeur approximative de la vitesse du projectile. C'est Euler qui le premier a donné la théorie complète de cet appareil.

Le principe du pendule balistique employé aujourd'hui, d'après les indications de MM. Morin et Didion, est le même. Seulement le récepteur en bois a été remplacé par une masse

Fig. 177.

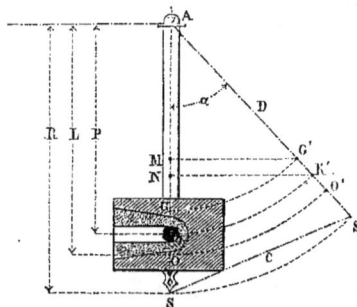

de fonte dont l'âme a la forme d'un tronc de cône. Au moment de l'expérience on y introduit une substance légèrement compressible, capable d'amortir le choc sans que la rupture de l'appareil puisse avoir lieu. Le récepteur est soutenu par quatre tiges en fer que relient ensemble des traverses et des entretoises. La suspension est opérée au moyen de couteaux reposant sur des piliers qui offrent une grande résistance. A la partie inférieure du récepteur est adaptée une aiguille qui fait mouvoir un curseur sur un limbe circulaire dont la graduation sert à indiquer l'amplitude de l'oscillation. Enfin le tir doit toujours avoir lieu à hauteur de l'axe horizontal du récepteur (*fig.* 177).

Pour la théorie qui va suivre, nous adopterons les notations suivantes :

Soient

R le rayon de l'arc de cercle décrit par l'aiguille ;
l la distance du point choqué (¹) au plan des couteaux de suspension ;
D la distance du centre de gravité du pendule chargé au plan des couteaux ;
P le poids total du pendule rempli des substances nécessaires pour amortir le choc ;
p le poids du projectile ;
C la corde SS' de l'arc décrit par l'extrémité de l'aiguille ;
α l'angle d'écart du pendule ;
V la vitesse du projectile au moment où il s'introduit dans le récepteur ;
V_l la vitesse angulaire du pendule après le choc.

Cela posé, remarquons que, lorsque le pendule a décrit l'angle α, le centre de gravité du pendule s'est élevé d'une quantité $GM = D - AM$. Or $AM = D\cos\alpha$; donc

$$GM = D - D\cos\alpha = D(1 - \cos\alpha),$$

et comme $1 - \cos\alpha = 2\sin^2\frac{1}{2}\alpha$, on a

$$GM = 2D\sin^2\frac{1}{2}\alpha.$$

Par conséquent le travail développé par la gravité sur le pendule sera

$$2PD\sin^2\frac{1}{2}\alpha.$$

(¹) Dans l'artillerie ce point a reçu le nom de *point d'impact*.

De même le centre de gravité du projectile ayant décrit l'arc KK' s'est élevé d'une quantité $KN = l - AN$, et comme $AN = l \cos \alpha$, il vient

$$KN = l - l \cos \alpha = l(1 - \cos \alpha) \quad \text{ou} \quad KN = 2l \sin^2 \tfrac{1}{2} \alpha.$$

Par suite, le travail de la gravité sur le projectile aura pour valeur

$$2 pl \sin^2 \tfrac{1}{2} \alpha.$$

Faisant la somme, le travail développé par la gravité sur le pendule et le projectile pendant l'oscillation sera

$$2 PD \sin^2 \tfrac{1}{2} \alpha + 2 pl \sin^2 \tfrac{1}{2} \alpha \quad \text{ou} \quad 2 \sin^2 \tfrac{1}{2} \alpha (PD + pl).$$

Reprenons la formule trouvée précédemment dans le choc de deux corps animés d'un mouvement de rotation

$$V_1 = \frac{mV . Ob}{m\,Ob^2 + 1}.$$

Remarquons que dans le cas du pendule balistique $Ob = l$. De plus, dans la théorie du pendule composé, nous avons vu que la distance L du point de suspension au centre d'oscillation s'obtient au moyen de la relation suivante :

$$L = \frac{I}{MD};$$

d'où

$$I = LMD \quad \text{ou} \quad I = \frac{PLD}{g}.$$

D'autre part, comme $m = \dfrac{p}{g}$, en substituant dans l'expression de V_1, on aura

$$V_1 = \frac{\dfrac{p}{g} V l}{\dfrac{p}{g} l^2 + \dfrac{PLD}{g}};$$

supprimant le facteur g commun aux deux termes,

$$V_1 = \frac{p V l}{p l^2 + PLD}.$$

Comme dans le mouvement de rotation la force vive a pour expression IV_1^2, celle possédée par le pendule sera

$$\frac{\mathrm{V}_1^2}{g}\,\mathrm{PLD}.$$

Le rayon du projectile étant très-petit par rapport à la distance du centre de gravité à l'axe de suspension, son moment d'inertie sera $\frac{p}{g}\,l^2$ et la force vive après le choc aura pour valeur

$$\frac{\mathrm{V}_1^2}{g}\,pl^2.$$

Ainsi la somme des forces vives acquises par le pendule et le boulet aura pour expression

$$\frac{\mathrm{V}_1^2}{g}\,\mathrm{PLD} + \frac{\mathrm{V}_1^2}{g}\,pl^2 \quad \text{ou} \quad \frac{\mathrm{V}_1^2}{g}\,(\mathrm{PLD} + pl^2).$$

Appliquant le théorème des forces vives, on aura l'équation suivante :

$$\frac{\mathrm{V}_1^2}{g}\,(\mathrm{PLD} + pl^2) = 4\sin^2\tfrac{1}{2}\alpha(\mathrm{PD} + pl),$$

d'où

$$\mathrm{V}_1^2 = \frac{4\sin^2\tfrac{1}{2}\alpha\,g(\mathrm{PD} + pl)}{\mathrm{PLD} + pl^2},$$

et

$$\mathrm{V}_1 = \sqrt{\frac{g(\mathrm{PD} + pl)}{\mathrm{PLD} + pl^2}}\;2\sin\tfrac{1}{2}\alpha.$$

Substituant à V_1 sa valeur trouvée plus haut, il vient

$$\frac{p\mathrm{V}l}{pl^2 + \mathrm{PLD}} = \sqrt{\frac{g(\mathrm{PD} + pl)}{\mathrm{PLD} + pl^2}}\,2\sin\tfrac{1}{2}\alpha.$$

Déduisant de cette équation la valeur V, on aura

$$\mathrm{V} = \frac{pl^2 + \mathrm{PLD}}{pl}\sqrt{\frac{g(\mathrm{PD} + pl)}{\mathrm{PLD} + pl^2}}\,2\sin\tfrac{1}{2}\alpha.$$

Faisant passer sous le radical $pl^2 + \mathrm{PLD}$,

$$\mathrm{V} = \frac{1}{pl}\sqrt{\frac{g(\mathrm{PD} + pl)(pl^2 + \mathrm{PLD})^2}{\mathrm{PLD} + pl^2}}\,2\sin\tfrac{1}{2}\alpha$$

ou

$$V = \frac{1}{pl} \sqrt{\frac{g(PD + pl)(pl^2 + PLD)(pl^2 + PLD)}{PLD + pl^2}}\, 2\sin\tfrac{1}{2}\alpha.$$

Supprimant, sous le radical, la quantité $pl^2 + PLD$, qui se trouve au numérateur et au dénominateur, il viendra

$$V = 2\sin\tfrac{1}{2}\alpha\, \frac{\sqrt{g(PD + pl)(pl + PLD)}}{pl}.$$

Remarquons que $2\sin\tfrac{1}{2}\alpha = \dfrac{C}{R}$ (¹); donc

$$V = \frac{C}{R}\, \frac{\sqrt{g(PD + pl)}(pl^2 + PLD)}{pl}.$$

Quand il a été question du centre de percussion, nous avons vu que, pour éviter le choc sur les couteaux, la résultante des forces qui doivent produire le mouvement doit passer par ce point; si nous supposons donc que le projectile ait été assez exactement dirigé vers le centre d'oscillation, la longueur l devient égale à L et, en substituant, nous aurons

$$V = \frac{C}{R}\, \frac{\sqrt{g(PD + pL)(pL^2 + PLD)}}{pL}.$$

Mettant sous le radical L en facteur commun,

$$V = \frac{C}{R}\, \frac{\sqrt{g(PD + pL)(pL + PD)L}}{pL}$$

(¹) La Trigonométrie, si nous considérons le triangle SAS′, fournit la relation suivante :

$$\overline{SS'}^2 \text{ ou } C^2 = R^2 + R^2 - 2R^2\cos\alpha, \quad \text{ou} \quad C^2 = 2R^2 - 2R^2\cos\alpha,$$

d'où

$$C^2 = 2R^2(1 - \cos\alpha).$$

Or

$$1 - \cos\alpha = 2\sin^2\tfrac{1}{2}\alpha,$$

donc

$$C^2 = 4R^2\sin^2\tfrac{1}{2}\alpha \quad \text{et} \quad C = 2R\sin\tfrac{1}{2}\alpha;$$

par suite

$$\frac{C}{R} = 2\sin\tfrac{1}{2}\alpha.$$

ou

$$V = \frac{C}{R} \frac{\sqrt{g(PD + pL)^2 L}}{pL}, \quad V = \frac{C}{R} \frac{(PD + pL)}{pL} \sqrt{gL}.$$

Faisant passer sous le radical la quantité L, qui est au dénominateur,

$$V = \frac{C}{R} \frac{(PD + pL)}{p} \sqrt{\frac{gL}{L^2}}, \quad V = \frac{C}{R} \frac{(PD + pL)}{p} \sqrt{\frac{g}{L}}.$$

Dans les pendules à canons, tels qu'on les construit aujourd'hui, cette condition est approximativement satisfaite; mais il n'en est pas de même pour les pendules de fusils : aussi se produit-il des ébranlements très-sensibles sur les couteaux de suspension.

On peut facilement déterminer le moment PD du poids P par rapport à l'axe de rotation, en attachant au récepteur une corde qui s'enroule sur la gorge d'une poulie disposée dans le plan vertical passant par le centre de gravité du pendule. L'autre extrémité de cette corde supporte un plateau en fer, que l'on charge de poids numérotés, jusqu'à ce que le pendule s'écarte de la verticale d'un angle α, tel que la direction de la corde soit perpendiculaire au plan qui contient le centre de gravité et les deux appuis de l'axe de rotation.

Quand le centre de gravité aura décrit l'arc GG', par exemple, pour réaliser cette condition, le bras de levier du poids P sera $G'M = D \sin\alpha$, et le moment aura pour valeur $PD \sin\alpha$. Si nous désignons par Q le poids du plateau augmenté de la charge, et par d la distance du point d'attache en arrière du récepteur à l'axe de rotation, le moment de cette force sera Qd; conséquemment, nous aurons l'équation d'équilibre suivante :

$$PD \sin\alpha = Qd, \quad \text{d'où} \quad PD = \frac{Qd}{\sin\alpha}.$$

Cette valeur de PD peut servir à trouver le moment d'inertie du pendule balistique. En effet, au moyen de la relation qui donne la position du centre d'oscillation, nous avons obtenu

$$I = MLD = \frac{PD}{g} L.$$

Si nous désignons par t le temps de l'oscillation du pendule de longueur L, on aura

$$t = \pi \sqrt{\frac{L}{g}} \quad \text{et} \quad t^2 = \pi^2 \frac{L}{g},$$

d'où

$$L = \frac{t^2}{\pi^2} g.$$

Remplaçant L par cette valeur dans l'expression du moment d'inertie,

$$I = \frac{PD}{g} \frac{t^2}{\pi^2} g \quad \text{ou} \quad I = \frac{PD\, t^2}{\pi^2},$$

$$I = \frac{PD\, t^2}{3,14159^2} = 0,10132\, PD\, t^2.$$

On obtiendra la durée t d'une oscillation en laissant librement osciller le pendule et en prenant la moyenne entre les temps d'oscillations très-petites, mais d'amplitudes différentes. Cette méthode expérimentale est due à Euler.

Dans les poudreries de l'État, on estime directement le moment du poids du pendule balistique, au moyen d'un appareil imaginé par M. Didion et qui porte le nom de *balance à moments*.

FIN DU PREMIER VOLUME.

TABLE DES MATIÈRES.

CHAPITRE III.

CHAPITRE IV.

CHAPITRE V.

CHAPITRE VI.

CHAPITRE VII.

CHAPITRE VIII.

CHAPITRE IX.

CHAPITRE X.

CHAPITRE XI.

CHAPITRE XII.

ERRATA.

Page 15, ligne 12, *au lieu de cc', lisez* 4 cc'.

Page 65, dernière ligne, deuxième équation, *au lieu de* $\dfrac{AK}{SO}$, *lisez* $\dfrac{AS}{SO}$.

Page 79, dernière ligne, *au lieu de* point *m*, *lisez* point *p*.

Page 81, équation (4), dénominateur du dernier terme, *au lieu de* cos α, *lisez* cos² α.

Page 105, ligne 14, *au lieu de* obtenue, *lisez* devenue.

Page 106, ligne 16, équation, *au lieu de* AB, *lisez* AC.

Page 112, ligne 14, deuxième équation, *au lieu de* $\dfrac{F'}{F}$, *lisez* $\dfrac{F}{F'}$.

Page 129, *fig.* 64, *mettez les lettres* A', C', B' *au pied des perpendiculaires sur le plan.*

Page 138, dernière ligne, deuxième équation, *au lieu de* VX, *lisez* VY.

Page 141, ligne 2, *au lieu de* les plans des équations, *lisez* les plans de symétrie.

Page 144, *fig.* 72, *mettre la lettre* G *à l'intersection des médianes.*

Page 156, ligne 1, *au lieu de* BD, *lisez* BE.

Page 181, ligne 3 en remontant, *au lieu de* différence, *lisez* somme.

Page 191, *fig.* 102, *les lignes* Cm, Cn *doivent être perpendiculaires aux directions des forces.*

1555 Paris — Imprimerie de GAUTHIER-VILLARS, quai des Augustins, 55.

LIBRAIRIE DE GAUTHIER-VILLARS,

QUAI DES AUGUSTINS, 55, A PARIS.

CAHOURS (Auguste), Membre de l'Académie des Sciences. — Traité de Chimie générale élémentaire.

CHIMIE INORGANIQUE, *Leçons professées à l'École Centrale des Arts et Manufactures*. 3e édition. 2 volumes in-18 jésus avec 430 figures et 8 planches. 1874. (*Autorisé par décision ministérielle.*)
Chaque volume se vend séparément.

CHIMIE ORGANIQUE, *Leçons professées à l'École Centrale*. 3e édition. 3 volumes in-18 jésus avec fig. 1874-1875.
Chaque volume se vend séparément.

PONCELET, Membre de l'Institut. — Introduction à la Mécanique industrielle, physique ou expérimentale. 3e édition, publiée par un ingénieur en chef des Manufactures de l'État. Un volume grand in-8 de 737 pages, avec 3 planches. 1870.

PONCELET, Membre de l'Institut. — Cours de Mécanique appliquée aux machines, publié par M. Kretz, ingénieur en chef des Manufactures de l'État. In-8, avec 312 figures dans le texte et un atlas gravé sur cuivre. 1874.

RÉSAL, H., Membre de l'Institut, Ingénieur en chef des Mines, professeur d'Artillerie pour la théorie mécanique. — Traité de Mécanique générale, comprenant les leçons professées à l'École Polytechnique.
Chaque volume se vend séparément.

Tome I. *Cinématique. — Théorèmes généraux de la dynamique. — Principes d'équilibre et du mouvement des corps solides.* In-8, avec figures dans le texte. 1873.

Tome II. *Frottement. — Équilibre et mouvement d'un fil flexible et inextensible. — Théorie de la poussée des terres. — Résistance des matériaux. — Statique des corps flottants. — Hydrostatique. — Mouvement des fluides. — Régime des cours d'eau. — Thermodynamique.* In-8, avec figures dans le texte. 1874.

Tome III. *Théorie des machines en général. — Machines hydrauliques et thermodynamiques appliquées.* In-8.

SERRET, J. A., Membre de l'Institut. — Traité d'Arithmétique à l'usage des candidats au Baccalauréat ès Sciences et aux Écoles du Gouvernement, revue et mise en harmonie avec les derniers programmes, par J. A. SERRET et par M. O. COMBEROUSSE, professeur de mathématiques à l'École Centrale, et au Collège Chaptal, etc. 1 vol. in-8. 1875.

VIEILLE, J., Inspecteur général de l'Instruction publique. — Éléments de Mécanique, rédigés conformément au Programme du Baccalauréat ès Sciences physiques. 3e éd. in-8 avec figures dans le texte. 1875.

Paris. — Imprimerie de GAUTHIER-VILLARS, quai des Augustins, 55.

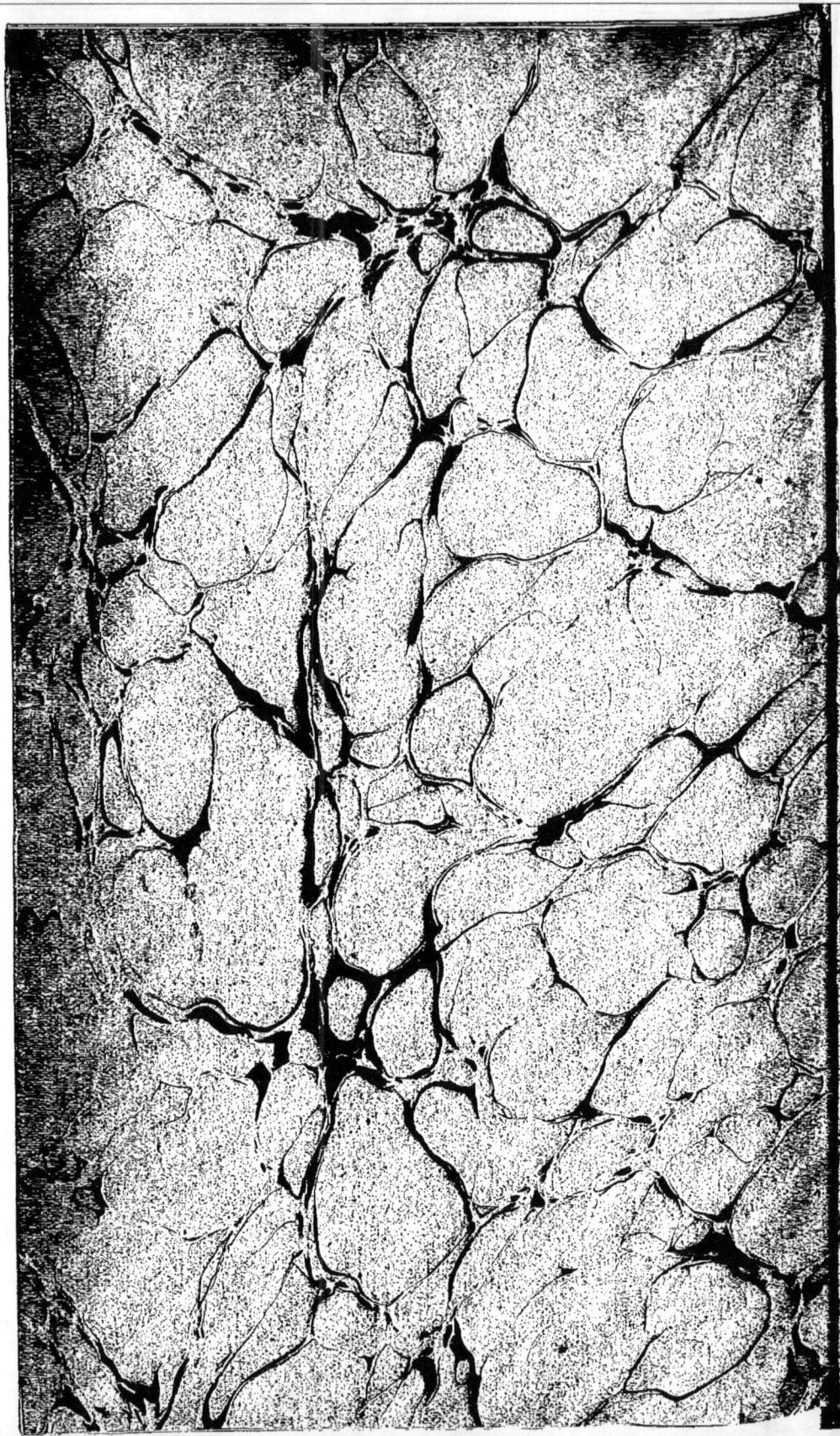

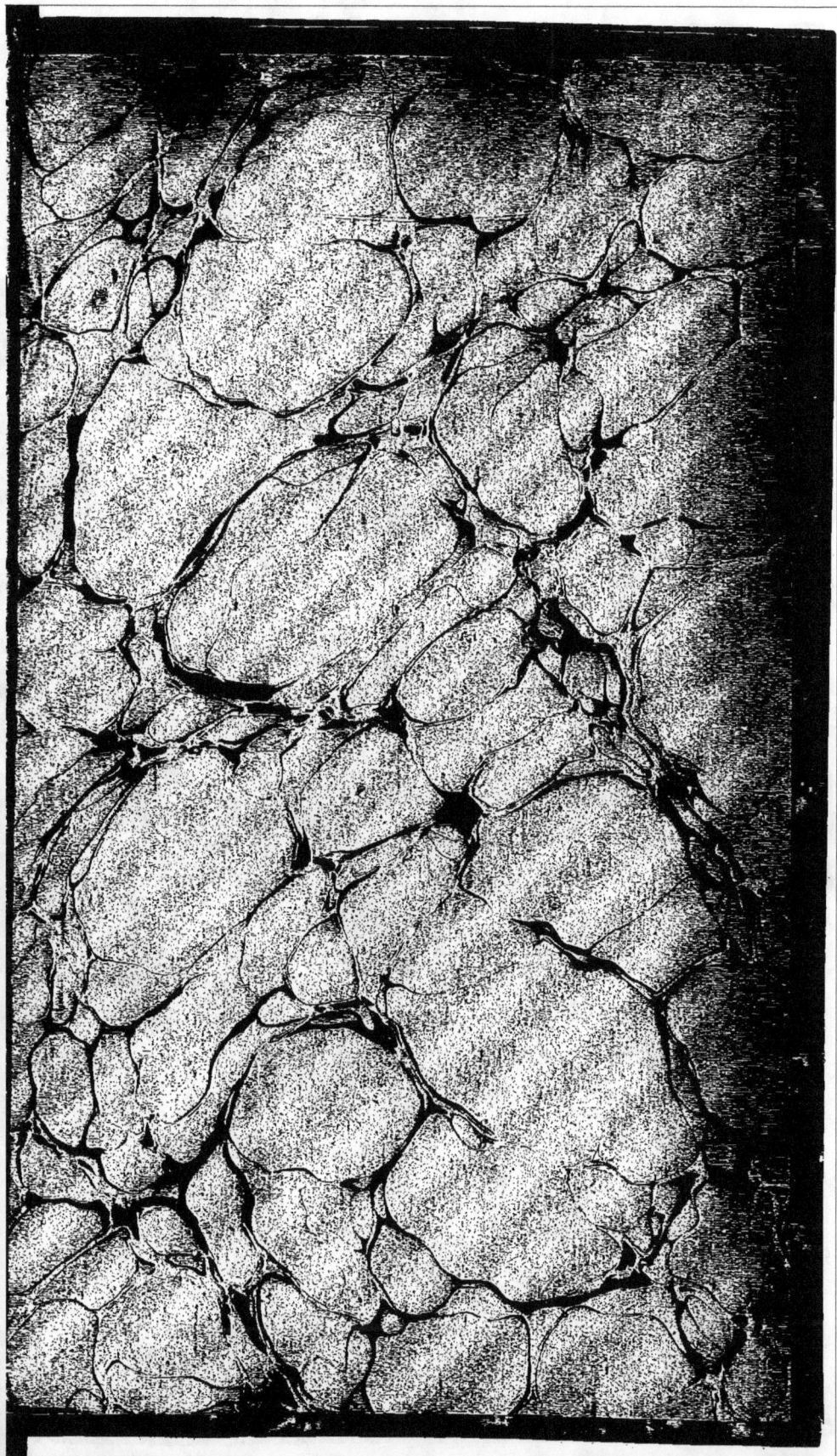

www.ingramcontent.com/pod-product-compliance
Lightning Source LLC
Chambersburg PA
CBHW060949220326
41599CB00023B/3644